U0158704

博士论文
出版项目

基于认知的自然语言
自动形式化研究

A Cognitively-Motivated Study of the
Automated Formalization of Natural Language

徐 超 著

中国社会科学出版社

图书在版编目（CIP）数据

基于认知的自然语言自动形式化研究／徐超著.—北京：中国社会
科学出版社，2023.4
ISBN 978-7-5227-1461-5

Ⅰ.①基… Ⅱ.①徐… Ⅲ.①自然语言处理—研究 Ⅳ.①TP391

中国国家版本馆 CIP 数据核字（2023）第 031491 号

出 版 人 赵剑英
责任编辑 刘亚楠
责任校对 张爱华
责任印制 张雪娇

出　　版 中国社会科学出版社
社　　址 北京鼓楼西大街甲 158 号
邮　　编 100720
网　　址 http://www.csspw.cn
发 行 部 010-84083685
门 市 部 010-84029450
经　　销 新华书店及其他书店

印　　刷 北京君升印刷有限公司
装　　订 廊坊市广阳区广增装订厂
版　　次 2023 年 4 月第 1 版
印　　次 2023 年 4 月第 1 次印刷

开　　本 710×1000　1/16
印　　张 23.5
插　　页 2
字　　数 367 千字
定　　价 148.00 元

出 版 说 明

    为进一步加大对哲学社会科学领域青年人才扶持力度，促进优秀青年学者更快更好成长，国家社科基金 2019 年起设立博士论文出版项目，重点资助学术基础扎实、具有创新意识和发展潜力的青年学者。每年评选一次。2021 年经组织申报、专家评审、社会公示，评选出第三批博士论文项目。按照"统一标识、统一封面、统一版式、统一标准"的总体要求，现予出版，以飨读者。

全国哲学社会科学工作办公室

2022 年

摘　要

　　在新一轮的人工智能热潮中，相较于机器学习方法，基于逻辑方法的有效老式人工智能则日渐式微。然而，有效老式人工智能在解决复杂推理任务、可解释性、安全性和可控性方面仍具有独特的优势。因而，这一主题的研究仍具有重要意义。人类使用自然语言进行日常的思考、判断、推理和解决问题，而机器使用形式语言进行计算和推理，因此，要构建老式人工智能系统，需要让机器能够自动地将自然语言翻译为机器可以处理的形式语言，即实现自然语言的自动形式化。自动形式化被广泛地应用于人工智能的多个领域，如常识推理、专家系统、数据库问答系统等。

　　前人对于自动形式化问题提出了诸多的解决方案。特别是近十几年来，随着机器学习技术的发展，自动形式化问题研究取得了一些重要进展。然而，自动形式化问题仍然是人工智能领域所面临的一项重要的挑战。已有的自动形式化方法可以划分为如下八类：基于规则的方法、基于句法分析的方法、基于实例的方法、基于归纳逻辑编程的方法、基于统计机器学习的方法、基于深度学习的方法、基于语言模型的方法以及基于语义分析的方法。这些方法直接面向自动形式化问题，利用已有的技术工具来构建形式化系统。区别于此，本书从人类认知出发，通过让机器模拟人类形式化的思维过程，来尝试探寻一种基于认知的解决方案，用于解决不同场景下的自动形式化问题。

　　人类实现自然语言形式化的思维过程可以分为自然语言理解和形式语言生成两个部分。围绕着人类语言处理机制问题，本书基于心理意象假设、概念层次假设、概念系统假设以及符号模型假设提出了一种人类语言生成和理解的理论模型——LGCCS 模型。基于 LGCCS 模型，我们进一步提出了刻画人类自然语言形式化思维过程的 CogNLU 模型和 CogFLG 模型。此模型一方面参考了人类认知的相关研究，因而具有认知上的合理性；另一方面兼顾了人工智能实践的需求，因而具有实践上的可行性。

仿照人类的形式化思维过程，本书提出了一种基于认知语义表示的自动形式化方法，此方法包括三个部分：一是基于认知和语言分析的认知语义表示构建方法；二是一种可解释的从自然语言到认知语义表示的转换方法；三是从认知语义表示到形式表达式的转换方法。此方法以人类的语言处理机制为基础，更加系统地从人类认知出发来构建从自然语言到形式语言的翻译，因而具有一定的通用性。对于不同场景下的形式化任务，都可以基于此方法来构造自动形式化系统。

本书使用此方法解决了空间语言和临床试验合格性标准的自动形式化问题。由于这两个实例是面向不同场景且分属不同领域的形式化任务，这在一定程度上说明了此方法的通用性。为解决空间语言的形式化问题，我们基于认知理论提出了一种空间认知语义表示方法，并且基于意象图式理论提出了一种空间介词的语义分析方法。基于此，我们开发了一个原型系统，并在 CLEF-2017 空间角色标注任务上进行测试，其综合表现超过了当前最新的系统。为解决合格性标准的形式化问题，我们提出了一种合格性标准的认知语义表示方法，并开发了一个原型系统，较好地实现了从合格性标准到形式语言的翻译。

关键词：自动形式化；自动翻译；自然语言；形式语言；认知语义表示

Abstract

In the new wave of artificial intelligence (AI), the good old-fashioned AI (GOFAI) based on logical approach is gradually declining compared to machine learning approach. However, GOFAI still has unique advantages in solving complex reasoning tasks, interpretability, safety, and controllability. Therefore, further research on this topic is still of great significance. Humans use natural language for everyday thinking, judgement, reasoning, and problem solving, while machines use formal language for computation and inference. Consequently, to develop a GOFAI system, it is necessary to enable machines to translate natural language into formal language that machines can process, that is, to achieve automated formalization of natural language. Automated formalization techniques have been widely used in many areas of AI, such as commonsense reasoning, expert systems, and knowledge-based question answering systems.

Previous researchers have proposed various solutions for automated formalization problems. Especially in the past ten years, the research on automated formalization problems has made significant progress due to the advances in machine learning technology. However, the problem of automated formalization remains an important challenge in AI. These methods can be classified into eight categories: rule-based methods, syntax-based methods, case-based methods, inductive logic programming-based methods, statistical learning-based methods, deep learning-based methods, language model-based methods, and semantic-based methods. These methods are designed directly to tackle automated formalization problems, using existing technical tools to build formalization systems. In contrast, this book starts from human cognition and attempts to explore a cognition-based solution by making machines simulate the human thought process of formalization, which can be used to solve formalization problems in different scenarios.

The human language formalization process can be divided into two parts: natural language comprehension and formal language generation. Focusing on the mechanism of human language processing, this book proposed a theoretical model of human language generation and comprehension, the LGCCS model, based on the hypotheses of mental imagery, conceptual level, conceptual system and symbolic model. Based on the LGCCS model, this book further proposed the CogNLU model and the CogFLG model to characterize the human formalization process. On the one hand, these models incorporate findings from research on human cognition to ensure their cognitive plausibility; On the other hand, they are designed to meet the requirements for constructing AI systems, and are therefore practically feasible.

Inspired by human formalization process, this book proposed an automated formalization approach based on cognitive semantic representation, which consists of three parts: (1) a construction method of cognitive semantic representation based on cognitive and linguistic analysis; (2) an interpretable method of converting natural language expressions into cognitive semantic representations; (3) a method of converting cognitive semantic representations into formal expressions. This approach is based on the human language processing mechanism, and systematically builds the translation from natural language into formal language, which makes it generally applicable. For the formalization problems in different scenarios, automated formalization systems can be constructed based on this approach.

Using this approach, this book addressed the formalization problems of spatial language and clinical trial eligibility criteria. These two instances come from different scenarios and belong to different research domains, which to a certain extent demonstrates the generality of this approach. To address the formalization problem of spatial language, we built a spatial semantic representation based on cognitive theory and a semantic analysis method for spatial prepositions based on image schema theory. Based on this, we developed a prototype system and evaluated it on the CLEF-2017 spatial role labeling task, and its overall performance exceeded the current state-of-the-art systems. To solve the formalization problem of eligibility criteria, we built a cognitive semantic representation of eligibility criteria and developed a prototype system that can well translate eligibility criteria into formal language.

Keywords: automated formalization; automatic translation; natural language; formal language; cognitive semantic representation

目　录

Contents

图目录

表目录

体 例

本书涉及多种类型的语言和概念，为做出区分，使用不同的字体来表示它们，详见"字体使用体例"。同时，本书使用了宾州树库中的部分成分标签，其中包括词组标签和词标签，标签的中英文描述详见"符号使用体例"。

字体使用体例

表达内容	字体样式	示例
正文字体	宋体、新罗马体	猫、狗、cat、dog
自然语言	正文字体 + 双引号	"猫""狗""cat""dog"
中文概念	楷体	猫、狗
英文概念	意大利体	*cat*、*dog*
形式语言	无衬线体	cat(x)、dog(y)
认知框架	打印体	场景框架
意象图式	小体大写字体	Oᴜᴛ-图式
语义角色	楷体、意大利体	图形、背景、*figure*、*ground*

符号使用体例

标签	中文描述	英文描述
DT	限定词	Determiner
EX	存在词	Existential there
IN	介词或从属连词	Preposition or subordinating conjunction
JJ	形容词	Adjective
NN	名词单数或物质名词	Noun, singular or mass
NNS	名词复数	Noun, plural
NNP	专有名词单数	Proper noun, singular
NNPS	专有名词复数	Proper noun, plural
NP	名词词组	Noun phrase
PP	介词短语	Propositional phrase
PRP	人称代词	Personal pronoun
PRP$	所有格代名词	Possessive pronoun
RP	小品词	Particle
S	句子	Sentence
TO	作为介词或不定式标记	to
VB	动词原形	Verb, base form
VBD	动词过去时	Verb, past tense
VBP	动词非第三人称单数现在时	Verb, non-3rd person singular present
VBZ	动词第三人称单数现在时	Verb, 3rd person singular present
VP	动词词组	Verb phrase
WP	Wh-代词	Wh-pronoun

第 1 章

引　言

　　本书研究的问题是自然语言的自动形式化问题。本研究缘起于对人工智能领域逻辑主义方法的反思。在当今新一轮的人工智能热潮中，机器学习方法占据着主流地位，相较之下，逻辑主义方法则日渐式微。要基于逻辑方法构建人工智能系统，需要让机器能够自动地将自然语言翻译为机器可以"理解"[①]的形式语言。本章主要介绍研究背景、问题描述、研究现状、研究目标、研究思路、本书贡献以及结构安排。

1.1　研究背景

　　1956 年，达特茅斯会议的召开标志着人工智能学科的诞生。人工智能科学家一直致力于探索如何让机器模拟人类的智能行为。围绕着这一目标，

---

　　① 关于计算机是否具有语言理解能力的问题，学界存在诸多争议。在人工智能界，图灵测试一直被作为机器语言理解的一个标准。图灵测试也引发了一些哲学上关于"理解"的讨论，其中最为著名的是塞尔的中文屋论证（the Chinese room argument；Searle, 1980）。塞尔设想他被锁在一个房间里，他完全不懂中文，甚至不能将中文与其他语言区分开来。给定一个中文书写的文字，他可以通过用英语书写的规则，找到这些文字对应的中文的回答，判断的依据只有汉字的形状。这样房间外的人就会认为塞尔是懂中文的，从而通过了图灵测试，然而实际上他并不懂中文。关于中文屋论证，许多哲学家做出了回应，认为其并不构成对图灵测试的反驳（Preston and Bishop, 2002）。本书仅在一般意义上使用"理解"一词。

依据所采用的不同的理论方法，人工智能领域出现了多个不同的学派，其中影响较大的有以下三大学派：（1）逻辑主义学派（又称"符号学派"）主张通过逻辑演绎系统来模拟或描述人的智能行为；（2）联结主义学派（又称"仿生学派"）主张通过模拟人类的神经元的连接方式和学习算法来使机器具有智能；（3）行为主义学派（又称"控制论学派"）主张智能行为产生自主体与环境的交互，是对外界复杂环境的一种适应（蔡自兴、徐光祐，2004: 8–9）。

1.1.1　逻辑方法与机器学习

20世纪90年代以前，逻辑主义一直占据着人工智能的主流地位，特别是七八十年代专家系统（expert system）的发展。在此之后，硬件市场的溃败和理论研究的迷茫，使得人工智能进入第二次寒冬，科学家逐渐意识到逻辑方法的局限性（Hofstadter, 1985; McDermott, 1987; Birnbaum, 1991）。近年来，随着机器学习技术，特别是深度学习技术的发展，常识推理、图像识别、自然语言处理等人工智能领域都取得了重大突破。相较之下，基于逻辑方法的有效老式人工智能（good old-fashioned AI, GOFAI）则日渐式微（Levesque, 2017）。由于深度学习模型缺乏复杂推理能力，且不能直接处理符号，这使其只能处理相对简单的语言任务，无法应用于复杂的推理和决策任务（H. Li, 2017）。相较之下，逻辑方法在处理复杂的推理任务时具有独特的优势，特别是在可解释性、安全性和可控性方面。2019年，国家新一代人工智能治理专业委员会发布了《新一代人工智能治理原则——发展负责任的人工智能》①（以下简称《治理原则》），提出了人工智能治理的框架和行动指南。《治理原则》中特别提出了安全可控的原则，因此，对于基于逻辑方法的有效老式人工智能的研究仍具有重要意义。逻辑方法被广泛地应用于人工智能的各个领域，例如，常识推理、知识表示及推理、问题解决等领域（Davis, 2017; Brachman and Levesque, 2004; Kowalski, 2014）。

以常识推理为例，作为人类的一项基本智能，常识推理是指在日常生活

---

① 详见 http://www.most.gov.cn/kjbgz/201906/t20190617_147107.html。

中，人类对所遇到的场景利用常识知识（commonsense knowledge）做出推断的能力。常识推理研究的内容非常广泛①，主要包括常识知识的表示、常识推理的方法、常识知识库的构建、常识推理的应用等。到目前为止，逻辑方法在分类推理（taxonomic reasoning）、时间推理（temporal reasoning）、行动和变化推理（reasoning about action and change）以及定性推理（qualitative reasoning）等领域有较为成功的应用（Davis and G. Marcus, 2015）。

常识推理挑战任务

人工智能界提出了一系列的挑战任务来测试机器的常识推理能力（Storks et al., 2019），例如，Winograd 模式挑战②（Winograd schema challenge, WSC；Levesque et al., 2012）、识别文本蕴含（recognizing textual entailment, RTE；Dagan et al., 2009、2013）、似真选项选择任务（choice of plausible alternatives，COPA；Roemmele et al., 2011）、Triangle-COPA 任务（triangle choice of plausible alternatives；Gordon, 2016）、Stanford 问题回答任务（Stanford question answering dataset, SQuAD；Rajpurkar et al., 2016）、对话问题回答任务（the conversational question answering dataset, CoQA；Reddy et al., 2019）、开卷问题回答任务（openBook question answering dataset, OpenBookQA；Mihaylov et al., 2018）、常识问题回答任务（commonsense question answering dataset, CommonsenseQA；Talmor et al., 2018）、bAbI 任务（Weston et al., 2016），等等。

在上述常识推理挑战任务中，逻辑方法仅在 WSC、RTE 以及 Triangle-COPA 任务上有相对良好的表现。Sharma et al.（2015）提出了一种基于逻辑的方法来解决 WSC285 任务③，并解决了 WSC285 任务中的 71 个实例，

---

① 详见 https://commonsensereasoning.org/

② Winograd 模式挑战最初是受 Winograd（1972）的启发，后由 Levesque（2011）首先提出，又经 Levesque et al.（2012）进一步完善。

③ WSC 任务有多个版本，WSC285 表示有 285 个实例的版本，详见 https://cs.nyu.edu/~davise/papers/WinogradSchemas/WSCollection.xml。除此之外，还有 WSC150 和 WSC273，分别表示具有 150 个和 273 个实例的版本。除了标准的 WSC 数据集外，还有一些与 WSC 任务相似的代词指称消解的数据集，例如，DPR 数据集、PDP 数据集、WNLI 数据集、WinoGender 数据集、WinoBais 数据集、WinoGrande 数据集，以及 WinoFlexi 数据集，详见 Kocijan et al.（2020）。

后续通过改进能够解决 240 个实例（Sharma, 2019）；Raina et al.（2005）和 Tatu and Moldovan（2007）基于逻辑方法构造的系统用于解决 RTE 任务；Gordon（2016）设计的推理系统在 Triangle-COPA 任务上的准确率[①]（accuracy）达到 91%。除了 Triangle-COPA 任务外，在其他所有的常识推理任务中，机器学习方法相较于逻辑方法都有着绝对的优势。然而，基于机器学习方法构造的系统本质上并非在进行推理，下面以 WSC 和 RTE 任务进行说明。

Winograd 模式挑战

　　Levesque et al.（2012）提出了 Winograd 模式挑战来作为常识推理的测试标准，并用其替代图灵测试（Turing test）来作为检验机器智能的标准[②]。Winograd 模式问题有如下四个特征：

（1）提及了双方，且双方没有性别和数的差异；
（2）有一个代词指代其中一方；
（3）所提问的问题都是"代词的指称是什么"；
（4）有两个特殊的词可以填充在问句中的同一位置，当这两个词分别填充在句中时，代词的指称不同。

例如："市政府拒绝给示威者颁发游行许可证，因为他们 [担心/鼓吹] 暴力事件"是一个 Winograd 模式问题。对应于上述的四个特征：（1）提及的双方是市政府和示威者；（2）代词"他们"指称其中一方；（3）问题是：谁害怕暴力事件？谁鼓吹暴力事件？（4）两个特殊的词是"担心"和"鼓吹"，当以前者设问时，答案是市政府；而当以后者设问时，答案是示威者。

　　当前对于 WSC 任务主要有四种解决方法（Kocijan et al., 2020）：（1）基于逻辑推理的方法；（2）基于特征统计的方法；（3）基于神经网络的方

[①] 在人工智能领域，accuracy 和 precesion 是两种不同的系统评测指标，本书将其分别翻译为"准确率"和"精确率"，计算方法详见附录 C.5 节。

[②] 在人工智能界，图灵测试是广为接受的机器智能的测试标准（Turing, 2009）。图灵测试是指让测试者通过一些装置同一个人和一台机器进行对话，如果测试者不能区分对话者是人还是机器，那么这台机器就通过了图灵测试，也就可以说这台机器具有智能。图灵测试和 WSC 任务本质上都是一种基于外部行为观测的测试方法。

法；（4）基于语言模型的方法。Sharma et al.（2015）和 Sharma（2019）所提出的方法是一种基于逻辑推理的方法。该方法首先从问题描述中抽取关键词构造一个模板；然后利用搜索引擎搜索和问题描述包含相同关键词的句子，且该句子中代词的指称是确定的；然后对问题描述和搜索返回的句子进行语义分析生成语义结构图；最后利用语义结构图和回答集编程（answer set programming，ASP）推理出问题中的代词指称。这种方法用到了逻辑编程工具 ASP，但本质上是一种图的推理。

除逻辑方法外，其他三种方法都可以视为基于机器学习的方法。从评测结果来看，基于机器学习方法的系统在准确率和鲁棒性（robustness）方面有着令人惊艳的表现。Rahman and Ng（2012）提出的基于支持向量机和特征统计的方法，在 PDP 数据集上取得了 73.05% 的准确率。S. Wang et al.（2019）基于 DSSM（deep structured semantic model）框架构建了两个神经网络模型，在 PDP 数据集和 WSC273 任务上分别达到了 78.3% 和 62.4% 的准确率。Trinh and Le（2018）提出了一种解决 WSC 任务的特殊技巧，即先将两个备选项代入原句，然后利用语言模型计算两个句子的概率值，概率值大的即为正确答案。此方法在 WSC273 任务的准确率达到了 63.7%。Radford et al.（2019）采用这种技巧，使用 GPT-2 语言模型在 WSC273 任务上的准确率达到了 70.7%，GPT-3 模型将 WSC273 任务的准确率提升至 89.7%（Brown et al., 2020）。Sakaguchi et al.（2020）所设计的系统采用 RoBERTa 语言模型，并借助 WinoGrande 数据集进行微调（fine-tune），其在 WSC273 任务上的准确率达到了 90.1%。Raffel et al.（2020）提出的 T5（text-to-text transfer transformer）模型通过将各种语言问题统一转成文本到文本（text-to-text）格式，能够处理各种类型的语言任务，此模型在 WSC 任务上的准确率达到了 93.8%。2022 年，谷歌团队发布的 PaLM 语言模型在 BIG 基准（beyond the imitation game；Srivastava et al., 2022）上超过了人类的平均表现，其中在 WSC 和 Winogrande 数据集上的准确率达到了 90% 左右（Chowdhery et al., 2022）。由此可见，机器在 WSC 任务上的表现接近于人类的表现（Bender, 2015）。

尽管机器学习方法已经取得了类似人类的优秀表现，但是基于语言模型的解决方案既未用到常识，也并未进行推理[①]。这一结果显然也违背了 WSC 任务设置的初衷，即追求一种真正基于自然语言理解的解决方案。Saba（2018）认为数据驱动的方法会严重误导甚至是损害那些真正需要语言理解的领域。由此可以看出，机器学习方法并未能对 Winograd 模式挑战提供一种真正的基于理解的解决方案。

识别文本蕴含任务

RTE 任务是常识推理领域影响非常广泛的任务之一（Dagan et al., 2009、2013），至今已举办了 8 届[②]。RTE 任务是指，给定一段文本（text）和一个假设（hypothesis），判断二者是否具有蕴含关系，如例 1.1.1 和例 1.1.2 所示[③]。其中例 1.1.1 的文本和假设间有蕴含关系，而例 1.1.2 的文本和假设间没有蕴含关系。

例 1.1.1　文本：Dawson is currently a Professorial Fellow at the University of Melbourne, and an Adjunct Professor at Monash University.

假设：Dawson teaches at Monash University.

例 1.1.2　文本：Ms. Minton left Australia in 1961 to pursue her studies in London.

假设：Ms. Minton was born in Australia.

当前关于 RTE 任务的解决方案大致可以分为以下三类（Androutsopoulos and Malakasiotis, 2010）：（1）基于逻辑的方法；（2）基于相似度计算（similarity computation）的方法；（3）基于机器学习的方法。其中基于相似度计算的方法依据其计算内容的不同，可以分为以下四种方法：（1）基于语义向量空间模型的方法；（2）基于表层字符串相似性的方法；（3）基于句法相似性的方法；（4）基于语义表示相似性的方法。

相似度计算方法背后的直观是文本和假设间的相似度越高，那么文本

[①] 一些基于机器学习方法构造的系统用到了常识知识，但仅仅是将常识知识引入训练的过程，并未显式地使用常识知识，详见 Q. Liu et al.（2016）。

[②] 详见 https://aclweb.org/aclwiki/Recognizing_Textual_Entailment。

[③] 例 1.1.1 和例 1.1.2 来自 RTE-3 任务数据集（Giampiccolo et al., 2007）。

越可能蕴含假设；机器学习方法是通过提取词性、句法分析树、语义相似度（semantic similarity）、模态、否定词等特征来构建分类模型，从而判定文本和假设间的蕴含关系。在 RTE-3 任务的评测中（Giampiccolo et al., 2007），Tatu and Moldovan（2007）所提出的基于逻辑方法的系统的准确率达到了 72.25%，Hickl and Bensley（2007）所提出的方法综合了会话承诺（discourse commitment）和机器学习方法，在 RTE-3 任务上的准确率达到了 80%，取得了最优表现。在 RTE-4 任务的评测中（Giampiccolo et al., 2008），准确率排名前三的系统均采用了机器学习方法（Iftene, 2008; Siblini and Kosseim, 2008; Bensley and Hickl, 2008），其中 Iftene 提出的方法使用了 DIRT（discovery of inference rules from text; Lin and Pantel, 2001）、WordNet（Miller, 1995; Fellbaum, 2010）、VerbOcean（Chklovski and Pantel, 2004）、Wikipedia[①]和 Acronyms 数据集[②]。

对 RTE 任务而言，相似度计算方法和机器学习方法之所以有效，一个重要原因是 RTE 数据集中的假设的大部分成分都出现在文本中。当文本与假设不具有这样的特征时，这些方法可能就会失效。如例 1.1.3 和例 1.1.4 所示，二者的文本和假设在表层结构（surface structure）、句法结构和语义结构上都不具有相似性。人们一般能够很轻易地判定例 1.1.3 的文本和假设间有蕴含关系，而例 1.1.4 的文本和假设间没有蕴含关系。二者蕴含与否的判定需要"下雨出门需要打伞"和"下雨在室内不需要打伞"这样的常识知识。因此，尽管相似性计算方法和机器学习方法在 RTE 任务上表现优异，但二者并不能为常识推理提供一种真正的解决方案。

例 1.1.3　文本：天在下雨。
假设：路上的大部分行人都打着伞。

例 1.1.4　文本：天在下雨。
假设：小明坐在屋里面打着伞。

Tatu and Moldovan（2005、2006、2007）所提出的方法是一种典型的

---

① https://en.wikipedia.org/wiki/Main_Page.

② http://www.acronym-guide.com.

基于逻辑方法的推理系统。该方法首先将问题描述转换为一种逻辑表达式，然后从 WordNet 和 FrameNet 中引入外部知识，并将其形式化为逻辑表达式；最后利用 COGEX 逻辑证明器（logic prover；Moldovan et al., 2003）来判定文本和假设间是否具有蕴含关系。该方法在 RTE-1、RTE-2、RTE-3 任务上都有非常良好的表现。

小结

尽管逻辑方法在 WSC 和 RTE 任务中没有取得可以比肩机器学习方法的优秀表现，但是，就目前的研究现状而言，机器学习方法并不能为常识推理提供一种真正的解决方案。相较之下，逻辑方法仍是解决常识推理问题的可行路径之一，特别地，逻辑方法在可解释性、安全可控等方面具有其独特的优势。近年来，一些逻辑学家也开始呼吁向有效老式人工智能回归，重新重视对基于逻辑方法的人工智能的研究（Levesque, 2017）。

1.1.2　逻辑方法与常识推理

Mueller（2014: 1）将常识推理定义为从世界的某个场景中获取信息，并利用常识知识或世界的运行规律对该场景的其他方面做出推断的过程。按照这一定义，一个基于逻辑方法的常识推理系统应该包括如下三个部分：（1）将自然语言翻译为形式语言的系统，即自然语言自动形式化系统；（2）逻辑方法表示的常识知识库；（3）基于逻辑方法的推理机制。其中，第（1）部分对应于场景信息的获取，即将自然语言表达的场景描述转换为形式语言；第（2）部分对应于常识知识或世界运行规律的表示；第（3）部分对应于依据场景信息和常识知识做出推断的过程。

CYC 项目是逻辑方法在人工智能领域应用的一个典范。20 世纪 80 年代，当人工智能界热衷于研究自然语言理解、机器学习时，Lenat et al.（1985）却对此持悲观态度，他认为只有通过人工编制上百万条所需的知识，才能真正地促进这些学科的发展。因此，从 1984 年开始，Douglas B. Lenat 开始构建 CYC 知识库。CYC 可以看作一个专家系统，不过其论域是所有日常的对象和活动。例如：人只有醒着才能吃饭；人能看到自己的鼻子，但是看不到自己的心脏；人不会记得没有发生过的事情。（Lenat, 1995）到目前为止，CYC 共包括超过 10000 个谓词，几百万个概念和超过 2500 万条断言。① CYC 项目除了常识知识表示之外，还有基于逻辑的推理引擎。

CYC 是一个颇具争议的项目。CYC 在 Web 查询扩展优化（Conesa et al., 2008）、问题回答（Curtis et al., 2005）和智能分析（Birnbaum et al., 2005）方面都有成功的应用。Dennett（2013）将其视为基于知识的 AI 方法的成功。Conesa et al.（2010）通过对 ResearchCyc②的分析，指出了 CYC 项目存在的一些导致其难以应用的问题。例如：CYC 项目中的有 2 万多个微理论，微理论将 CYC 中的断言划分为不同的种类。这些微理论多达 50 层，而且存在诸多的冗余的子类型关系，有些微理论几乎为空却很难舍弃。

尽管 CYC 中包含了大量的常识知识而且具有推理引擎，但是其并未为常识推理问题提供一种很好的解决方案。其中的一个原因是，当面对具体的常识推理问题时，所用的常识知识往往是多种多样的，如果使用所有的断言参与推理，必然导致推理效率极低。但是，目前并没有有效的方法能够实现仅选择 CYC 中的相关常识参与推理。尽管到目前为止，逻辑方法在常识推理问题上并未取得成功，但是相较于机器学习，特别是深度学习方法，逻辑方法仍然是更为可行的研究路径之一。例如：Gary Marcus 指出深度学习主要适用于让机器模拟人的感知（perception）智能，而 CYC 则代表了一种解决日常推理问题的严肃认真的尝试（W. Knight, 2016）。

1.1.3 逻辑方法与专家系统

专家系统是逻辑方法在人工智能领域最为成功的应用，它让人工智能从理论研究走向了实际应用，同时也直接导致人工智能第二次热潮的兴起。专家系统和常识推理系统并没有本质上的区别，只是将推理的范围局限在某个特定的领域。专家系统具有某个领域内专家所具有的知识，并且利用这些知识可以解决领域内的问题。专家系统具有如下三方面的优势

---

① http://opencyc.org/

② ResearchCyc 是 CYC 的一个子版本，其中仅包含了部分数据，供研究者使用。

（Buchanan and Shortliffe, 1984）：（1）能够对复杂问题提供专家级别的解决方案；（2）具有可理解性；（3）能够灵活适应新的知识。由于专家系统所面向的问题比较局限，因此，并不像常识推理系统那样需要海量的常识知识，因而，现有的逻辑推理机制可以很好地发挥作用。

MYCIN 系统是人工智能领域第一个真正意义上的专家系统（Short-liffe, 1974、1977; Melle, 1978），MYCIN 系统的主要任务是依据症状和医学检测结果来判定导致病人感染的致病菌，并且针对这种致病菌给出合理的治疗方案（Buchanan and Shortliffe, 1984）。MYCIN 系统是基于产生式系统（production system）①构造的系统，其中包括产生式规则集、数据库和控制系统三个组成部分，产生式规则集是推理所使用的规则；数据库中包括了关于世界的一些事实②；控制系统是对产生式规则的使用和整个系统工作流程进行控制的子系统。区别于标准的产生式系统，MYCIN 对每条产生式规则都引入了可信度因子（certainty factor），由此，MYCIN 便可以依据可信度的不同给出多种不同的致病菌结果，并提供相应的治疗方案。除此之外，MYCIN 还包括一个解释系统，能够对答案给出可理解的解释。

除了在医学领域，专家系统还广泛地应用于配置设计、智能生产、电力、电信、保险、金融管理、软件工程等多个领域（Liebowitz, 1997）。例如：在保险行业，Landgrebe and B. Smith（2021）基于逻辑方法开发了一个保险索赔专家评估报告自动生成系统，将客户的索赔报告输入该系统，便可自动地判定报告的类型，并且根据索赔标准，自动地生成评估报告。

1.1.4 自然语言自动形式化

逻辑方法在常识推理和专家系统方面取得了一定的成功，如第 1.1.2 节所述，基于逻辑方法构造的人工智能系统一般具有如下三个部分：（1）自然语言自动形式化系统；（2）知识表示系统；（3）推理机制。知识表示的研究可以追溯到 20 世纪 70 年代，随着专家系统的兴起，人工智能专家意

---

① 产生式系统最早由 Post（1943）提出。
② 此处的产生式规则集和数据库类似描述逻辑中所使用的术语集 TBox 和断言集 ABox。

识到只要能构建起某个领域的知识库，便可以让机器达到人类专家的水平。前期的研究主要局限在构建某个领域的知识库，后期为解决常识推理问题，人工智能专家意识到需要构建大规模的常识知识库，于是便开始构建通用的知识库。经过几十年的发展，到目前除了 CYC 项目外，人工智能专家还构建了大量的通用知识库，例如，WordNet（Fellbaum, 2010）、FrameNet（Fillmore et al., 2012）、VerbNet（Schuler, 2005）、VerbOcean（Chklovski and Pantel, 2004）、ConceptNet（Speer et al., 2017）、YAGO（Suchanek et al., 2007）、DBpedia（Lehmann et al., 2015）、谷歌知识图谱等。

对推理机制研究主要集中在自动定理证明领域，最早的研究可以追溯到 20 世纪 50 年代。Newell and Simon（1956）所构造的逻辑理论家（logic theorist）程序可以证明《数学原理》第 2 章中的 38 个定理。H. Wang（1960）开发的自动定理证明系统证明了《数学原理》中近 400 条数学定理。经过几十年的发展，逻辑学家和计算机学家开发了大量的逻辑推理机。当前主要的推理机制是基于归结（resolution）算法（Robinson, 1965），还有一些是基于语义表列（semantic tableaux）算法（Smullyan, 1968）。学界还每年举行一次自动定理证明（automated theorem proving）的评测大赛[1]，其中表现优秀的定理证明器（theorem prover）有 VAMPIRE（Riazanov and Voronkov, 2002）、E（Schulz, 2013）以及 IPROVER（Sabri, 2015）等。[2] 描述逻辑推理机（logic reasoner）有 CLASSIC（Brachman et al., 1991）、FaCT++（Tsarkov and Horrocks, 2006）等。[3]

相较于知识表示和推理机制的研究，对自然语言自动形式化的研究则明显不够充分，甚至长久以来被学界所忽视。对于专家系统而言，要能够在实际中得以应用，需要有良好的人机互动接口。由于专家系统的使用者往往并非逻辑学家，因此，自然语言的自动形式化系统是其必要组成部分。MYCIN 系统的设计者尝试开发一个可以理解英语的接口，即将英语翻译为机器可以理解的 LISP 语言，以使得医生可以更加方便地使用该系统。除

---

[1] https://www.tptp.org/CASC/

[2] 一阶逻辑推理机介绍详见（Russell and Norvig, 2021: 328–331）。

[3] 描述逻辑推理机介绍详见（Baader et al., 2007: 482–484）。

了用户接口外，在 MYCIN 系统中，另一项需要将英语翻译为 LISP 语言的任务是产生式规则的形式化。同时，设计者也承认由于让机器理解英语是一项非常艰巨的任务，因而放弃了这一目标（Buchanan and Shortliffe, 1984）。

CYC 项目作为基于逻辑方法构造的常识推理系统的典范，包括海量的知识库和推理引擎，但缺乏自然语言的自动形式化系统，也是导致其很难在实际中得以应用的一个重要原因。当前主要的常识推理任务都是使用自然语言描述的，而 CYC 项目中知识的表示和推理都是使用逻辑语言来表达的，这也就意味着，要使用 CYC 系统解决常识推理问题，首先需要将自然语言描述自动地翻译为逻辑表达式。

尽管 Gordon（2016）基于逻辑方法构造的系统在 Triangle-COPA 任务上的准确率达到了 91%，但其并不包括自然语言自动形式化的部分。该系统并非直接处理自然语言描述的问题，而是首先人工地将问题描述翻译为一阶语言（first-order language）表达式，然后把一阶语言表达式输入系统中进行处理。因此，该系统并非对 Triangle-COPA 任务的一个完整的解决方案。Boguslavsky et al.（2020）提出的解决方案弥补了这一不足，其准确率达到了 80.5%。对于给定自然语言的问题描述和备选答案，首先使用 SemETAP 语义分析器对其进行分析而得到增强语义结构，其中不仅仅包含了句子的意义，还包括了句子所能严格或合理推出的结论；然后计算两个备选项的语义结构和问题描述语义结构间的语义一致性（semantic agreement），语义一致性高的即为正确答案。尽管 Boguslavsky et al.（2020）所提出的系统能直接处理自然语言，但本质上并非基于逻辑方法的推理系统。

自然语言的自动形式化对于逻辑方法在人工智能领域的应用具有重要意义。近年来，随着机器学习技术，特别是深度学习技术的发展，自然语言自动形式化研究取得了重要进展。基于机器学习的自动形式化方法的实现依赖于标注数据集，当前主要的数据集都来自数据库查询领域，且数据集中的自然语言都是疑问句（参见附录 A.1 节）。此外，由于数据集的构建费时费力，而且机器学习具有不可解释性，因此，这种方法在其他领域的应用效果有待进一步验证。当前已有的自动形式化方法主要是技术驱动的方法，并非真正基于理解的形式化方法（参见第 1.3 节）。认知科学在过去几十年取得了较大的发展,通过融合哲学、心理学、语言学、人类学、计算机科学和神经科学等多个学科来探究人类的认知现象(史忠植,2008)。跨学科的研究产生了一些新的学科和研究领域,比如认知语言学、认知神经科学、肉身哲学(philosophy in the flesh)等。这些研究也产生了一大批关于人类语言生成和理解的相关理论。与此同时,机器学习方法极大地促进了自然语言理解领域的发展,产生了一大批句法和语义分析工具。在新的时代背景下,本书尝试基于认知科学的相关理论,来为自然语言自动形式化问题寻求一种兼具理论性和通用性的解决方案。

1.2 问题描述

自然语言自动形式化是指让机器能够自动地将自然语言翻译为形式语言[①],其中自然语言称为源语言,形式语言称为目标语言。由于自动形式化涉及两种语言的转换,因此又被称为自动翻译(automatic translation);由于形式语言常被视为自然语言的一种语义表示,因此自动形式化又被称为语义分析(semantic parsing)。自然语言是自然演化而形成的语言,如汉语、英语、德语等。与自然语言相对的是人工语言,是由个人或组织为了某种特定目的所设计的语言,如逻辑语言、编程语言、数学语言、SQL 语言等。本书将机器能够处理的人工语言统称为“形式语言”[②]。自然语言与形式语言最为核心的区别在于,自然语言具有歧义性、模糊性、语境依赖等特点,而形式语言则具有一词一义、确定性、语境无关等特点(Dunn, 2019)。

表 1.1 列举了一些自动形式化任务实例。一般而言,自动形式化任务的源语言是单纯的自然语言,然而也存在着某些特例,例如,在数学问题的自

---

① “将自然语言翻译为形式语言”和“将自然语言转换为形式语言”在语义上有细微的差别,一般而言,“翻译”指将自然语言的语义完全体现在形式语言中;而“转换”则无此要求,可以只体现其部分语义。一般在文献中对二者未进行明确区分,此处我们也不进行区分。

② “形式语言”和“逻辑语言”是不同的,前者包含后者,即逻辑语言是形式语言的一种,除了逻辑语言外,计算机学家为了表示和计算的方便也会创造一些用符号表达的形式语言,这些语言并非用来描述某种逻辑规律,因而不能称为“逻辑语言”。例如:SQL 语言是一种形式语言,而非逻辑语言。

表 1.1 自动形式化任务示例

编号	源语言	示例	目标语言	示例	来源
1	英语	Every women loves a boxer.	一阶语言	$\forall x(\text{women}(x) \to \exists y(\text{boxer}(y) \wedge \text{love}(x,y)))$	Blackburn and J. Bos（2005）
2	英语	Every boy dates some girl.	一阶语言	$\forall x \exists y \exists e(\text{boy}(x) \to \text{girl}(y) \wedge \text{Date}(e) \wedge \text{Agent}(e,x) \wedge \text{Theme}(e,y))$	Parsons（1990）
3	航空旅行信息描述	show me information on american airlines from fort worth texas to philadelphia	Lambda 语言	$\lambda x.\text{airline}(x, \text{american airlines}) \wedge \text{from}(x, \text{fort worth}) \wedge \text{to}(x, \text{philadelphia})$	Zettlemoyer and Collins（2007）
4	地理信息描述	How many people live in Utah?	SQL 语言	Select people from state where state_name = utah	Finegan-Dollak et al.（2018）
5	地理信息描述	What are the major cities in Kansas?	高阶语言	$\text{answer}(C, (\text{major}(C), \text{city}(C), \text{loc}(C,S), \text{equal}(S, \text{stateid}(\text{kansas}))))$	Zelle and Mooney（1996）

第 1 章 引 言 15

表 1.1（续表）

编号	源语言	示例	目标语言	示例	来源
6	软件需求规约	After the button is pressed, the light will turn red until the elevator arrives at the floor and the doors open.	线性时态语言	$p \to X(qU(s \wedge v))$	Brunello et al.（2019）
7	程序描述	If Vsc is false, Va is set equal to Vm.	代数表示	If(Vsc(s_1)) = False, Set – equal – to(Va, Vm, s_1))	Seki et al.（1992）
8	机器人指令	If our player 4 has the ball, our player 4 should shoot.	CLANG 语言	((bowner our{4}) (do our{4}(shoot)))	Kate et al.（2005）
9	系统安装设计原则	Pipes shall not be used.	描述语言	Pipe ⊑ ¬∃useArg2⁻.(Use)	Gyawali et al.（2017）
10	数学问题描述	Prove that there is no function f from the set of non-negative integers into itself such that $f(f(n)) = n + 1987$ for every n.	Codex 语言	theorem fixes f :: "nat\\⟨Rightarrow⟩ nat assumes "\\⟨forall⟩ $n.\,f(fn) =$ $n + 1987$ shows False	Wu et al.（2022）

动形式化任务中，源语言中不仅包括自然语言，还包括数学语言。任务 10 的源语言中包括 $f(f(n)) = n + 1987$ 这样的数学语言。为了表述方便，本书将源语言统一称为"自然语言"。作为目标语言的形式语言有多种不同的类型，最常使用的有一阶语言、高阶语言、Lambda 语言、SQL 语言、SPARQL 语言、时态逻辑语言、描述语言、代数表示、编程语言、数学语言等。按照形式语言的描述粒度，形式语言可以分为命题层面的表示和谓词层面的表示。例如：任务 6 中所使用的线性时态语言是一种命题层面的描述；而其他实例中使用的是谓词层面的描述。

对于相同的自然语言表达式，按照应用场景的不同，可能需要翻译为不同的形式表达式。例如：任务 4 和任务 5 的源语言都是关于地理信息的查询问句，但是由于所使用的查询技术不同，需要分别翻译为 SQL 语言和高阶语言。对于相同的自然语言和形式语言，也有可能定义不同的自动形式化任务。例如：任务 1 和任务 2 的源语言和目标语言都是英语和一阶语言，但任务 2 中出现了自然语言表达式中未出现的成分"Agent"（施事）与"Theme"（主题），这两个谓词是句中"boy"和"girl"所分别对应的语义角色，这种表示也被称为"新戴维森主义语义表示"（Davidson, 1967; Parsons, 1990）。

按照所覆盖的自然语言范围的不同，自动形式化任务可以划分为两大类：通用的自动形式化任务和面向具体应用场景的自动形式化任务。前者的研究目标是将所有的自然语言表达式自动地翻译为形式语言；后者的研究目标是依据场景任务的要求，将具体应用场景下使用的自然语言自动地翻译为形式语言。例如：任务 1 和任务 2 属于通用的自动形式化任务；其他任务属于面向具体应用场景的形式化任务。值得说明的是，由于具体场景下所使用的形式语言不同，通用的自动形式化方法并不能直接应用于具体场景下的自动形式化任务。

1.3 研究现状

自然语言自动形式化研究可以追溯到 20 世纪 60 年代，早期的自动形式化研究主要应用于问题回答（Simmons, 1965）、证明检测（Darlington, 1965）、计算机辅助教学与研究，以及信息检索（Bohnert and Backer, 1966; Keenan, 1984）等领域。随着人工智能技术的不断发展，自动形式化研究逐渐应用于机器翻译（Schubert and Pelletier, 1982）、程序规范性验证（Fuchs and Schwitter, 1995）、专家系统（Liebowitz, 1997）、机器人控制（Kate et al., 2005）、常识推理（Tatu and Moldovan, 2005）、本体自动构建（Gyawali et al., 2017）、数学定理自动证明（Wu et al., 2022）等领域。

前人对于自然语言的自动形式化问题提出了诸多的解决方案。特别是近十几年来，随着机器学习特别是深度学习的发展，自动形式化问题取得了重大突破。近几年一些学者也对自动形式化的相关研究进行了综述（Zhu et al., 2019; Kamath and R. Das, 2019; M. Zhang, 2020; Mokos and Katsaros, 2020; Kumar and Bedathur, 2020; Z. Li et al., 2020; Lee et al., 2021）。例如：Zhu et al. 对基于统计方法的自动形式化方法进行了综述；M. Zhang 对基于成分和依存结构的自动形式化方法进行了综述；Mokos and Konstantinos 对系统需求领域的自动形式化方法进行了综述；Kumar and Pawan 从组合性视角对自动形式化方法进行了综述；Lee et al. 从代码生成视角对自动形式化方法进行了综述。然而这些综述主要侧重于从某一视角或面向某个领域对自动形式化方法进行评述，区别于此，本节从整体上对自动形式化问题的相关研究进行了全面综述。

本书将前人所提出的自动形式化方法大致分为以下八类：基于规则的方法、基于句法分析的方法、基于实例的方法、基于归纳逻辑编程的方法、基于统计机器学习的方法、基于深度学习的方法、基于语言模型的方法，以及基于语义分析的方法。通过梳理和总结已有的自动形式化方法，对于探寻新的实现方式和研究方向可以获得一些新的启示。

1.3.1 基于规则的方法

基于规则的自动形式化方法是指对于给定的自然语言表达式，仅通过规则将其翻译为形式表达式。在最极端的情况下，规则库可以看作一个自然语言和形式语言的对应列表，里面列出了每一个自然语言表达式对应的形式表达式。由于自然语言表达式是变化无穷的，因此，这一设想是不可能实现的。当前学界主要使用句法范畴的组合形式来对自然语言表达式进行分类，然后制定相应的规则。例如："John loves Mary" "Kobe admires Jordon" "McGrady beated Jackson" 这三个句子具有相同的句法范畴组合形式，即 NP VP NP。对此类组合形式，可以制定规则 NP VP NP $\Longrightarrow$ VP (NP, NP)，由此便可得到三者对应的形式表达式分别为 love(John, Mary)、admir(Kobe, Jordon)、beat(McGrady, Jackson)。

基于规则方法构造自动形式化系统分为两个步骤：（1）确定自然语言表达式的句法范畴组合形式；（2）构造句法范畴组合形式和形式表达式间的翻译规则。其核心在于如何运用有限的规则覆盖大部分的自然语言表达式，因此，每个规则都需要能够处理一类自然语言表达式，其中句法范畴的划分是关键。句法范畴划分得过细会导致规则增多，若划分得过粗则会导致翻译错误。例如：在上述实例中使用了 NP 和 VP 两个句法范畴，但把所有的名词都划分为 NP 范畴是不合理的。对于像 "John love dogs" 这样的句子，同样是 NP VP NP 的句法范畴组合形式，但对应的形式表达式为 $\exists x dog(x) \wedge love(John, x)$。因此，需要名词词组进一步进行划分，划分为专名和普通名词，其中专名可以直接作为个体常元，而普通名词则需要处理成谓词。例如：像 "John" "Mary" 这样的专名可以直接翻译为谓词的论元；而像 "dog" 这样的普通名词，需要翻译为谓词并且引入个体变元 x。当前学界使用最为广泛的是宾州树库（Penn treebank）中所使用的句法范畴标记[①]（Taylor et al., 2003）。

基于规则的方法是最早被使用的自动形式化方法，主要应用于问题回答、证明检测、计算机辅助教学与研究以及信息检索等领域。这种纯规则

[①] https://www.ling.upenn.edu/courses/Fall_2003/ling001/penn_treebank_pos.html.

的方法在后续的自然语言形式化任务中仍被使用。例如：LUNAR 系统利用规则方法实现了将地理信息查询的英文问句自动地形式化为形式查询语句（W. A. Woods, 1973）；Moldovan and Rus（2001）利用规则方法构建了将 WordNet 中词汇注释转换为逻辑表达式的系统；Bansal（2015）利用规则方法构建了将英语翻译为一阶语言的系统。当前诸多句法分析工具的句法范畴标注的准确率已超过 97%，可以用于辅助规则方法的实现。例如：Stanford 句法分析器①（Danqi Chen and Manning, 2014）、Berkeley 句法分析器②（Kitaev et al., 2019）、Stanza 句法分析器③（Qi et al., 2020）。

基于规则的形式化方法优点在于其适用性和准确性。从理论上讲，规则方法适用于所有的形式化任务，并且可以达到非常高的准确度。这种适用性和准确性的前提在于能够构造出足够多的翻译规则。构建的规则越精细，翻译得越准确；构建的规则越多，能够翻译的句子也越多。然而，这些规则的构建并非易事，这也正是其缺点所在。同时，自然语言存在长尾现象，即大量的自然语言表达式可以用少量规则覆盖，但是对于剩余部分，每个规则只能覆盖少量的自然语言表达式。因此，当系统的覆盖率达到一定程度之后，要想进一步提升是非常困难的。

1.3.2　基于句法分析的方法

Chomsky（1956: 108）认为句子的句法结构为语义组合提供了一种结构意义（structural meaning），换言之，句子的意义是句子成分的意义按照句法规则组合而成的。因此，一种自然的想法是利用句子的句法分析树来构建从自然语言到形式语言的翻译，句法分析树作为自然语言和形式语言间的中间结构。依照所选择的语法不同，作为中间结构的句法分析树也有所不同。这种方法预设了意义组合原则（the principle of compositionality），表达式的意义是其成分意义和组合方式的一个单调函数（Cann, 1993: 4），其本质上是要利用句子成分间的句法组合关系来构建形式表达式内部的组

---

① http://nlp.stanford.edu:8080/parser/

② https://parser.kitaev.io/

③ http://stanza.run/

合关系。

　　基于句法分析的方法是指利用句子的句法分析树，通过人工编制规则来实现自动形式化。以短语结构语法为例，首先要构建一个词汇表，词汇表中包含单词所对应的 Lambda 表达式；然后利用句法分析工具得到句子的句法分析树；最后利用单词间的句法组合关系将单词所对应的 Lambda 表达式组合成最终的形式表达式（Blackburn and J. Bos, 2005）。以 "John loves Mary" 为例，如图 1.1 所示，"John" "loves" "Mary" 所对应的 Lambda 表达式分别为 John、$\lambda x.\lambda y.\text{love}(x, y)$、Mary。下一步便是利用 Lambda 中的 β-规约（β-redution）运算将这些表达式组合在一起①。组合规则是利用句法规则实现的，每一条句法规则都对应一条组合规则。首先利用规则 VP —→ VP NP，将 NP 对应的 Lambda 表达式替换 VP 对应的 Lambda 表达式中的参数，得到 $\lambda x.\text{love}(x, \text{Mary})$；然后利用规则 S —→ NP VP，将 NP 对应的 Lambda 表达式替换 VP 对应的 Lambda 表达式中的参数，得到 love(John, Mary)。

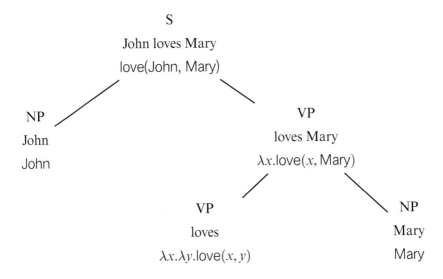

图 1.1　基于短语结构语法的形式化实例②

---

　　① β-规约的介绍详见 Barendregt（1984）。

　　② 此图依据 Blackburn and J. Bos（2005: 72）中的图绘制。

组合范畴语法也可以作为自然语言和形式语言间的中间结构。组合范畴语法（combinatory categorial grammar，CCG）将组合函数引入范畴语法，能够解决短语结构语法所无法解决的不连续的组合结构问题（Steedman, 1987; Steedman and Baldridge, 2011）。组合范畴语法中的范畴由原子范畴（atomic category）、右结合算子（/），以及左结合算子（\）组合而成（Steedman, 2000）。例如：以 S 和 NP 表示原子范畴，不及物动词对应的范畴为 S\NP，表示不及物动词向左结合一个名称词组（NP），便可得到一个句子（S）；及物动词对应的范畴为 (S\NP)/NP，表示及物动词向右结合一个 NP，再向左结合一个 NP，便可得到一个句子。区别于短语结构语法，组合范畴语法是一种基于词汇的语法，句子成分间的组合关系体现在句子成分所对应的范畴。类似地，采用这种句法分析树也可以将"John loves Mary"翻译为形式表达式，如图 1.2 所示。

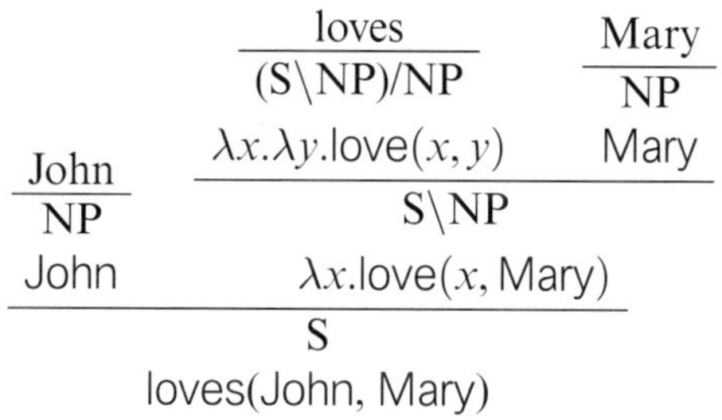

$$\frac{\cfrac{\text{loves}}{\substack{\text{(S\NP)/NP}\\ \lambda x.\lambda y.\text{love}(x,y)}} \quad \cfrac{\text{Mary}}{\substack{\text{NP}\\ \text{Mary}}}}{\cfrac{\text{John}}{\substack{\text{NP}\\ \text{John}}} \quad \cfrac{\text{S\NP}}{\lambda x.\text{love}(x,\text{Mary})}} $$
$$\frac{}{\substack{\text{S}\\ \text{loves(John, Mary)}}}$$

图 1.2 基于组合范畴语法的形式化实例[①]

区别于短语结构语法，组合范畴语法将句子的结构全部编码在单词的范畴之中，因此，不需要像短语结构语法那样的句法规则。同一个单词会因为出现位置或句子结构的不同可能被赋予不同的范畴，这也导致范畴数量的暴增。尽管范畴仅由原子范畴和两个算子组合而成，但在实际中使用的范畴却有 1300 多种（S. Clark, 2021）。给定一个句子，标注其中单词所对应的范畴也被称为超级标注（supertagging）任务，当前最新的系统在这一任务上的准确率达到了 96.2%（Tian et al., 2020）。类似地，此方法也需

[①] 本图为笔者独立绘制，下文未标注的图表均为本人独立绘制，不再单独说明。

要描述每个单词对应的 Lambda 表达式，由于句子的结构都编码在单词的范畴中，因而，利用二者便可得到句子的 Lambda 表达式。

基于句法分析的形式化方法需要描述单词所对应的形式表达式，大部分的对应关系可以按照范畴类型来统一化处理。专名对应个体常元，如 "John" 对应的 Lambda 表达式 John；普通名词对应一元谓词，如 "dog" 对应的 Lambda 表达式为 $\lambda x.dog(x)$；及物动词对应二元谓词，如 "love" 对应的 Lambda 表达式为 $\lambda x.\lambda y.love(x, y)$。对于一词多义的情况，不同词义对应的 Lambda 可能会不同，需要对单词的每个意义分别进行标注。对于一些非实义词，如介词、连词等则需要特殊处理。除此之外，此方法还需要对每条句法规则制定对应的 Lambda 运算规则，这些规则规定了形式表达式的运算方式。

基于句法分析的自动形式化方法在学界有着广泛的应用。例如：Schubert and Pelletier（1982）利用 Gazdar 的短语结构语法（Gazdar, 1982）提出了一种将英语翻译为逻辑表达式的方法；McCord（1989）基于 Prolog 构建了一种从英语到德语的自动翻译系统，其中包含将英语翻译为逻辑形式的模块，此模块利用模块化逻辑语法（modular logic grammar；McCord, 1985）分析，来生成句子的逻辑表达式；Seki et al.（1992）和 Ishihara et al.（1993）基于中心词驱动的短语结构语法（head-driven phrase structure grammar，HPSG；Pollard and Sag, 1994）提出一种能够将自然语言技术规范转换为代数表示的方法；Blackburn and J. Bos（2005）利用确定子句语法（definite clause grammar；Pereira and Warren, 1980）给出了一种将英语翻译为一阶语言的方法。值得说明的是，随着机器学习技术的发展，这种需要人工构建词汇表和句法分析规则的方法已经被统计机器学习方法全面取代。

相对于规则方法，基于句法分析的形式化方法在构建难度上相对更小。无论是构建单词对应的形式表达式，还是描述句法规则对应的运算规则，其数量和规模上都要少于完全基于规则的方法。在准确度方面，句法分析方法的准确度在一定程度上依赖句法分析的准确度。在适用性方面，此方法的适用性要弱于规则方法。由于此方法利用句法结构来组合形式表达式，因此，只适用于句中的全部内容进行翻译的情况，不适用于部分翻译的情况。从理论上讲，此方法还适用于命题层面的翻译，如果能利用句法分析器识别句中的子句以及联结词，便可将句子翻译为命题公式。尽管当前的句法分析器并不具备命题层面的句法分析功能，但可以利用已有的句法分析结果来提取子句。例如：李戈（2021）利用 Stanford NLP 句法分析结果，通过制定相应的规则提取句中的子句和复合句，以此实现从自然语言的软件系统描述到命题投影时态逻辑语言的翻译。

此方法面临的一个问题是：具有相同意义的同一个单词在不同句中出现时可能被翻译为不同的谓词。例如：句子 "John broke the window" 和 "the window broke" 分别被翻译为 $break_1$ (John, the window) 和 $break_2$ (the window)。在这两句话中，"broke" 被翻译为两个不同的谓词，其中 $break_1$ 为二元谓词，$break_2$ 为一元谓词。这种翻译方法会使得自然语言表达式间的蕴含关系无法保持，比如上述的两个自然语言表达式间存在着语义蕴含关系，而翻译后的形式表达式并不保持这种蕴含关系。

1.3.3 基于实例的方法

Perikos and Hatzilygeroudis（2016）提出了一种基于实例（case-based）的自动形式化方法，其背后的主要想法是具有相似句法结构的句子具有相似的逻辑表达式。此方法要求构建一个数据库，对数据库中的每个自然语言语句，人工标注其对应的逻辑表达式。任给一个自然语言句子，在数据库中找到与输入句子在结构和依存树上最为相似的实例（称为"最佳实例"），然后依据最佳实例和其逻辑表达式间的对应关系，将输入的句子翻译为逻辑表达式。例如：假设数据库中有 "Every dog chases some cat" 对应的逻辑表达式 $\forall x(dog(x) \rightarrow \exists y(cat(y) \wedge chase(x,y)))$。当输入句子 "Every person has some hobby" 时，由于其与 "Every person has some hobby" 具有完全相同的依存语法结构，如图 1.3 所示，因此被选为最佳实例。按照依存关系构建的对应规则，可以直接得到其逻辑表达式为 $\forall x(person(x) \rightarrow \exists y(hobby(y) \wedge have(x,y)))$。

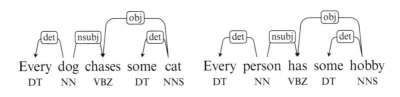

图 1.3 依存语法分析实例[①]

在已有实例库的情况下，基于实例的形式化方法实现的关键在于如何从实例库中选择结构最为相似的最佳实例。句子结构的相似度计算一般采用计算编辑距离的方法，即通过对插入、删除、修改操作赋予对应的权重值来计算从一个句子结构变换为另一个结构的值（Navarro, 2001）。为了更精确地计算句子结构间的相似度，可以引入词性标签（part of speech，POS）相似度，或者采用多种不同的句法分析器。

基于实例的自动形式化方法需要构建一个形式化实例的数据库，从理论上讲，数据库包含的不同类型的实例越多，其所能覆盖的语句范围越广，翻译的准确率也越高。此方法的实现可以利用依存语法分析器，仅需要描述依存关系所对应的翻译规则；在适用范围方面，基于实例的方法也能广泛地适用于各种任务，前提是能够构造大型的数据集，且结构相似的计算精确度要足够高。由此这种方法面临着如下两个问题：一是需要人工构建一个巨大的实例库，并且覆盖大部分类型的语言表达式，工程量非常大；二是句法分析树相似度是通过分析树间的编辑距离来计算的，若实例库巨大且需要对实例库中的实例进行逐一对比，则会导致计算时间非常长。因此，此方法在实践中仅可以用于某类具体场景下的自动形式化任务。据我们所知，目前实际中并未有系统采用此种方法。

1.3.4 基于归纳逻辑编程的方法

区别于其他类型的机器学习方法，归纳逻辑编程（Muggleton, 1991; Mugyleton and De Raedt, 1994）使用逻辑程序或者逻辑规则集来表示数

---

① 此分析结果来自 Stanford CoreNLP, https://corenlp.run/

据，而非使用向量或张量来表示数据。Zelle and Mooney（1996）利用归纳逻辑编程技术实现了自然语言描述的查询问句的自动形式化。基于归纳逻辑编程的形式化方法的实现一般分为以下三个步骤：首先要构建一个词汇表，其中包括形式表达式中出现的基本谓词；然后定义一些基本操作；最后利用数据库中的实例来学习基本操作的控制规则，即在何时使用定义的基本操作。

以 GEO 数据集[①]查询语句的自动形式化为例，首先定义查询语句中出现的基本谓词，例如，基本谓词 $major(X)$，$city(C)$，$loc(C,S)$ 分别表示 X 是主要的；C 是一个城市；城市 C 坐落在 S 州。然后定义引入（introduce）、共指（co-reference）、连结（conjoin）三种基本操作；最后通过归纳逻辑编程技术学习基本操作的控制规则。例如：假设 "What are the major cities in Kansas?" 是数据库中的一个实例，其对应的形式表达式为 $answer(C,(major(C),city(C),loc(C,S),equal(S,stateid(kansas)))))$[②]。通过问句和形式表达式间的对应关系可以学习到三个引入操作，即对单词 "major""cities""in" 分别引入其对应的谓词。类似地，还可以对共指和连结操作进行学习。给定一个自然语言句子，从左向右对单词逐个进行处理，对每个单词执行已经学习到的操作，最终生成相应的形式表达式。

相较于其他的机器学习方法，归纳逻辑编程具有如下优势：数据利用率高，通过对少量的实例的学习便可使系统具有较强的泛化能力；可以引入背景知识；所构造的系统具有可解释性（Cropper et al., 2022）。在实现难度方面，基于归纳逻辑编程的实现较为复杂，不仅要预先定义形式化过程的基本操作，还要预先描述形式化的背景知识。在适用范围方面，基于归纳逻辑编程的方法适用范围相对较小，仅适用于那些能够将形式化划分为一些基本操作，且能够线性处理的形式化任务。Zelle and Mooney（1996）采用移位—还原（shift-reduction）框架所构造的 CHILL 系统实现了 GEO 查询语句的自动形式化，之后 Tang and Mooney（2000、2001）通过引入概

---

① 关于数据集的介绍参见附录 A.1 节。

② $answer(C,-)$ 是 what-问句的标准翻译，主要是将 "the major cities in Kansas" 翻译为 $major(C)$，$city(C)$，$loc(C,S)$，$equal(S,stateid(kansas))$。

率和多子句学习器技术，进一步提升了自动形式化的准确率。在 CHILL 系统中，词汇表是人工定义的，Thompson（1995）和 Thompson and Mooney（2003）提出了词汇表的自动获取方法，可以进一步提升系统的自动化水平。目前此方法已经基本上被统计机器学习方法和深度学习方法所取代。

1.3.5　基于统计机器学习的方法

在人工智能领域，由于逻辑表达式被视为自然语言表达式的语义表示，因此，自动形式化系统又被称为"语义分析系统"。本节主要介绍通过统计方法来学习语义分析器的方法。传统的机器翻译主要研究将一种自然语言翻译为另一种自然语言，一些学者借用机器翻译技术来解决自动形式化问题。在针对数据库或本体查询语句的自动形式化过程中，有时需要将查询语句中的单词对应到数据库或本体中的关系上，这一过程又称"本体匹配"（ontology matching）。因此，本节还将介绍基于机器翻译的语义分析方法以及本体匹配的语义分析方法。

语义分析器学习方法

统计机器学习方法本质上是通过训练数据来学习语义分析器，一般的做法是学习某种形式的概率语法，此语法中包括一个词汇表，词汇表中包括单词和其对应的意义表示的对应关系，同时包括将单词意义表示组合成形式表达式的组合规则。依据选择的语法不同，所学习的语义分析器也有所不同。学界和工业界使用最广泛的是基于组合范畴语法的语义分析器。

给定一个自然语言语句，利用 CCG 语法可以生成一个或多个语义分析树，当生成多个分析树时，需要从中选择最佳的语义分析树。概率组合范畴语法（probabilistic CCG，PCCG）定义了对于输入的自然语言表达式，所有生成的语义分析树的概率分布。依据 PCCG 语法，只需选择概率最高的语义分析树，便可得到唯一确定的逻辑表达式。Zettlemoyer 和 Collins（2005）基于 PCCG 语法提出了一种语义分析模型的学习方法，能够将自然语言翻译为 Lambda 语言。PCCG 语义分析器的输入是自然语言语句 S，输出的是给定 S 的条件下，产生语义分析树 T 和逻辑表达式 L 的概率分布，

即 $P(L, T \mid S)$。学界目前最常使用的是对数线性（log-linear）的 CCG 分析模型（S. Clark and Curran, 2003），计算方法如公式所示：

$$P(L, T \mid S; \theta; \Lambda) = \frac{e^{f(L,T,S) \cdot \theta}}{\sum_{(L,T)} e^{f(L,T,S) \cdot \theta}}$$

其中 θ 为参数，Λ 为词汇表，$f(L, T, S)$ 为从 (L, T, S) 到特征集的一个映射。PCCG 语义分析器需要通过训练数据得到词汇表 λ 和参数 θ。基于此方法构建的语义分析系统在 GEO 和 JOBS 任务上取得了同期最优表现。

由于标准的 CCG 语法过于严格，无法处理一些未经编辑的自然语言文本。Zettlemoyer and Collins（2007）通过定义新的组合算子以及类型提升（type-rising）规则来放松标准 CCG 语法的组合要求；同时提出了一种新的在线学习算法，采用带隐变量的感知机模型在线归纳学习这种新定义的 CCG 语法。基于此算法构造的语义分析器能够处理更为复杂的词序、单词省略等复杂的语言现象，在 GEO 和 ATIS 任务上都取得了同期最优表现。

一般的语义分析器是针对某种特定的自然语言和形式语言而设计的，Kwiatkowski et al.（2010）首次提出了一种更为一般的框架来处理多种不同的自然语言以及形式语言，并基于此框架构建了 UBL 系统。UBL 系统采用基于高阶合一的词汇归纳算法和 CCG 组合规则来构建词汇表 Λ；同时将词汇表的归纳过程和学习 θ 的参数估计过程结合起来训练语义分析器。UBL 系统在由四种自然语言和两种形式语言构成的 GEO 任务上都取得了最佳的准确率。

在上述语义分析器的词汇表中，同一单词出现在不同的语境中会对应不同的形式表达式，这使得在训练过程中会面临数据稀疏的问题。Kwiatkowski et al.（2011）提出了一种分解式的（factored）词汇表，这种词汇表由两部分组成：一部分是词位（lexemes）将自然语言的单词或词组映射到逻辑常项；另一部分是词汇模板，主要刻画词汇在不同语境下的应用。相较于之前的词汇表构建方法，这种分解式的词汇表更简洁，且只需更少的数据集来学习。基于此方法构造的 FUBL 系统，相较于 UBL 系统，在 ATIS 和 GEO 任务上都有更优的表现。

一般的 CCG 语义分析器只能处理某个具体领域的自动形式化任务, Q.

Cai and Yates（2013b）提出了一种面向开放域的语义分析器 FreeParser，FreeParser 采用了两种训练数据集：一种是标注数据集，其中包括某个论域查询语句所对应的形式表达式；另一种是非标注数据集，利用 Freebase 数据库中其他论域的关系实例，从 Wikipedia 中自动查询出的包含此关系实例的句子。FreeParser 采用自监督架构自动地对非标注数据集进行标注，主要从中学习标注数据集中未出现的谓词和常项符号。FreeParser 采用 UBL 系统框架来对这两类数据集进行学习，从而实现对开放域的语义分析。通过对多个论域的测试，其精确率和召回率均超过 70%。

除了基于 CCG 语法的语义分析器外，还有基于其他语法构造的语义分析器。Ge and Mooney（2005）定义了一种语义扩充分析树（SAPT），分析树上的每个非终端节点包括句法和语义标签，并基于此构造了语义分析器 SCISSOR。SCISSOR 系统首先将自然语言句子分析为语义扩充分析树，然后利用语义扩充分析树的组合关系来生成形式表达式。因此，问题的关键在于通过训练数据学习语义扩充分析树的分析模型。这要求训练数据中包括自然语言语句所对应的语义扩充分析树，而传统的语料库中仅包括句法标签，而不包括语义标签，因此需要在句法分析树的基础上人工标注每个节点所对应的语义标签。SCISSOR 系统在 GEO 和 CLANG 任务上都取得了同期最优表现。

Lu et al.（2008）定义了一种混合树，混合树上的每个节点既包括自然语言单词，也包括意义表示的记号。生成模型依据 Markov 过程在每一层次上递归地构建节点来生成混合树（Collins, 2003）。区别于其他类型的语义分析器，此模型并不直接利用自然语言语法，而是通过生成过程来构建句子和意义表示间的对应。通过利用动态编程技术可以更为有效地进行训练和解码。此方法在 GEO 和 CLANG 任务上的召回率有大幅提升，同时综合表现取得了同期最优。

除了基于某种概率语法的语义分析器，还有一些语义分析器并不需要利用自然语言语法。Kate and Mooney（2006）提出了一种基于核（kernel-based）的统计方法来学习语义分析器，并构造了 KRISP 系统。此系统采用自然语言语句和对应的形式表达式作为训练数据，无须其他的人工标注数据。形式语言作为一种人工语言，可以由一些简单的产生式规则生成，形式语法的产生式规则被视为语义内容。对于这些产生式规则，KRISP 系统采用字符串相似作为核来训练支持向量机分类器，每一个分类器可以评估产生式规则所覆盖的不同句子子串的概率。此系统的优势在于无须人工标注数据，并且具有较强的抗噪性，鲁棒性更高。

Zhao and L. Huang（2015）基于递增移位—规约算法构建了一种类型驱动的语义分析器 TISP。移位—规约算法包括存储自然语言单词的序列和存储形式表达式子公式的堆栈，主要有移位、规约和跳过三种类型的操作，给定一个自然语言语句通过执行这三种操作，生成最终的形式表达式，这类似于归纳逻辑编程的实现方式。通过引入类型，可以控制规约操作的方向，所使用的类型类似 Lambda 组合范畴语法中所使用的范畴，但不需要使用像 CCG 这样的语法。此系统在 GEO 任务上取得了同期最优表现，在 JOBS 和 ATIS 任务上也均有良好表现。这种基于递增分析（incremental parsing）的方法相较于基于 CKY 算法的语义分析方法，在运行速度上更快。

基于机器翻译的语义分析方法

机器翻译领域普遍使用同步上下文无关文法（SCFG；Aho and Ullman, 1972）作为基于句法的统计翻译模型的基础。SCFG 也可以用于学习语义分析器。SCFG 中的规则具有如下形式：$X \rightarrow \langle A, B \rangle$，其中 A 为自然语言的模式；B 为形式语言模式，因此 SCFG 可以视为自然语言的语义语法。通过利用机器翻译的词对齐技术，可以构建单词和形式表达式成分间的对应关系，但在自动形式化任务中，由于形式表达式中存在括号这样的无语义内容的成分，因此，需要构建自然语言中单词和形式语言生成规则间的对应关系。

Wong and Mooney（2006）利用统计机器翻译技术构造了语义分析器 WASP，机器翻译中的词对齐模型可以用来获取词汇表；语义分析过程可以视为机器翻译过程。为解决形式语言中有些成分无语义内容的情况，WASP 系统利用 GIZA++（Och and Ney, 2003）来实现单词和形式语言生成规则间的对应。尽管 WASP 系统并未在 GEO 和 CLANG 任务上取得同期最优表现，但对于不同复杂性和词序的自动形式化任务具有更好的鲁棒性。此方法的使用要求目标语言可以利用 CFG 语法生成。由于 SCFG 中不包括处理逻辑变项的机制，因此 WASP 只能将自然语言翻译为不含逻辑变项的形式表达式。Wong and Mooney（2007）通过将 Lambda 算子引入 SCFG 构造了 λ-WASP 系统，使其可以将自然语言翻译为包含变项的形式公式。相较于其他的系统，其最大的优势在于不需要利用任何自然语言语法知识。λ-WASP 系统在 GEO 任务上取得了同期最优表现。

Andreas et al.（2013）将语义分析视为一个纯粹的机器翻译任务，利用现成的机器翻译组件，如线性化、对齐、规则抽取、语言模型，来实现自然语言的自动形式化。尽管所构造的 MT-hier 系统并未取得同期最优表现，但其展示了使用机器翻译技术解决语义分析问题的标准流程。区别于 WASP 系统和 λ-WASP 系统，此系统完全采用机器翻译的组件，而非只使用部分。

本体匹配的语义分析方法

面向数据库或本体查询的自动形式化系统需要将自然语言表达式中的成分对应到知识库中的实体上。例如：要在 Freebase 数据库中查询 "How many Peabody Award winners are there?"，需要将其翻译为 count$(x).\exists y.$award_honor$(y) \wedge$ award_winner$(x) \wedge$ award$(y, $peabody_award$)$，其中的谓词 award_honor、award_winner 以及 award 都是 Freebase 中的类型和关系，而谓词 award_honor 并未在句子中出现。Q. Cai and Yates（2013a）提出了一种模式匹配的方法，能够将自然语言的单词 w 对应到本体的符号 s 上，利用模式学习技术将 $\langle w, s \rangle$ 加入语义分析器的词汇表中，从而实现形式表达式中成分与数据库中元素的对应。Kwiatkowski et al.（2013）通过定义折叠算子和扩张算子将逻辑表达式中的成分对应到数据库中元素上。

Reddy et al.（2014）所构造的语义分析器 GRAPHPARSER 采用图匹配的方式，来实现将自然语言中的成分对应到 Freebase 数据库中的元素上。此系统首先在 CLUEWEB09 语料库（Gabrilovich et al., 2013）中筛选满足如下条件的句子：句子中包含至少两个由 Freebase 中关系连接的实体；其次利用 S. Clark and Curran（2007）所构造的 CCG 语义分析器将筛选出的句子翻译为逻辑表达式；再次将逻辑表达式转换为一种语义图；复次使用变项替换语义图中的实体节点并生成多个替代图；又次对每一个替代图 g，从 Freebase 数据库中选择与此语义图最为相似的子图 u，这样的子图可能有多个，由此便会得到多个 (g,u) 对；然后通过定义一些特征来训练模型，对应输入的句子 s，计算生成 (g,u) 的概率，并由此来选择最佳子图；最后使用 Freebase 子图中的边和节点名称替换原语义图中边和节点，并将其翻译为逻辑表达式。在这一过程中，对于输入的自然语言表达，系统需要学习如何选择最佳的 Freebase 子图，语义分析任务因此转换为图匹配的问题。

小结

随着机器学习技术的发展，基于统计机器学习的自动形式化方法基本上取代了传统的基于句法分析的方法和基于归纳逻辑编程的方法，逐渐成为自动形式化研究的主流方法。当前此方法主要应用于数据库问答系统的自动形式化。除此之外，它在其他领域也有所应用。例如：David Chen and Mooney（2011）利用 KRISP 系统实现了从自然语言导航指示到可执行的形式计划描述的翻译。Landgrebe and B. Smith（2021）所开发的保险索赔专家评估报告自动生成系统中使用了基于组合范畴语法的形式化方法。

相较于基于规则和句法分析的方法，基于统计机器学习的方法最明显的优势在于不需要人工构建规则和翻译模板，缺点在于需要构建标注数据集。相较于基于实例和归纳逻辑编程的方法，其优势在于其鲁棒性，能处理各种类型的自然语言表达式，所需的标注数据比基于实例的方法少，但比基于归纳逻辑编程的方法多。除了标注自然语言对应的形式表达式外，有些系统还需要额外标注自然语言所对应的语法语义分析树（Ge and Mooney, 2005）。另外，由于统计机器学习方法具有不可解释性，因此，当系统达到一定的准确度后，无法通过确定的方式进一步提升。

1.3.6　基于深度学习的方法

基于深度学习的形式化方法一般采用基于循环神经网络的编码器—解码器模型（encoder-decoder model）来实现从自然语言到形式语言的翻译。给定一个自然语言表达式，编码器首先将其编码为一个上下文向量，解码器将此向量作为输入，输出对应的形式表达式。序列到序列（sequence-to-sequence, Seq2Seq）模型是自然语言处理领域最常用的一种编码器—解码器模型（Sutskever et al., 2014）。Seq2Seq 模型一般适用于输入和输出长度不确定的任务，形式化任务的输入是自然语言句子，输出的是形式表达式，二者在长度上是不确定的。此类模型一般还包括一个注意力层（attention layer），其目的是实现输入和输出的对齐，同时利用输入的上下文信息（Bahdanau et al., 2015; Luong et al., 2015）。

形式语言一般是通过一种人工语法生成的，其内部是有结构的，因此，采用序列模型进行解码时，会生成不合语法的形式表达式。例如：Ling et al.（2016）采用 Seq2Seq 模型来实现将自然语言翻译为像 Python 和 Java 这样的通用编程语言，但由于解码序列中不包括结构信息，因而生成的许多代码都不合语法。对于此类问题，学界目前有两种主要的解决方案：一种是通过定义树结构的解码模型来捕捉形式语言的结构特征；另一种是通过定义一种中间结构来刻画形式语言的结构。

Dong and Lapata（2016）基于注意力增强的编码器—解码器模型构造了一个自动形式化系统，通过引入注意力机制来实现自然语言和形式语言间的对齐，同时使用论元识别步骤来处理较少提及的实体和数字。由于形式语言中存在括号匹配的问题，而 Seq2Seq 模型忽视了形式语言中的结构，因此，采用分层树结构的解码器（Seq2Tree）来解决此问题。Seq2Tree 模型在 JOBS、GEO、ATIS 以及 IFTTT 任务上的表现均优于 Seq2Seq 模型。

通过中间结构来刻画形式语言结构的方式，一方面可以确保生成的形式表达式合语法；另一方面由于中间结构一般是一种论域无关的抽象表示，因此，便于跨领域的迁移。例如：Yin and Neubig（2017）使用抽象句法树（abstract syntax tree）来作为形式化过程的中间结构，抽象句法树可以确定地转换成合语法的编程语言语句。通过使用概率语法模型来实现从自然语言到抽象句法树的转换。此系统在 HearthStone、DJANG 和 IFTTT 任务上均取得了同期最优表现。Dong and Lapata（2018）所构造的系统采用了COARSE2FINE 解码模型，此模型包括两个解码器，第一个解码器将自然语言表达式转换为一种粗粒度的语义表示，这种表示不包括论元以及变元名这样的细节；第二个解码器依据输入的自然语言表达式补充语义表示中缺失的细节部分。此系统在 GEO、ATIS、DJANGO 和 WikiSQL 任务上都取得了接近最优的表现。

J. Cheng et al.（2017）构建了一种神经语义分析器（neural semantic parser），此分析器可以将自然语言转换为一种谓词—论元表示（predicate-argument representation），这种表示是一种通用的中间表示，并不限定于某一具体领域，由此也被称为"非奠基（ungrounded）的表示"。当把中间表示中的通用谓词替换为具体领域的谓词时，则生成奠基的（grounded）形式表达式。从自然语言到中间表示的过程采用了基于转换（transition-based）的算法，此算法采用自上而下、深度优先的转换系统来生成一种树结构化的表示。由于中间结构是一种通用表示，因此，适用于不同的形式化任务。此系统在 GraphQuestions 以及 SPADES 任务上取得了同期最优表现，同时在 WebQuestions 和 GEO 任务上也取得了接近最优的表现。

B. Chen et al.（2018）利用序列到动作（Seq2Act）模型将自然语言表达式首先转换为动作序列，然后利用动作序列来生成自然语言的语义图和形式表达式。语义图的生成过程有六种不同的动作：增加变元节点、增加实体节点、增加类型节点、增加边、操作相关动作以及论元相关动作。由于在解码过程中引入了结构和语义限制，因此相较于 Seq2Seq 模型具有更强的预测能力。此系统在 OVERNIGHT 任务上取得了同期最优表现，并在 GEO 和 ATIS 任务上也有着接近最优的表现。

由于自然语言存在长尾现象，即大量的单词在训练集中较少或者不出现，由此导致所学习的模型不能对这些单词进行正确翻译。Jia and P. Liang（2016）提出了一种数据扩充的策略，首先使用已有的数据集训练一个基于 SCFG 语法的语义分析器，然后利用此语义分析器生成许多新的训练实例。除此之外，还引入了基于注意力的拷贝机制，依据注意力的数值将输入的单词直接拷贝到输出的形式表达式中，而无须从 Softmax 层中的整个词汇表中进行选择。

在适用性方面，基于深度学习的自动形式化方法适用于各种类型的自动形式化任务。在翻译的准确性方面，此方法目前在各种自动形式化任务上都取得了最优或接近最优的表现。在构造难度方面，由于不需要预先定义任何类型的知识，如规则、词汇表、特征等，因此能够更快速地构建形式化系统。在领域迁移方面，同一个模型可以同时处理多种不同的自动形式化任务。由于深度学习对数据的依赖程度更高，因此，其在有大量标注数据的自动形式化任务中更具优势。

1.3.7 基于语言模型的方法

语言模型是运用概率统计技术计算语言中词序列概率分布的模型，可以用来计算句子的概率，对于给定的前缀，可以预测下一个出现的词或词组（J. Hoffmann et al., 2022）。近年来，学界提出了诸多大型的语言模型，这些语言模型广泛地应用于自然语言处理的各项任务（Brown et al., 2020; S. Smith et al., 2022; Thoppilan et al., 2022; Chowdhery et al., 2022）。当前最大的语言模型 PaLM 有 5400 亿个参数（Chowdhery et al., 2022）。语言模型不仅可以应用于自然语言的处理，还可以应用于形式语言的处理（Mark Chen et al., 2021; Y. Li et al., 2022; Wu et al., 2022）。

Mark Chen et al.（2021）利用 Github 网站上的 Python 代码对 GPT 语言模型进行微调，由此构建了 Codex 语言模型，可以自动生成 Python 程序代码。输入自然语言文档字符串（docstring），可以自动生成实现其所描述功能的 Python 代码。Y. Li et al.（2022）利用 Github 网站上的代码来训练语言模型 AlphaCode，代码涵盖了大部分类型的编程语言，预训练数据达到了 715.1GB。利用编程竞赛的题目 CodeContests[①]对模型进行微调，可以依据问题描述自动生成代码。这两种代码自动生成任务虽然都是将自然语言描述转换为代码，但二者并非严格意义上的自动形式化任务，而是一种问题解决任务，所生成的代码超出了自然语言所表达的语义内容。

对于大型的语言模型，一般采用提示学习（prompt learning）的方式使其适用于不同类型的任务。这种处理方式的优势在于在不对预训练模型进行调整的情况下，仅依赖于提示来引导模型处理不同类型的下游任务（P.

---

① https://github.com/deepmind/code_contests.

Liu et al., 2021）。Wu et al.（2022）利用大型语言模型 PaLM 和 Codex 实现了从自然语言数学描述到 Isabelle 语言的翻译。他们首先随机挑选了两个自然语言的数学描述作为语言模型的提示，然后在 miniF2F 数据集的子集上进行测试，测试结果显示 25.3% 的数学竞赛题目可以被正确翻译。这一结果也是完全出人意料的，因为 Isabelle 作为一种特殊的数学语言，在互联网上出现得非常少，因此，单就生成合语法的 Isabelle 表达式而言，已然非常让人惊艳，更何况是将自然语言数学描述正确地翻译为 Isabelle 描述。

基于大型语言模型的方法目前仅应用在代码生成和数学问题的自动形式化领域，并未应用于其他类型的形式化任务。可以设想，如果其他类型自动形式化所使用的形式语言，达到 Isabelle 语言的规模，或许可以使用此方法达到良好的形式化效果。此方法所面临的主要问题是自然语言和形式语言间的不对准（misalignment）问题，即自然语言表达式中的词组不能准确对应到其所对应的形式表达式上。

1.3.8 基于语义分析的方法

语义表示是语言意义的表示，不同领域的科学家对于语言表示的方式持有不同的观点[①]。逻辑学家和部分语言学家将逻辑表达式作为自然语言的语义表示[②]，他们认为句子的意义是使其为真的那些条件，即真值条件（truth-condition）。然而，对于认知语言学家、计算机学家、心理学家则使用不同的方式来表示自然语言的语义。例如：认知语言学家认为语义表示是一种部分且不完全的概念结构表示（V. Evans and Green, 2006: 366）；计算机学家认为语义表示是一种能够反映文本意义且以一种语言使用者所理解方式来定义的表示（Abend and Rappoport, 2017）。因此，一个自然的想法是利用其他类型的语义表示来实现从自然语言到形式语言的翻译，依据所选择的语义表示方法的不同，自然语言形式化的方法也有所不同。

[①] 语义表示方式详见 Levison et al.（2013）第 3 章。
[②] 并非所有语言学家都持此观点，此处指持有形式语义观点的语言学家，详见附录 B.2 节。

语义表示方法

语义表示的研究最早可以追溯到 Gruber 和 Fillmore 等人的研究。Gruber（1965）使用题元关系（thematic relation）来表示句子的语义属性；Fillmore（1967）使用六种语义格来刻画动词。Simmons（1973）将格语法引入自然语言的语义表示中；再到后来自然语言处理的工程实践，发展出了多种语义表示方法，并且基于这些方法构建了许多的语料库。除了逻辑语义表示方法外，当前学界广泛使用的语义表示方法大致可以分为如下四类：（1）谓词—论元表示方法；（2）DRS 表示方法；（3）框架语义表示（frame semantic representation）方法；（4）基于图的语义表示（graph-based semantic representation）方法。

语言学界普遍使用谓词—论元来表示句子的语义，这种表示方法也常被称为"浅层语义表示"（shallow semantic representation）。这种语义表示方法将句中的动词视为谓词，句子的其他成分视为谓词的论元，论元和更深层的语义角色具有对应关系。宾州树库中包括了句子的论元结构表示（M. Marcus et al., 1994; Taylor et al., 2003）。PropBank 在宾州树库句法标注的基础上进一步对论元结构进行了标注（Kingsbury and Palmer, 2002）。动词的核心论元用编号论元（numbered argument）Arg0-Arg5 表示，除此之外，还包括一些非核心论元（non-core argument）。每个论元标签都对应着特定的语义角色，二者的对应关系如表 1.2 所示（Palmer et al., 2005）。从表中可以看出，论元标签与语义角色间的对应关系存在着一对多的情况，例如，"Arg2"论元在不同的情形下分别对应于工具、受益人、属性等角色。

Kamp（1984）为打通逻辑语义表示和其他类型语义表示间的隔阂，提出了语篇表示理论，并使用语篇表示结构来表示语义；Basile et al.（2012）基于语篇表示理论理论构建了 Groningen 意义库（Groningen meaning bank, GMB）。Fillmore（1976、1982、1985）在格语法（Case Grammar; Fillmore, 1967）和框架理论（Minsky, 1974）的基础上提出了框架语义表示方法，并以此为基础构建了 FrameNet 语料库（C. F. Baker et al., 1998; Fillmore et al., 2003、2012）。

传统的语言学句法分析将句子分析为树形结构，并在树形结构基础上

表 1.2　PropBank 中的论元及其对应的语义角色

论元标签	语义角色	论元标签	语义角色
Arg0	施事	Arg1	受事, 客体
Arg2	工具, 受益人, 属性	Arg3	起点, 受益人, 属性
Arg4	终点	Arg5	修饰词
ArgA	诱发行为的主体	ArgM-ADV	一般目的
ArgM-MOD	情态动词	ArgM-CAU	原因
ArgM-NEG	否定标识	ArgM-DIR	方向
ArgM-PNC	目的	ArgM-DIS	话语连接
ArgM-PRD	第二谓词	ArgM-EXT	范围
ArgM-REC	反身词	ArgM-LOC	地点
ArgM-TMP	时间	ArgM-MNR	方式

标注语义, 受制于树形结构, 并不能更全面地标注语词间的语义依赖关系。因此, 为适应自然语言处理的需要, 计算语言学家提出了基于图的语义表示方法 (M. Kuhlmann and Oepen, 2016)。Koller et al. (2019) 依据图中节点 (node) 和语言中记号 (token) 间的对应关系, 将基于图的语义表示方法分为如下三类: (1) 双词汇依存图 (bi-lexical dependency graphs): 图中的节点到语言记号是单射, 即每个节点对应一个语言记号, 例如, DELPH-IN 双词汇依存图 (DELPH-IN MRS-derived bi-lexical dependencies, DM); (2) 锚定语义图 (anchored semantic graphs): 节点和记号间的对应关系不那么严格, 图中的节点可能对应于句中的任意成分, 例如, UCCA (universal conceptual cognitive annotation) 表示 (Abend and Rappoport, 2013); (3) 非锚定语义图 (unanchored semantic graphs): 节点和记号间的关系并未被显著地标注出来, 例如, 抽象意义表示 (abstract meaning representation, AMR; Banarescu et al., 2013)。

计算语言学家基于这些语义表示方法构建了不同的语义图库 (semantic graphbanks), 当前在语义评测 (semantic evaluation) 任务中广泛使用的数据集有 DM 数据集[1]、PAS（predicate-argument structure）数据集[2]、PSD（Prague semantic dependency）数据集[3]、EDS（elementary dependency structure）数据集[4]、AMR 数据集[5]。

基于语义表示的形式化方法

　　上述四种语义表示方法为构建自然语言形式化的实现提供了多种可能性。在这些语义表示中，DRS 的表示方法和基于图的语义表示方法可以相对容易地转换为逻辑表示。Kamp and Reyle（1993: 126–139）认为语篇表示结构和逻辑表示最大的区别在于逻辑表示是一种线性表示，而语篇表示结构是一种结构化的表示。例如："People love dogs"的 DRS 如图 1.4 所示[6]，DRS 中的成分可以很容易地组合起来形成逻辑表达式 $\exists x \exists y (\text{people}(x) \wedge \text{dog}(y) \wedge \text{love}(x, y))$。

$$
\begin{array}{c}
x \quad y \\
\text{people}(x) \\
\text{dog}(y) \\
\text{love}(x, y)
\end{array}
$$

图 1.4　语篇表示结构实例 1

　　DRS 的优势还在于可以表示量词的辖域和代词的指称，这对于自然语言的形式化任务是非常重要的。例如："every man who owns a Harley-Davidson is cool"的 DRS 如图 1.5 所示，其中量词的辖域是通过变元的关

---

[1] DM 数据集来自 DeepBank（Flickinger et al., 2012）。

[2] PAS 数据集来自 Enju HPSG 树库，详见 https://mynlp.is.s.u-tokyo.ac.jp/enju/

[3] PSD 数据集来自 PCEDT 树库（Prague Czech-English dependency treebank, PCEDT; Hajič et al., 2012）。

[4] EDS 数据集来自 LOGON（http://moin.delph-in.net/LogonTop）和 pyDelphin 数据库（https://github.com/delph-in/pydelphin）。

[5] AMR 数据集分为多个版本，详见 https://amr.isi.edu/download.html。

[6] 这是最早版本的 DRS 表示，后续版本的 DRS 在此基础上引入了语义角色。

系来表示的，$u = x$ 表示 u 也在 x 的约束量词的辖域内。由此 DRS 可以将其翻译为 $\forall x \exists y(\text{man}(x) \wedge \text{HarleyDavidson}(y) \wedge \text{own}(x, y) \rightarrow \text{cool}(x))$。类似地，用此方法也可以表示代词的指称。例如："If a man owns a Harley-Davidson, then he is cool" 与上例表达相似的含义，其 DRS 也如图 1.5 所示，其中代词 "he" 的指称也是通过变项间的关系来表示的。

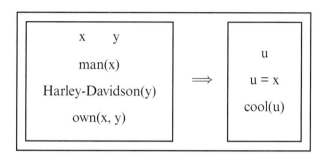

图 1.5　语篇表示结构实例 2

基于图的语义表示并非一种新的语义理论，而是为了找到一种兼具形式属性和计算属性，且适合大规模、通用语料库标注的方法。因此，这种描述并不追求对于自然语言的一种完全描述，允许仅描述其中的部分信息。以 MRS（minimal recursion structure，MRS）为例，其主要描述单词间的语义依赖关系，采用的是 PropBank 中的编号论元。同时，MRS 可以描述量词的辖域，但这种描述是不足的，这导致一个 MRS 可能对应多个不同的逻辑表达式（Copestake et al., 2005）。例如："Every dog chases some cat" 对应的 MRS 如图 1.6 所示，此图可以使用如下方式来表示：

$h1\text{: every}(x, h2, h6), h2\text{: dog}(x), h3\text{: chase}(x, y), h4\text{: some}(y, h5, h7), h5\text{: cat}(y)$

其中 $h1$-$h7$ 称为柄（handle），可以视为谓词表达式的标签，$h2$、$h5$、$h6$ 和 $h7$ 称为洞（hole），是用来填充论元位置的柄，利用洞与柄之间的关系可以表示量词的辖域。在这些洞中，$h2$ 和 $h5$ 分别表示 $\text{dog}(x)$ 和 $\text{cat}(y)$，因此，只有 $h6$ 和 $h7$ 是不确定的。当加入限制条件 $h6 = h4$ 和 $h7 = h3$ 时，可得到逻辑表达式 $\forall x(\text{dog}(x) \rightarrow \exists y(\text{cat}(y) \wedge \text{chase}(x, y)))$；当加入限制条件 $h7 = h1$ 和 $h6 = h3$ 时，可得到逻辑表达式 $\exists y(\text{cat}(y) \wedge \forall x(\text{dog}(x) \rightarrow \text{chase}(x, y)))$。

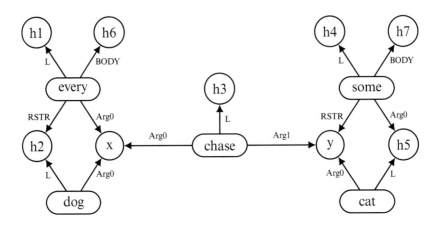

图 1.6　MRS 实例①

对于 DMRS（discriminant-based MRS; Oepen and Lønning, 2006）而言，由于其采用了不含变项（variable-free）的表示方法，因此，丢失了更多的信息。相较之下，MRS 更适合作为自然语言形式化的中间结构，Y. Chen and Sun（2020）基于 MRS 提出了一种更接近逻辑表达式的图式表示方法，并且构造了基于神经网络的语义分析器，其基本依存关系匹配（elementary dependency match）的准确率达到 92.3%。MRS 是一种双词汇依存图，即图中的节点都对应句子中的单词，这种表示方法和 DRS 表示非常相似，在形式上和逻辑表达式很接近，有利于自然语言形式化的实现。

AMR 是一种被广泛使用的语义表示方法，作为一种非锚定语义图，其节点和句子的成分无明显对应关系。例如 "The boy want to go" 对应的 AMR 表示如图 1.7 所示，从图中可以看出句子中的 "the" 和 "to" 并未出现在图中。AMR 表示可以很容易地转换为如下的形式表达式：$\exists v_2 \exists v_1 \exists v_3(\text{want}(v_2) \wedge \text{boy}(v_1) \wedge \text{go}(v_3) \wedge \text{Arg0}(v_2, v_1) \wedge \text{Arg1}(v_2, v_3) \wedge \text{Arg0}(v_3, v_1))$。这一表达式不是句子完整意义的表达，其中 Arg0 和 Arg1 的含义并不明确，因此需要进一步确定数字编号论元指称的语义角色，才能得到正确的形式表达式②。这

---

① 此图参考 Y. Chen and Sun（2020）中的图 3 绘制。

② AMR 中也包含了语义角色，但这些语义角色主要标注编号论元之外的非核心论元，例如，*age*、*location*、*beneficiary*，编号论元所对应的语义角色是不确定的。

一问题并不是 AMR 所独有的，采用 DM 、PAS 、PSD 和 EDS 数据集中的标注方式都面临此问题①。由于 AMR 中没有全称量词，像 "all" "every" 这样的全称量词无法标注其辖域，因此，相较于 MRS 表示，在翻译带有量词的句子时是相对困难的。

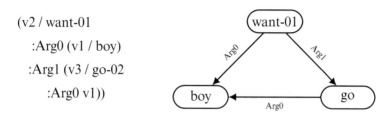

(v2 / want-01
　　:Arg0 (v1 / boy)
　　:Arg1 (v3 / go-02
　　　　:Arg0 v1))

图 1.7　抽象意义表示实例②

基于谓词—论元表示的形式化方法只适用于简单的情形，例如，"John loves Mary" 对应的谓词—论元表示为 love(John, Mary)，这就是一个逻辑表达式。"People love dogs" 对应的谓词—论元表示为 $love(people, dog)$，其中 people 和 dog 均为普通名词而非专名，可以通过构造一些翻译模板来实现形式化。例如：对应 predicate(Arg0, Arg1) 这样形式的谓词—论元表示，且 Arg0 和 Arg1 均为普通名词，可以构建模板 $\exists x \exists y (\text{Arg0}(x) \wedge \text{Arg1}(y) \wedge \text{predicate}(x, y))$。利用此模板可以将其翻译为 $\exists x \exists y (\text{people}(x) \wedge \text{dog}(y) \wedge \text{love}(x, y))$。

对于稍微复杂的句子则很难实现这种转换，例如，"It is a pleasure to teach her" 对应的谓词—论元表示为 pleasure(teach($*$ someone $*$, her))（Taylor et al., 2003），其中 "teach" 是一个二元谓词，表示的是教授者和被教授者的关系，句中并未明确表示出教授者，故用 "$*$ someone $*$" 来表示缺失的论元。此句子对应的逻辑表达式为 $\exists e (\text{teach}(e) \wedge \text{pleasure}(e) \wedge \text{Theme}(e, \text{her}))$。由于 "teach" 是一个二元谓词，句中只含有一个论元，因此，

---

① 依据在线语义分析器（http://amparser.coli.uni-saarland.de:8080/）的分析结果可以看出，这四种语义表示方式和 AMR 一样都没有明确编号论元指称的具体的语义角色。

② 此图采用 Damonte et al.（2017）中所示的表示方法，分析结果来自在线语义分析器 http://amparser.coli.uni-saarland.de:8080/。

此形式表达式采用新戴维森事件语义的表示方法（Davidson, 1967; Parsons, 1990），其中 Theme 为语义角色。由此可以看出，在论元缺失的情况下需要确切知道论元所对应的语义角色，才能实现正确的翻译。

Fillmore 所提出的框架语义表示为自然语言提供了一种深层语义表示。从理论上讲，这种深层语义表示弥补了其他方法的不足，相对更容易得到正确的表达式。然而，由于其标注的粒度较粗，导致其无法直接将其转换为逻辑表达式。例如："The Sri Lankan's bare feet moved silently across the carpet." 其对应的语义表示为 [$_{Theme}$ The Sri Lankan's bare feet] [$_{Motion}$ moved] [$_{Manner}$ silently] [$_{Path}$ across the carpet]①。从这一语义表示可以看出，每个语义角色对应的是句子中的词组而非单词，因此，无法直接将其形式化为逻辑公式，若要将其形式化需要更为细致的分析。

随着机器学习技术，特别是深度学习技术的发展，语义分析任务取得了长足的发展，在诸多的评测任务上已经达到了相当高的准确度（参见附录 C），这为形式化的自动化实现提供了良好的技术基础。例如：CoNLL-2005 共享任务的目标是将句子转换为谓词—论元表示（Carreras and Màrquez, 2005），J. Zhou and W. Xu（2015）基于长短时记忆模型（long short-term memory, LSTM）构造的系统在该任务上的 F_1-值②达到 81.07%。Abzianidze et al.（2019）提出了面向 DRS 的共享任务，J. Liu et al.（2019）基于循环神经网络（recurrent neural network, RNN）和转换器模型（transformer model）构造的系统在该任务上的 F_1-值达到 84.8%。Lindemann et al.（2019）提出的语义分析器在 DM、PAS、EDS、AMR 数据集上测试的 F_1-值都超过 90%。Semeval-2007 共享任务 19 是面向 FrameNet 标注的语义分析任务（C. F. Baker et al., 2007），Swayamdipta et al.（2017）基于分段 RNN（segmental RNN）构造的系统在该任务的 F_1-值超过 70%。

---

① 此实例来自 https://framenet.icsi.berkeley.edu/fndrupal/luIndex，单词为 "move.v"。

② F_1-值的计算方式详见附录 C.5 节。

评价

在众多的语义表示方法中，DRS 和逻辑表达式最为相似，因而也最容易转换为逻辑表达式。传统的谓词—论元表示方法，将句中的动词视为谓词，将其他成分视为论元，因而导致其论元可能是词组等复杂结构，加之表示的内容有限，因而导致在形式化过程中存在困难。基于图的语义表示方法本质上可以视为一种谓词—论元表示，标注的是单词间的谓词—论元关系，在这种表示中谓词可以是动词，也可以是名词、形容词或者副词。这种精细化的表示，相较于传统的谓词—论元表示，更容易将其转换为逻辑表达式。基于图的语义表示是一种不充分的描述，其中缺少了部分信息，例如，MRS 表示中缺少量词辖域信息。这会导致同一个表示可能对应多个逻辑表达式。框架语义表示方法作为一种深层语义表示，由于其语义角色对应的语言成分为词组，需要进一步分析词组的内部结构才可将其转换为逻辑表达式。

自然语言的语义分析系统一般都是构建在句法分析系统之上，因而，语义分析结果比句法分析结果包含的内容更多，能够处理基于句法分析的形式化方法无法处理的问题。例如：句子 "John broke the window" 和 "the window broke" 中的 "break" 具有相同含义，而在基于句法分析的形式化方法中被处理为两个谓词。基于语义分析的形式化方法中，可以采用新戴维森事件语义表示方法，可以将其翻译为同一个谓词。"John" 和 "the window" 分别为 "break" 的 Arg0 和 Arg1 论元，这两个实例可以形式化为 $\exists e \exists x (\text{break}(e) \land \text{window}(x) \land \text{Arg0}(e, \text{John}) \land \text{Arg1}(e, x))$ 和 $\exists e \exists x (\text{break}(e) \land \text{window}(x) \land \text{Arg1}(e, x))$。

在实现难度方面，基于语义分析的形式化方法和基于句法分析的形式化方法基本一致。由于自然语言的自动语义分析技术为自动形式化的实现提供了技术基础，因此，要基于此方法的形式化系统仅需构建语义表示和逻辑表达式间的转换规则。在准确度方面，此方法的准确度取决于语义分析的准确度，尽管在诸多的语义评测任务都取得了非常高的准确度，但很多评测标准衡量的并非整句的准确度。例如：基于图的语义表示都可以转换为 relation(Arg1, Arg2) 形式的表示，评测标准一般都是将语义分析器的输出结果和标注集整体进行比对，计算其精确率和召回率（Dridan and Oepen, 2011; S. Cai and K. Knight, 2013），而非以整句的语义分析结果作为测试维度。在适用范围方面，由于其语义分析包含的内容更多，从理论上讲，其适用范围比基于句法分析的形式化方法更为广泛。

1.3.9　小结

本节系统地总结梳理了自动形式化研究的发展历程。从历时研究的角度看，自动形式化问题研究最早是采用基于规则的方法，随着语法理论和句法自动分析技术的发展逐渐产生了基于句法分析的方法。后随着归纳逻辑编程技术的发展，逐渐被应用于句法规则的学习，产生了基于归纳逻辑编程的方法。近十几年来随着机器学习方法的发展，统计机器学习方法、深度学习方法逐渐成为自动形式化研究的主流方法。近三年来，大型语言模型在诸多的自然语言任务中取得优异表现，开始被应用于自动形式化研究中。除此之外，还介绍了基于实例和基于语义分析的自动形式化方法。

在上述分类中，还有一些自动形式化系统采用了多种方法的混合。例如：Giordani and Moschitti（2012）构造了一个将自然语言表达式翻译为SQL 语言的系统，此系统首先利用依存语法分析结果，构建从依存关系到SQL 子句的映射规则，然后构建 SQL 表达式的备选项；最后利用机器学习技术选出最优的翻译结果。其实现过程用到了规则、句法分析以及机器学习方法。Kate et al.（2005）构造的 SILT 同样采用了上述三种方法。SILT系统能够自动学习从自然语言到形式语言的两种转换规则，一种是自然语言和形式语言字符串间的对应规则；另一种是从自然语言句法分析树到形式表达式的转换规则。

从目前的研究现状来看，基于深度学习的方法几乎在所有的评测任务上都取得了最优表现。其中带注意力机制的编码器—解码器模型框架在自动形式化任务中应用得最为广泛，也逐渐成为研究的焦点。同时，跨领域和跨语言的自动形式化也逐渐成为研究的热点，即如何设计一个自动形式化系统适用于不同领域和不同语言的自动形式化任务。尽管机器学习方法在一些开放的测试集上取得了优异的表现，但其在实际中的构建难度和翻译效果需要进一步验证。基于机器学习,特别是深度学习的方法的实现特别依赖于标注数据集,当前的开放数据集主要来自基于数据库的问答领域,而且要翻译的句子主要是疑问句(参见附录 A.1)。尽管当前学界提出了一些标注数据集的快速构建方法,但这些方法目前仅适用于基于数据库的数据集构建(参见附录 A.2)。目前对于面向其他类型应用的自动形式化的研究尚不充分,同时由于机器学习方法具有不可解释性,因此,本书尝试从认知的角度提出一种可解释的自动形式化方法。

1.4 研究目标

本书将研究范围局限在场景约束下的自然语言表达式。区别于受限自然语言(controlled natural language;Kuhn, 2014),场景约束下的自然语言只是从"场景"方面对自然语言表达式的范围做出限制,但并不限制表达式所使用的词汇和语法规则。对场景的约束主要有以下三方面原因:首先,当前逻辑方法较为成功的应用更多的是在一些具体的领域,因此,形式化的需求大部分来自某些具体的应用场景;其次,不同场景下的形式化任务的需求和所使用的形式语言是不同的,这要求面向具体应用的需求和目标语言来设计形式化系统,因此,面向所有自然语言的形式化系统并不能适用于不同的应用场景;最后,由于自然语言表达内容和形式的广泛性与多样性,构建一种面向所有自然语言表达式的系统化方法相对而言是非常困难的,相较之下,局部领域的自然语言在表达形式和内容上都相对有限,更容易发现其中的规律,形式化系统的构造也相对容易。

"场景"对自然语言表达式范围的约束有两种含义:一种是描述某种具体场景所使用的自然语言;另一种是在某种场景下所使用的自然语言。在这种限制之下,一方面,在很大程度上消除了自然语言的歧义性;另一方面,表达方式也相对有限。尽管本书的研究对象是场景约束下的自然语言,但是本书尝试提出一种相对通用的方法,能够适用于各种不同的具体场景下的形式化任务。换言之,给定某个具体场景的自然语言,都能够依照此方法构造一个可以将自然语言自动地翻译为形式语言的形式化系统。

如第 1.1.2 节和第 1.1.3 节所述，自然语言自动形式化系统是常识推理系统和专家系统的必要组成部分。对应于这两个研究领域，本书给出了两个应用实例：空间语言（spatial language）自动形式化和临床试验合格性标准（eligibility criteria）的自动形式化。在常识推理领域，空间信息在诸多推理中都起着重要作用。空间语言描述的是物体的空间状态或物体在空间内移动的场景，是表达物体空间关系的自然语言表达式。因此，空间语言的形式化是基于逻辑方法的常识推理系统的必要组成部分。在医学领域，医学研究者常需要依据合格性标准①，从电子病历库中筛选出病人来进行临床实验，但这个工作费时费力。针对这一问题，Baader et al.（2018）提出了一种基于逻辑方法的自动筛选病人的专家系统，该系统所使用的查询语句是一种逻辑语言。由于此系统的使用者是医学研究者而非逻辑学家，因此，需要设计一个系统能够将合格性标准自动地翻译为形式表达式。

1.5　研究思路

一般来说，在探寻某种复杂现象背后的原理机制时，大致有两种研究路径：一是研究产生这种现象的对象本身；二是就问题本身展开研究（Levesque, 2017: 26–27）。以"飞行现象"的研究为例，按照仿生学的研究路径，需要研究那些可以飞行的动物，比如，鸟类，通过研究它们的身体构造、羽翼、羽毛等特征来实现对飞行的模拟；当就问题本身展开研究时，会转向对空气动力学的研究，以此为基础来设计飞行器。类似地，对于自然语言自动形式化问题的研究同样有两种可能的研究路径：一是研究人类是如何实现自然语言形式化的；二是就自动形式化问题本身展开研究。本书采用第一种研究路径，尝试为形式化问题提供一种新的解决方案。

---

① 合格性标准是使用自然语言书写的筛选病人的依据，例如，"History of lung disease other than asthma" 是一条合格性标准，要求病人在过去患有非哮喘肺病。更多的合格性标准请参见：https://clinicaltrials.gov/

第一种研究路径又可以称为"认知路径"，之所以采取这种研究路径有以下三点原因：首先，当前关于自然语言自动形式化的研究主要是就自动形式化问题本身展开的，主要关注自动形式化的技术实现。尽管基于机器学习的自动形式化方法在诸多评测任务上取得了优异表现，但是其实现需要构建大规模的数据集，同时具有不可解释性。本书尝试构建的是一种理论驱动的形式化方法，以使其具备可解释性和一定的通用性。一种可行的方案便是通过对人类认知的分析来构建相应的理论，用以指导形式化方法的设计。其次，本书进行形式化研究的目标之一是：尝试推动常识推理问题的解决，常识推理能力作为人类的一项高阶认知（high-level cognition）能力①，与人类的语言理解有着密切的关系。采用认知路径对形式化问题进行研究，必然涉及人类是如何理解语言的问题。因此，认知的研究路径可以为解决常识推理问题提供一些新的启示。最后，认知科学，特别是认知语言学在过去的几十年中取得了长足的发展，哲学家、认知语言学家、认知心理学家提出了诸多关于人类语言认知的理论。因此，在当今的时代背景下，认知路径的研究具有一定的可行性。

本书的主体思路是通过对人类自然语言形式化的思维过程的分析来构建理论模型，进而以此为基础设计程序，让机器能够实现自然语言的形式化，如图 1.8 所示。将自然语言翻译为一阶语言是逻辑学课程的重要部分（Barker-Plummer et al., 2009），因此，对于学习逻辑学的学生而言，经过逻辑学训练后一般都具备自然语言形式化的能力。这种形式化能力的建立有两个基本条件：一是要具备语言理解能力；二是要具备一阶逻辑的基本知识。如果一个人不理解自然语言，那么自然语言表达式对于他而言仅仅是一串无意义的符号，当然也就不可能正确地将自然语言进行形式化；同时，如果一个人不具备一阶语言的基本知识，那么他也不可能将自然语言的意义使用一阶语言表达出来。

---

① 人类智能行为依据认知层次的高低，大致可以分为两层：高阶认知和低阶认知（low-level cognition）。高阶认知包括学习、规划、推理和问题解决；低阶认知往往是一种自主、无意识的智能行为，比如范畴化、感知觉运动能力。区别二者的一种简单方式是，看这种认知行为是为人类所特有的，还是为所有动物都具备的能力（König et al., 2013）。

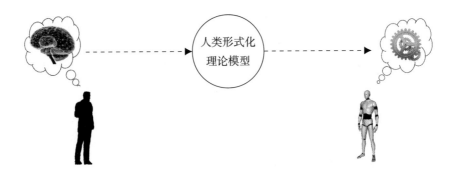

图 1.8　研究思路

　　直观上，一个人对于自然语言的语义理解越充分准确，其所翻译的形式化表达式也就越准确。如第 1.3 节所述，就目前的研究现状而言，基于深层的语义分析才能构建更为完备的形式化系统。深层的语义分析与人类的语言理解能力是密不可分的。虽然目前认知科学取得了较大进展，但是人类大脑语言处理机制对于我们而言仍是一个黑箱。因此，需要对人类语言生成和理解的过程作一些理论上的假设。本书假设，人类在理解了语言之后，会在思维中形成一种认知语义表示，这种认知语义表示是由概念组成的结构化表示，且这种结构化的概念表示和形式语言间具有良好的对应关系，如图 1.9 所示。

图 1.9　人类形式化思维过程理论假设

　　从图 1.9 可以看出，人类形式化的思维过程分为两个过程：自然语言理解和形式表达式生成。认知语义表示作为自然语言和形式语言间的中间结构，来弥补二者间的差异。因此，在这一理论假设下，自然语言自动形式化系统的构建包括如下三个步骤：

（1） 构建一个结构化的认知语义表示；

（2） 构建从自然语言到认知语义表示的自动转换；

（3） 构建从认知语义表示到形式语言的自动转换。

要依照上述方法来构建自动形式化系统，需要进一步分析人的思维中所形成的认知语义表示是什么，并探究人类是如何理解语言的。在此基础上，才能利用现有的自然语言处理技术和工具来让机器模拟人类语言理解的过程。为此，本书在前人理论的基础上提出一种基于概念系统的人类语言生成和理解模型，即 LGCCS 模型，并基于此模型构造了自然语言理解模型 CogNLU 和形式表达式生成模型 CogFLG（参见第 3 章）。这些理论模型将为第 4 章提出的形式化方法提供理论基础。

本书涉及逻辑、语言、认知与计算等多个学科的相关理论①。首先，形式化的目标语言是逻辑语言，因此涉及逻辑学的相关理论；其次，本书要处理的对象是自然语言，因此涉及语言学的相关理论；再次，本书是以人类认知理论为基础来构建形式化方法，因此涉及人类认知的相关理论；最后，本书的最终目标是要设计一个计算机系统，能够实现自然语言的自动形式化，因此涉及计算相关的理论和技术。

1.6　本书贡献与结构安排

本书针对场景约束下的自然语言自动形式化问题展开研究，最核心的贡献是为自然语言形式化问题提出了一种新的研究进路，即以人的形式化思维过程为摹本来设计自然语言形式化系统。围绕着人类语言处理机制问题，本书在前人理论的基础上提出了一种基于概念系统的人类语言生成和理解模型，并在此基础上，提出了一种适用于机器语言处理的理论模型。该模型的构造一方面参考了人类语言认知的相关研究，因而具有认知上的合理性；另一方面也兼顾了人工智能实践的需求，因而具有实践上的可行性。

---

① 由于本书涉及多学科的理论知识，特别是语言学的相关理论，因此本书在附录 B 中对相关的理论进行了简要概括，并对一些术语进行了澄清。

本书提出了一种基于认知语义表示的自动形式化方法，此方法包括三个具体的方法：一是基于认知和语言分析的认知语义表示构建方法；二是一种可解释的从自然语言到认知语义表示的转换方法；三是从认知语义表示到形式表达式的转换方法。此方法以人类的语言处理机制为基础，更加系统地从人类认知出发来构建从自然语言到形式语言的翻译。值得说明的是，与之前面向特定场景的形式化方法不同，此方法具有一定的通用性。虽然此方法也是场景约束下的自然语言形式化方法，但是此处的"场景约束"并非针对某一特定场景。换言之，给定任一场景下的自然语言形式化任务，都可以基于此方法构造一个自动形式化系统。

本书使用此方法解决了空间语言和合格性标准的自动形式化问题。由于这两个实例是面向不同场景且从属于不同领域的形式化任务，这在一定程度上说明了此方法的通用性。

■ 围绕空间语言自动形式化问题的解决，本书做出了如下贡献：（1）提出了一种空间认知语义表示方法；（2）基于意象图式理论，提出了一种空间介词的语义分析方法；（3）开发了一个原型系统（prototype system）并在 CLEF-2017 空间角色标注任务上进行测试，其综合表现超过了当前最新的系统。

■ 围绕着合格性标准自动形式化问题的解决，本书做出了如下贡献：（1）提出了一种合格性标准的认知语义表示方法；（2）开发了一个原型系统，较好地实现了从合格性标准到形式语言的翻译。

本书共分为七章，其中第 2 章对本书所涉及的相关理论方法进行简要介绍，第 7 章对全文内容进行总结回顾，分析贡献与不足，并对下一步的研究计划进行展望。主体部分为第 3 章到第 6 章，分三个层次展开写作：首先是理论层次（第 3 章），提出了基于概念系统的人类语言生成和理解的理论模型，并以此作为形式化方法的理论基础；然后是方法层次（第 4 章），在人类语言生成和理解相关理论的基础上，提出一种相对通用的面向具体场景的自然语言形式化方法；最后是实践层次（第 5 章、第 6 章），基于第 4 章所提出的方法，实现了空间语言和临床试验合格性标准的形式化。

第 2 章

理论基础

基于认知理论解决自然语言的自动形式化问题，需要用到逻辑、语言、认知与计算等方面的相关理论（参见第 1.5 节）。本章就所使用的相关理论和知识进行简要介绍，主要包括逻辑语言、框架理论、构式语法、概念系统以及概念词汇化。

2.1 逻辑语言

弗雷格《概念文字》一书的出版，标志着数理逻辑或现代逻辑的产生（Frege, 1879）。现代逻辑的本质特点是寻找一套理想的符号系统，将推理的有效性概念数学化（Gamut, 1991: 14）。对应于不同类型的推理有效性，就产生了不同类型的逻辑学分支。一些语言学家认为，由于自然语言具有不精确的句法形式、模糊性和歧义性，不适合用于表示自然语言的语义①

---

① 此处有必要澄清一下逻辑学和语言学在 "syntax" 和 "semantics" 使用上的区别。在逻辑学的论著中，"syntax" 一般被翻译为 "语法"（叶峰, 1994; 周北海, 1997）或 "语形"（邢滔滔, 2008）；而在语言学的论著中，"syntax" 一般被翻译为 "句法"（费尔迪南·德·索绪尔, 1980; 安托尼·阿尔诺、克洛德·朗斯诺, 2001）。在逻辑学中，语法（syntax）指逻辑语言的规则，在语言学中，句法（syntax）指的自然语言的规则。"semantics" 在逻辑学和语言学中都被翻译为 "语义"，但在使用上存在差别。在逻辑学中，

（Cann, 1993: 2）。相较于自然语言，逻辑语言是一词一义，且不存在模糊性和歧义性等问题，因此，一些语言学家主张使用逻辑方法来研究自然语言的语义，这种研究方法被称为"形式语义学"[①]。本书的目标是要将自然语言翻译为形式语言，这一过程可以视为使用逻辑语言来表示自然语言的语义。本节主要简述各种逻辑语言，这些逻辑语言作为形式化的目标语言[②]。

由于一阶逻辑具有较强的表达力和简洁性，同时包含一套完整的形式语义，因此，语言学家常使用一阶语言表示自然语言的语义。一阶语言的定义包括三层：原子符号、项和公式，其中项由基本的原子符号归纳定义得到，公式是由项归纳定义得到。

定义 2.1.1（原子符号） 一阶语言的原子符号分为逻辑符号和非逻辑符号，其中逻辑符号包括：

■ 变项 $\mathfrak{V}$：$x_1, x_2, x_3, \cdots, x_n, \cdots$；
■ 逻辑联结词：$\neg, \wedge, \vee, \rightarrow, \leftrightarrow$；
■ 量词符号：$\exists, \forall$。

非逻辑符号包括：

■ 常项 $\mathfrak{C}$：$c_1, c_2, c_3, \cdots, c_n, \cdots$；
■ 函数符号 $\mathfrak{F}$：$f_1, f_2, f_3, \cdots, f_n, \cdots$；
■ 谓词符号 $\mathfrak{P}$：$P_1, P_2, P_3, \cdots, P_n, \cdots$。

定义 2.1.2（项定义） $\mathfrak{F}$ 是一个函数符号集，一阶逻辑的项定义为：

$$t ::= c \mid x \mid f_n(t, t, \cdots, t), \text{ 其中} c \in \mathfrak{C}, x \in \mathfrak{V}, f_n \in \mathfrak{F}。$$

定义 2.1.3（公式定义） $\mathfrak{P}$ 是一个谓词符号集，一阶逻辑的公式定义为：

$$\varphi ::= P_n(t_1, t_2, \cdots, t_n) \mid \neg\varphi \mid (\varphi \wedge \varphi) \mid (\varphi \vee \varphi) \mid \exists x\varphi \mid \forall x\varphi, \text{ 其中} P_n \in \mathfrak{P}, t_i \text{为项。}$$

（接上页）语义（semantics）指的是一种形式语义，是由代数结构或集合所描述的形式模型。在形式语义学中，语义指的是逻辑表达式。值得注意的是，形式语义学中将逻辑表达式视为一种语义表示，而在逻辑学中这属于语法范畴。这是由于作为语义表示的逻辑语言背后有一套形式语义，当把自然语言表示为逻辑语言后，自然语言便有了一种形式语义模型。

① 附录 B.2.4 节对形式语义学作了简要介绍。

② 在某些场景下，需要根据实际情况将对这些逻辑语言进行改造，选取某个语言的片段或将不同的逻辑语言组合起来。例如：一阶逻辑引入时态算子便形成一阶时态语言。

由于一阶语言并不能表示所有的自然语言表达式，有时需要对一阶语言进行扩充。例如：人把自己举起来是不可能的。在这句话中，"不可能"表达的是关于"人把自己举起来"这一命题的模态，并不能用一阶语言来表达，需要引入"可能"模态算子才能表达这一命题。一阶模态语言（first-order modal language）在一阶语言的基础上引入了模态算子 □ 和 ◇。这两个算子在不同的逻辑中有不同的解释。例如：在标准模态逻辑中被解释为"必然"和"可能"，在道义逻辑中被解释为"应当"和"允许"。上文所提到例子"人把自己举起来是不可能的"可以表示为 $\neg\Diamond\exists x(\text{Person}(x)\wedge\text{liftUp}(x,x))$。

定义 2.1.4（一阶模态语言）　一阶模态语言按照 BNF 的方式被定义为：

$$\varphi::=P_n(t_1,t_2,\cdots,t_n)\mid\neg\varphi\mid(\varphi\wedge\varphi)\mid(\varphi\vee\varphi)\mid\exists x\varphi\mid\forall x\varphi\mid\Box\varphi\mid\Diamond\varphi$$

由于一阶逻辑具有不可判定性，因此，为了便于在计算机上进行推理，需要寻求一阶逻辑中可判定的子片段。标准描述逻辑作为一阶逻辑的子片段，很好地实现了表达力和可计算性间的平衡。定义 2.1.5 展示了一种基本描述语言（basic description language）或概念描述语言 $\mathcal{AL}$，其中 A 表示原子概念，⊤ 表示普遍概念（universal concept），⊥ 表示底层概念（bottom concept），$\neg A$ 表示原子概念的负概念，$C\sqcap D$ 表示由概念 C 和 D 相交而成的概念，$\forall R.C$ 表示仅和概念 C 中个体具有 R 关系的个体所组成的概念，$\exists R.\top$ 表示和某个个体具有 R 关系的个体所组成的概念（Baader et al., 2007: 52）。$\mathcal{AL}$ 可以表达概念，并且可以描述概念间的各种推理关系。在 $\mathcal{AL}$ 基础上，还可以对其进行扩充以增加语言的表达力，例如，$\mathcal{ALU}$ 语言是在 $\mathcal{AL}$ 基础上增加了 $C\sqcup D$ 类型的概念；$\mathcal{ALE}$ 语言是在 $\mathcal{AL}$ 基础上增加了 $\exists R.C$ 类型的概念。

定义 2.1.5（基本描述语言 $\mathcal{AL}$）　基本描述语言 $\mathcal{AL}$ 按照 BNF 的方式被定义为：

$$C,D::=A\mid\top\mid\bot\mid\neg A\mid C\sqcap D\mid\forall R.C\mid\exists R.\top$$

2.2 框架理论

Minsky（1974）提出框架理论用以解决人工智能领域的知识表示问题。随后，Fillmore 将框架理论引入语言学领域，并在其格语法理论的基础上，提出了框架语义学理论。

2.2.1 Minsky 框架理论

Minsky 一直致力于常识推理的研究，即如何让计算机具有像人一样的常识推理能力。常识推理主要包括三个方面的问题：场景信息的获取、常识知识的表示，以及基于场景信息和常识知识的推理机制。其中常识知识的表示在常识推理中起着重要作用。人工智能和心理学领域的专家提出了一些理论来解释人类的常识知识的表示问题，然而，在 Minsky（1974）看来，之前所提出的理论过于琐碎、局限并且非结构化。因此，Minsky 试图提出一种更加统一和融贯的理论来解决这一问题。

Minsky 框架理论简介

Minsky 将框架（frame）定义为一种表示常规场景的数据结构，比如一个人处在卧室中的场景，或者去参加一个生日聚会的场景。框架中包括多种类型的信息，例如，如何使用这一框架的信息；对于下一步即将发生事情的预期；未达到这种预期时应该如何去做。同时他认为框架理论的本质是：当人们遇到一种新的情境时，能够从记忆中提取出与该场景相关的一种框架结构（Minsky, 1974）。

Minsky 将框架设想为一个由节点（node）和关系（relation）所组成的网络。这个网络的上层节点描述的是一个事物总是为真的属性，在下层有很多的终端或槽（terminal/slot），由具体的实例和数据填充。他通过立方体的例子来描述这一定义。在立方体框架中，上层节点是一个立方体，终端或槽是这个立方体的不同的面。同一个立方体，从不同角度观察的立方体都代表一个场景，如图 2.1 所示。

为了刻画不同的场景就需要不同的框架，这些框架组成一个框架系统

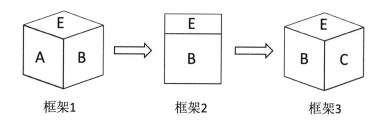

图 2.1　立方体框架示例

（frame system）。这些框架之间通过不同的旋转动作联系在一起。同时，这些框架共享相同的基本元素。Minsky 在提出这一设想的同时也意识到了问题所在，如果按照如此方式来描述框架，那么框架的数量将会是无限膨胀的。他尝试通过给出一些基本形状的框架，然后用这些基本形状来组成更加复杂的形状。

　　Minsky 还提出了使用缺省值（default value）来填充终端的思想。例如："John kicked the ball"（约翰踢球）的场景涉及三个终端，"John"（约翰）"kicked"（踢）以及"the ball"（球）。在描述"the ball"这一终端时，一般会默认球有着特定的形状、大小、重量等。这种思想类似于原型论的概念理论（prototype theory），原型论认为人类是通过概念所对应的原型来认知概念的[①]。例如：关于鸟的概念，中国人可能普遍将麻雀作为鸟的原型，麻雀所具有的属性，也常被认为是鸟的缺省属性。

Minsky 框架理论与语言理解

　　Minsky 将框架和缺省值的思想应用于对句子意义的理解上。Chomsky（1957: 15）给出了一个符合转换生成语法但却无意义句子：

$$\text{Colorless green ideas sleep furiously.} \qquad (2.1)$$

Minsky 将按某种语法规则生成句子视为一种场景，并使用框架理论去解释例 2.1。该场景所对应的框架，上层节点对应的是语法规则，下层的终端则对应的是一个个待填充的终端。下层终端的填充需要满足特定的条件，对于"sleep"主语的填充，需要它是个生命体。当下层终端的填充不满足这样

[①] 附录 B.1.2 节对原型论概念理论进行了简要介绍。

的约束条件时，就会产生无意义的句子。很显然例 2.1 满足上层节点所描述的语法规则。因此该例是一个合语法但无意义的句子。若一种填充不满足上层节点所描述的语法规则，但满足下层终端填充的约束条件，那么这样就有可能生成不合语法但是有意义的句子。

Minsky 还提出了关于"故事"（story）理解的框架，一个典型的故事框架一般包括背景、主人公、主要事件，以及故事的寓意等元素。一般情况下，故事开头会给出背景信息，随后引入主人公和主要事件。随着故事描述的演进，故事框架中的终端会逐渐被填充进来，在填充的过程中，需要满足填充所需要的约束条件。例如：如果一个角色被标记为"女性"，那么指代男性的代词，就不应被填充到该位置。

Minsky 对 Fillmore（1967）所提出的格语法和框架理论进行了对比，指出采用以动词为中心的框架来分析句子的合理性。同时，他也指出当人们进行语篇理解时，这种动词中心的框架可能就不起作用了。一个语篇通常描述的场景要比句子所描述的场景更大，涉及的因素更多，因此，需要一个场景框架（scene frame）来刻画这一语篇。

Minsky 总结了如下四个层次的语言理解框架，利用这四个层次的框架才能实现对语篇的全面理解，如果当前层次的框架不足以表示所有内容时，可以调用更高层级的框架。

- 表层句法框架（surface syntactic frame）：主要描述动词和名词的结构，以及介词和词序指示词的使用惯例。
- 表层语义框架（surface semantic frame）：主要描述词的以动作为中心的意义，涉及参与者、工具、路径、策略、目标、序列及附带后果的限定词和关系词。
- 题元框架（thematic frame）：涉及话题、活动、任务和背景的场景描述。
- 叙述框架（narrative frame）：典型故事、解释和论证的框架形式。

2.2.2　框架语义学理论

基于 Minsky 的框架理论，Fillmore 在格语法的基础上提出了框架语义学理论，并以此为基础构建了 FrameNet 知识库。

框架语义学的提出

Fillmore（1967）提出了格语法，将"格"引入转换生成语法来分析句子的深层结构[①]。他定义了六种格来刻画动词，即施事格（agentive case）、工具格（instrumental case）、与格（dative case）、使成格（factitive case）、处所格（locative case）和客体格（objective case），这些格的组合构成格框架。格语法采用动词中心论的观点，通过分析动词的所对应的格框架来分析句子结构。尽管 Fillmore 在格语法中使用了格框架概念，但是此时他只是在一般意义下使用框架这一概念。

Fillmore（1975）将 Minsky 框架思想和认知心理学中的原型（prototype）概念引入语言学的研究中。框架是一种概念的图式或架构，框架链接起来组成一个系统，这个系统使得人类经验变得结构化。之所以引入原型概念，是因为 Fillmore 意识到了传统意义清单理论（checklist theory of meaning）[②]在处理范畴边界问题时的不足。他指出，如果采用意义清单的方式去定义"单身汉"（bachelor），那么不可避免地要面临如下的问题：（1）一个未婚人士多大的时候才被称为单身汉？（2）如果受职业影响而不能结婚的人是否可以称为单身汉？例如，教皇。然而意义清单理论对这些问题却不能给出令人满意的答案。

按照原型论的意义理论，"单身汉"一词应当相对于某种特定的原型场景（prototypical scene）来定义。给定一种原型场景，人们在某个特定时间结婚，而且只结一次婚，而一个人在这个特定时间可以结婚，但却未婚，则被称为单身汉。很显然，这种原型论的解释并未覆盖上述所提到的两种特殊情况。在 Fillmore 看来，要回答上面的两个问题，实际上是要回答是否

---

① 附录 B.2.3 节对 Fillmore 的语言学理论进行了简要介绍。

② 意义清单理论是指使用条件清单的方式来表示语言形式（linguistic form）的意义，意义清单是指恰当且正确使用语言形式所必须满足的条件（Fillmore, 1975）。

要依据当前的原型框架构建一个新的框架的问题。而对这一新的问题，则需要依据实际的表达沟通需要来做出判断。

Fillmore 基于原型和框架概念，提出了一种新的意义分析理论——场景—框架理论（sence-and-frame theory）。传统的意义清单理论认为，应当通过描述句子真实使用中所满足的条件清单来表示句子的语义。与此不同，Fillmore 认为这种场景—框架理论更接近人类的语言认知过程。受 Minsky 故事框架的启发，Fillmore 将文本理解的过程描述为如下过程：文本的开始部分激活一个场景的框架或图式，这个框架中的角色并没有全部被填充；随着向后阅读文本，该框架的角色逐渐被填充，然后还有可能引入新的场景，激活一个更大的框架。

通过对传统意义理论的反思，Fillmore 逐渐意识到框架概念在意义的解释和表示方面有着重要作用。因此，他基于框架理论为词义、句子意义、文本解释和世界模型提供一种新的统一化的表示。Fillmore（1976）正式提出框架语义学（frame semantics）概念。而后，Fillmore（1982）详细阐述了框架语义学相关的理论，并对相关概念进行了澄清。

框架语义学理论

Fillmore（1975）最初将框架定义为由概念组成的图式或框架，后续他逐渐扩展了这一定义，框架一词覆盖了图式（schema）、脚本（script）、场景（scenario）、概念的脚手架（ideational scaffolding）、认知模型（cognitive model）、通俗理论（folk theory）等概念的意义（Fillmore, 1982）。

Fillmore（1976）将框架分为两类：互动框架（interactional frame）和认知框架（cognitive frame）。互动框架是指由一些互动语境构成的范畴，在这些语境中，说话者能够找到与该语境相关的合适的语言表达。例如：问候框架（greeting frame），在这一框架中，根据问候的时间和对象的不同，可以选择诸如"您好""早上好"之类的表达。认知框架则是由一些语义角色和角色间的互动关系组成。例如：给定一个商业场景框架（commerce scenario frame），其中不仅包括买方、卖方、商品和金钱，还包括这些角色间的互动关系，例如，买、卖、付款、花费等。

传统的形式语义学研究通过给出数学模型的方式来刻画语义，这种刻画方式本质上是数学的方法，因此是与人类经验无关的。而框架语义则强调语义与经验之间的连续性，而且人类的经验是通过框架的方式结构化的，这为语言理解提供了一种新的视角（Fillmore, 1982）。Fillmore 将这两种语义理论分别称为真值语义和基于理解的语义。前者关注的使句子为真的条件，而后者更关注如何去解释语言文本、语境以及解释过程之间的关系。Fillmore（1985）认为基于理解的语义分析为真值语义分析提供基础，只有在理解了句子、语境及解释过程的关系之后，才有可能知道使句子为真的条件。

采用框架语义学这一新的理论视角，可以对一些经验语义观察给出解释（Fillmore, 1982）。例如：

- 词汇的多义性可能产生自同一词汇所激活的不同框架。例如：在"John deposited the money into the bank"和"John are walking along the river bank"中，"bank"的含义分别为银行和河岸。在前一句话中，"money"一词激活的是一种金融框架（financial frame），而在后一句话中，"river"所激活的是一种河畔框架（riverside frame）。在这两种不同的框架下，形成对"bank"的不同理解。

- 根据同一场景所对应的不同框架，人们会形成不同的表述。例如：如果某人在某一场景下不愿花钱，人们有时会用"吝啬"来形容这个人，有时会用"会理财"来形容这个人。这两种不同的描述方式，实际上是基于不同的框架所形成的。

- 通过框架借用会让语词产生的新的意义。例如："单身汉"本来是用来指称到一定年龄仍未婚的男性，但是它还有一个含义是指称小雄兽。当人们从描述人的场景转换到描述动物的场景时，需要在这一新的场景中表达那些在交配季节未找到配偶的对象，此时直接从描述人的框架中借用了"单身汉"一词。

除了上述应用外，Fillmore 还列举了框架语义学在其他方面的应用，诸如框架冲突导致词不达意、技术语言的重塑、价值评价等语言现象的解释。Fillmore（1982）从框架语义学的角度重新审视了技术语义（technical semantics）中的问题。例如：关于概念的描述，一些学者认为应该将语义知识和百科知识区别开来。举例来说，他们认为对"木工"（carpenter）的定义应该分为两个部分，一部分说明它属于名词的语法范畴；另一部分说明成为木工所具备的条件。Fillmore 从框架语义的角度将"木工"定义为从事使用特定工具制作木制品职业的人。这些都应该属于词典知识，真正的百科知识是关于木工的薪资、所属工会或职业病等知识。他虽然承认关于词的知识和事物知识间的区别，但他同时认为这种区分不应依据语义学家的个人喜好来区分。

FrameNet 项目

FrameNet 是由 Fillmore 在 1997 年发起的一个计算词典编纂项目[①]，其核心想法是利用框架语义学理论来分析英语词汇的语义。该项目有如下两个基本理论假设（Fillmore et al., 2003）：

■ 语料库假设：通过分析词汇实际出现的语境来分析词汇的意义。这一假设提出的原因是关于词汇的描述有些是人们通过内省无法获得的，因此，需要通过大量分析语料库中存在的实例，来发现词汇项（lexical item）的属性。

■ 理论中立的语法假设：这一假设的提出是出于实用的考虑，理论的中立可以使不同背景的研究者都能够使用这一工具。

作为一个词汇编纂项目，FrameNet 的主要目标是描述词汇项的意义，一个词汇项一般有多个义项。例如："bank"是一个词汇项，有"银行"和"河岸"两个义项。Fillmore 将一个单词和它所对应的一个义项称为一个词汇单元（lexical unit），并将其作为基本的描述单位。FrameNet 的另一个基本单元是框架，通过对实体或场景的经验分析，选择合适标签来命名组成该框架的框架元素（frame element）。框架元素分为两类：核心元素和非核心元素。例如：对于运动框架（motion frame）而言，核心元素包括区域（area）、方向（direction）、距离（distance）、源地址（source）、目标地

[①] https://framenet.icsi.berkeley.edu/fndrupal/

址（goal）、路径（path）、转移物（theme）①，而非核心元素包括运送者
（carrier）、程度（degree）、频率（frequency）、方式（manner）等。通过标
注语料库中的实例来确定核心与非核心元素的划分是否合理。

　　下面以"move.v"为例来说明 FrameNet 中词汇单元的定义和描述方
式，"move.v"对应的框架是运动框架，其描述包括三个部分：

- 定义：向某个方向或以某种方式行进。
- 框架元素和语法实现："move"对应的运动框架中有区域、运送者、程度、
  方向等 15 个元素。其中，区域这一框架元素的语法实现是"PP[around].
  Dep"，即该框架元素是由介词短语表达的，其中的介词是"around"。
- 价模式（valence pattern）：价模式包括语法模式和语义模式，一种语义模
  式可以对应多种语法模式；一种语法模式只对应一种语义模式。"move"
  共对应 25 种价模式，表 2.1 列出了其中的一种价模式。

表 2.1　单词"move"的价模式示例②

示例	The flowers MOVED gently in the summer wind.			
表层形式	the flowers	gently	in the summer wind	INI
语义模式	转移物	方式	运送者	路径
语法模式 1	名词词组	副词	介词词组 [in]	INI
语法模式 2	Ext	Dep	Dep	-

---

①在不同的学科中，"theme"一词的翻译不尽相同。例如：在知网词典（http://dict.cnki.net/）
中，"theme"一词一般被译为"主题"；在系统功能语言学中，为了与"topic"的翻译进行区分，"theme"一
般被译为"主位"（王寅，1993；方琰，2019）；当"theme"用于表示语义角色时，相当于"其他"角色，类似
于语义角色中的垃圾桶，一般将难以界定的成分划归为"theme"。此处是在最后一种意义上使用"theme"
一词，在汉语框架网（Chinese FrameNet）的致使位移框架（cause-motion frame）中，"theme"被译为
"转移体"（刘开瑛，2011）。然而这一翻译可能容易与起始体、完成体这类"体"（aspect）的术语相混淆，
因此，此处将其译为"转移物"，这一翻译同样适用于给予框架（giving frame）中"theme"角色的翻译。
FrameNet 中相关框架定义详见 https://framenet.icsi.berkeley.edu/fndrupal/frameIndex。

②此表依据 FrameNet 中的实例绘制 https://framenet2.icsi.berkeley.edu/fnReports/data/
lu/lu6.xml?mode=lexentry，其中 INI（indefinite null instantiation）表示未在句中实例化；Dep（de-
pendency）表示在陈述句中出现在支配动词、形容词或名词之后的副词、介词短语、动词短语或子句所

除了词汇单元与框架及框架元素的关系外，FrameNet 中还有另一类重要的关系——框架之间的关系。框架间的关系主要有以下九种（Ruppen-hofer et al., 2016）：

- 继承关系（inheritance）：子框架继承父框架所包括的框架元素和性质。
- 视角关系（perspective-on）：对于同一个场景，根据不同视角则会对应不同的框架，这些框架间的关系被称为"视角关系"。
- 子框架关系（subframe）：一个复杂场景往往涉及多个状态以及这些状态间的改变。例如：诉讼过程一般包括逮捕、传讯、审讯、判决、上诉等过程。这些每一个过程都对应一个框架，这些框架与诉讼框架（lawsuit frame）之间的关系并非继承关系，而是整体—部分的关系，被称为诉讼框架的子框架。
- 先于关系（precedes）：如上面例子所述，诉讼框架的子框架之间有一种时间上的先后关系。
- 表始关系（inchoative-of）：如果一个框架描述的是一个状态，另一个框架描述的是导致这个状态的动作，但不含施动者，则两个框架的关系是表始关系。
- 致使关系（causative-of）：如果一个框架描述的是一个状态，另一个框架描述的是导致这个状态的动作，其中含有施动者，那么这两个框架的关系是致使关系。
- 使用关系（using）：有些场景的描述常常涉及多个框架的元素。例如：判断沟通框架（judgement-communication frame）使用了判断框架（judge-ment frame）和沟通框架（communication frame）中的元素，但与二者并非继承关系。
- 隐喻关系（metaphor）：描述源框架（source frame）和目标框架（target frame）之间的关系，要求目标框架中的词汇单元至少可以部分地通过源框架来理解。
- 参阅关系（see-also）：有许多框架是非常相似的，需要被仔细区别、对

（接上页）具有的语法功能；Ext（external argument）表示出现在目标动词的最大词组之外的词所具有的语法功能。

比。参阅关系是将该框架指向那些与该框架相似的典型框架，例如，运动框架和自发运动框架（self-motion frame）。

在上面的这些关系中，继承关系和子框架关系与自然语言处理更为相关，而表始关系和致使关系与词汇编纂更相关。图 2.2 截取了 FrameNet 中动态场景相关框架的一个片段，主要展示了动态场景框架（dynamic scenario frame）之间的继承关系和子框架关系。

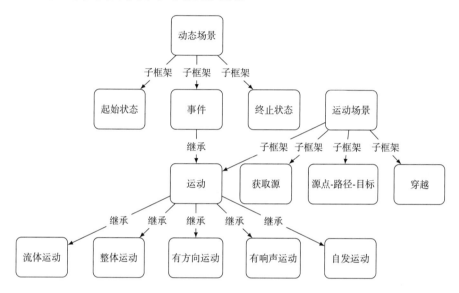

图 2.2　FrameNet 动态场景相关框架及其关系

2.3　构式语法

20 世纪 50 年代，Chomsky 提出了转换生成语法。自此之后，转换生成语法一直占据着语言学研究的主流地位[①]。虽然转换生成语法展现了非常强的语言描述能力，但在对于习语（idiom）的解释方面存在着诸多不足。到 80 年代，Fillmore 等人通过对习语的分析，提出了构式语法（construction

---

① 附录 B.2.1 节从整体上对 Chomsky 语言学理论进行了简要介绍。

grammar）理论。后经过 Goldberg、Langacker 和 Croft 等人的发展，构式语法逐渐成为一个较为成熟的语法理论，为自然语言的描述和解释提供了新的视角。

2.3.1　构式语法的提出及发展

Chomsky（1957: 1、13）认为语言分析的根本目的是将语言中合语法和不合语法的句子区分开来，因此，他认为语言学家最重要的工作是设计一种装置，这种装置可以生成某种语言所有合语法的句子。Chomsky（1956）提出了三种语法模型：有限状态语法（finite-state grammar）、短语结构语法（phrase structure grammar）和转换语法（transformational grammar）。有限状态语法是一种基于马尔科夫过程（Markov process）模型，直接分析语言成分的生成过程，但这种模型只能生成有限状态语言，而自然语言不是有限状态语言。

短语结构语法不直接分析句子的成分，而是将句子成分划归到句法范畴中，再利用句法范畴的规则分析句子的生成过程。例如：句子"Kids love dogs"可通过表 2.2 所示的句法规则生成，生成的句法分析树如图 2.3 所示。

表 2.2　句法规则示例

句法规则 1　S ⟶ NP VP	句法规则 2　VP ⟶ VP NP
句法规则 3　NP ⟶ NNS	句法规则 4　VP ⟶ VBP
句法规则 5　NNS ⟶ kids | dogs	句法规则 6　VBP ⟶ love

相较于直接分析句子成分，基于有限句法范畴的短语结构语法在描述语言方面更加有效，但是 Chomsky 认为这种语法进行语言描写时存在诸多不足。具体的不足体现在对于被动句、否定句和疑问句的描写方面，很难通过有限的句法规则生成这些句子。为了弥补短语结构语法的不足，Chomsky 提出了转换生成语法。转换生成语法由句法规则和转换规则组成，句法规则生成核心句（kernel sentence），利用转换规则和核心句生成非核心句。

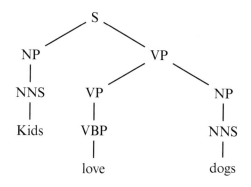

图 2.3　句法分析树实例

被动句、否定句和疑问句都被视为非核心句，是由作为核心句的主动陈述句通过转换规则生成的。

Chomsky 认为语法独立于语义而自成系统，这种语法自治观也直接影响了其对于语义的研究。语法自治观下的语义理论预设了句子的语义是由句子的具体成分的意义组合而成的，在组合的过程中，句法结构为语句的组织提供了一种"结构意义"或者意义的组织方式。然而，对于习语而言，习语的意义却不能通过习语内部成分的意义，经由句法规则所提供的结构意义组合而成。

学界普遍认同，构式语法的研究始于 Fillmore 及其同事对于习语的研究。Fillmore et al.（1988）以"let alone"（更不必说）为例说明了传统语法自治观下对句子语义和语用分析的不足。例如："let alone"常出现在如下的构式中，"X A Y，let alone B"（"I doubt you could get FRED to eat squid, let alone LOUISE"）。对"let alone"的语义需要从整体上来理解，其中"我怀疑你能让 FRED 吃鱿鱼"提出了语境命题，"let alone"表示对"你不能让 LOUISE 吃鱿鱼"有更强的确信度。他还指出语言中很多能产的（productive）且高度结构化的习语值得进一步研究。

Fillmore（1988）对比了构式语法与传统短语结构语法和转换生成语法的区别。在转换生成语法的理论中，句子各成分间的关系体现在句子转换生成的结构中，然而构式语法中没有转换规则，句子成分间的关系是一种整体—部分关系。短语结构语法使用句法范畴这种基本的原子范畴来标注句子的基本成分，然而构式语法使用更为复杂的符号来标注句子的成分，不仅仅限于句法范畴。这种表示的优势在于，可以直接表示各成分所需的属性信息，同时这些信息也可以在不同层级之间传递。

　　Fillmore 最初的研究主要集中在习语这类边缘的语言现象①，即不能被转换生成语法解释的语言现象。A. E. Goldberg（1995）将构式语法的研究拓展到一些更为基本的语言现象，例如双及物构式（ditransitive construction）和致使位移构式（caused-motion construction），这对于构式理论的发展有着至关重要的意义。Croft（2001）提出激进构式语法（radical construction grammar, RCG），主张用构式元素性取代句法范畴的基始地位（primitive status），并认为构式间的组合关系只有整体—部分关系。除了 Fillmore、Goldberg 和 Croft 的构式语法外，还有其他一些著名的构式语法理论，例如，Sag（2012）提出的基于符号的构式语法（sign-based construction grammar, SBCG），Steels（2011）提出的流变构式语法（fluid construction grammar, FCG），Bergen and Chang（2013）提出的具身构式语法（embodied construction grammar, ECG）等。

2.3.2　构式的定义

　　自 Fillmore 提出了语法构式（grammatical construction）概念以后，语言学界出现了各式各样的构式语法理论，而且这些理论对于构式有着不同的定义。本节主要就这些构式定义进行分析比较，并进一步说明本书所使用的"构式"的含义。

Fillmore 的构式定义

　　Fillmore et al.（1988）通过构式来解释语言中的习语现象，但此时并未对构式给出确切的定义，只是对构式进行了大致的描述，他认为构式具有如下特点或性质：（1）构式描述不应局限于句法分析树上的父子关系；（2）

---

　　① 此处"边缘"和"核心"的划分来自 Chomsky 语言学，那些能够通过短语结构语法生成的句子被称为"核心句"，那些不能被生成的被称为"边缘句"，详见第 2.3.1 节。

构式描述不只包括语法描述，还应包括词汇、语义和语用信息；（3）词汇条目应当被视为构式；（4）构式在某种程度上应该具有特殊的意义，这种意义区别于从更小构式单位计算出来的意义。

Fillmore（1988）将语法构式定义为一种句法模式（syntactic pattern），这种模式在一种语言中被指派了一种或多种约定俗成的功能，同时还被指派了对其所在结构的用法和意义有贡献的其他约定俗成的描述。例如：他将"Joe"表示为"(Cat N) (max +) (min +) (lex Joe)"，其中 Cat 表示范畴（category），lex 表示词位（lexeme），max 和 min 表示中心结构（headed construction）的层次。Fillmore 认为使用由 max 和 min 组成的特征结构可以达到 X-阶标理论（X-bar theory）相同的解释力[①]。在 Fillmore 的术语中，如果一个成分被标记为"(max +)"，表示该成分填充构式中的主要位置；如果一个成分被标记为"(min +)"，则表示该成分是词典中的词条，所以短语都被标记为"(min -)"。短语的最大范畴被标记为"(max +)(min -)"[②]，非最大的短语结构被标记为"(max -)(min -)"[③]。除此之外，他还将价模式引入动词构式描述中，价模式参见第 2.2.2 节。

此时，Fillmore 对构式的讨论已不限于习语，他还讨论了像主谓构式（subject-predicate construction）这种英语句法中的核心现象。Fillmore 将语法构式视为句法模式，这些句法模式相互匹配且相互施加限制条件，同时相互继承一些性质。他将构式分为不同层级，处于较低层级的构式通过结合形成较高层级的构式，构式的描述信息可以在不同层级间进行传递。

Fillmore 的构式语法理论不断发展，后来其理论被称为伯克利构式语法（Fillmore, 2013）。他将构式重新定义为语言表达式的部分描述（partial description），依据这些描述，意义才能被构建起来，构式的形式和解释不能通过其他的语言知识被构建起来。按照此定义，每一个单词都是一个构

---

① X-阶标理论是 Chomsky 提出的一种语言生成理论，其核心想法是所有的短语共享相同的结构属性。按照这一理论，所有的短语都可以被规约为一种指示语—中心词（specifier-head）结构。所有的短语都源自一个中心词，中心词也称"零投射"（zero projection），中心词与补足语的结合形成一种中间投射（intermediate projection），最后中间投射和指示语的结合形成最大投射（maximal project）。

② 这相当于 X-阶标理论中的最大投射（maximal project）。

③ 这相当于 X-阶标理论中的中间投射（intermediate projection）。

式，因为单词的形式和意义无法再分解，也就是无法通过其他的语言知识构建起来。同时像"Kids loves dogs"这样的句子不应被视为一种构式，因为这句话的形式和解释可以通过各个子成分的语言知识构建起来。

Langacker 的构式定义

Langacker（1987a: 57–58）的认知语法包括三个基本单位：音位单位、语义单位和象征单位（symbolic unit），其中象征单位具有双极性（bipolar），其中一极是音位极；另一极是语义极，因此，象征单位又被称为"音义配对体"。构式是由两个或两个以上的象征单位通过形式和语义极的整合所形成的复合表达式。象征单位一般对应的是词素（morpheme），构式对应的是由词素构成的短语、词组或句子。Langacker 使用象征单位和构式两个基本概念来对语法做出统一的系统化描述。因此，在他看来，任何的语言表达式要么是象征单位，要么是构式，他将语言称为构式和象征单位的大仓库。

Goldberg 的构式定义

Goldberg 继承了 Fillmore 和 Langacker 的基本思想，并在此基础上对构式进行了重新定义。A. E. Goldberg（1995: 4）将构式定义为一个形式—意义对（form-meaning pair）$\langle F_i, S_i \rangle$，构式的形式和意义的某些特征无法通过该构式的组成成分或先前已有的构式推导出来。Goldberg 的这一定义具有广泛的影响，国内汉语学界普遍接受这一定义（詹卫东，2017）。

按照这一定义，所有的词素都是构式，因为作为最小的意义单位，其形式和意义都不能通过其他语言知识推出。在词组层面的构式，Goldberg 给出了四种比较典型的构式：双及物构式、致使位移构式、动结构式和 way 构式。其中每一种构式都具有独立意义，该意义无法从其构成成分和其他的构式推出。例如："I baked him a cake"和"I give him a cake"是一种双及物构式。这类双及物构式具有一种独立的意义，即"X（I）导致 Y（him）收到 Z（a cake）"，该意义无法从其构成成分中推导出来。

A. E. Goldberg（2003、2013）后期提出了构式主义方法（constructionist approach）的概念，其对构式的定义也发生了改变。构式主义方法要对语法的所有方面进行解释，不仅仅包括习语等边缘的语言现象，还包括那些核心的语言现象。构式主义方法的基本原则之一是人类所有的语言知识都体现在由构式组成的网络中。若要采用构式理论要提供一种全面的语法解释，那么，构式的定义就不仅仅局限于上述的语言现象，还包括那些核心的语言现象。

Croft 的构式定义

Croft（2001: 18）指出构式本质上是象征单位，构式的象征结构如图 2.4 所示。从 Croft 对构式的描述来看，他一方面接受了 Langacker 象征单位和形义配对体的观念，另一方面结合了 Fillmore 的思想，拓展了 Langacker 对形式和语义极的描述。Croft 认为在语篇中出现的就是构式，即复杂句法单位。他将构式类比为其他语法理论中的词库，作为基本的句法单位。他认为人类的一切语法知识都是以构式的形式来表征的，构式可以概括人类全部的语法知识。他同时主张放弃传统语法理论中的句法范畴和句法关系，这也是其构式语法被称为"激进构式语法"的重要原因之一。

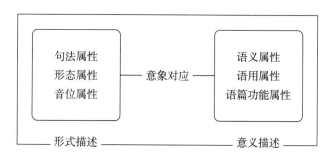

图 2.4　构式的意象结构①

本书对构式的使用

按照 Fillmore 和 Goldberg 早期对构式的定义，自然语言中存在着构式和非构式的区别。二者的区别在于一个表达式的意义能否从其组成部分的意义推导出来，不能推导出来的便是构式，能推导出来的便不是构式。本书将所有自然语言表达式都视为构式。之所以不作此种区分，一方面，是为了便于对语言成分进行统一化处理；另一方面，构式和非构式间并没有

① 此图参考 Croft（2001: 18）中的图 1.2 绘制。

清晰的分界线，对于处于边界地位的表达式，不同的学者可能会有不同的判断。除此之外，构式语法逐渐成为一种成熟的语法理论，也就要求其能对所有的语言现象进行解释。

上述关于构式与非构式的区分也可以纳入构式概念内部来处理。按照原型论的观点，如果将习语视为构式的原型，那么可以将其他构式按照与原型的相似程度划分为不同的层次。例如：满足 Fillmore 和 Goldberg 定义的表达式是典型构式，而不满足这一定义的表达式是非典型构式。习语是典型构式，习语中也有层次之分，有些习语完全由词汇构成，不具有任何能产性，例如，"spill the beans"（泄露秘密）；而有些习语则是一种模式化的，具有能产性，例如，"let alone"构式。

语言学家在使用构式概念时，构式不仅仅指称语言中具体的表达式，还包括了一些具有能产性的抽象结构，例如，"从小到大"构式、"从 A 到 B"构式。因此，构式实际上包括两个层次，一个是自然语言层面的构式；另一个是通过对自然语言构式归纳总结所形成的抽象结构构式。为了将二者区分开来，有的语言学家提出将前者称为"语式"（construct），将后者称为"构式"（construction）（Fried and Östman, 2004；王寅，2011）；或者将前者称为"构式"（construction），将后者称为"构式图式"（constructional schema）（V. Evans and Green, 2006: 592）。由于在一般的语言学文献中并未对二者进行严格区分，因此，本书在一般陈述中也不区分二者，只是在一些需要同时提及这两种类型构式时，为避免混淆，会使用构式和构式图式对二者进行区分，例如，我们从众多的构式中总结归纳了一些构式图式。

2.3.3　构式语法简介

与语言学家的目标不同，本书的目标是要设计自然语言处理系统，因此，需要一种适合计算机语言处理的构式语法理论。在众多的构式语法理论中，Fillmore 和 Goldberg 的理论更符合构建自然语言处理系统的目标。Fillmore 的构式语法理论更加形式化，其描述的内容更适用于自然语言处理的需要；Goldberg 的构式语法理论主要集中在对句子层面构式的研究，她提出的语法—语义对应原则，对于语义角色的抽取具有重要的启发。相较之下，Langacker 对构式的描述信息量较少，只包括音位极和语义极信息；Croft 对构式的描述虽然包含了丰富的信息，但由于其主张取消传统语法理论中的句法范畴和句法关系，而这些句法信息对于自然语言处理又非常重要。因此，本节只对 Fillmore 和 Goldberg 构式语法相关理论进行简要介绍。

Fillmore 构式语法

尽管 Fillmore 提出的构式语法与传统的转换生成语法有着较大差异，但似乎并未摒弃 Chomsky 对于语法研究目标的设定，即语法研究的目标是要设计一种可以生成所有合语法的句子的装置。在转换生成语法中，这个装置的基本组成元素是：（1）句法范畴；（2）句法规则；（3）转换规则。Fillmore（2013）认为语言的语法应该包括如下三个元素：（1）语法构式；（2）将形式和语义信息组合成语言对象的规则；（3）限制和连接构式的一些原则。

Fillmore 将构式定义为语言表达式的部分描述，并用特征结构（feature structure）来表示构式。图 2.5 展示了构式"give"的特征结构，其中"特殊论元"（distinguished argument）指的是在主动句中充当主语的论元，一般而言，特殊论元总是对应施事语义角色。从图上可以看出，构式"give"的特征结构中包括了中心词、句法范畴、音标、书写形式以及价模式。其中，价模式描述了"give"相关的论元角色，即施事、转移物和目标。例如：在"I gave him a book"和"I gave the book to him"例子中，施事是 I（我），转移物是 the book（书），目标是 him（他）。一般而言，充当这三种语义角色的词组类型一般是名词词组或者代词。但是语法角色却是不确定的，要根据实际的表达式来确定。例如：施事角色既可出现在主语位置，又可出现在补语的位置。特殊论元标注为〈+〉，表示当此论元作为主语时，必须使用主动语态（active voice）；当标注为〈−〉的论元作为主语时，必须使用被动语态（passive voice）。

构式定义完成后，构式语法面临的下一个问题是，如何将小的构式单位组合成大的构式单位。构式语法中没有转换和生成规则，唯一的操作是合一（unification）规则。合一规则是指如果两个构式单位在所有属性上的描述都是一致的，或不矛盾的，那么它们可以合并为一个更大的构式。图 2.6 展

$$
\begin{bmatrix}
\text{句法信息 | 中心词}\langle\text{范畴}\langle v\rangle,\text{音标}\langle\text{/glv/}\rangle,\text{词位}\langle\text{give}\rangle\rangle \\[4pt]
\begin{bmatrix}
\text{特殊论元} & \langle+\rangle \\
\text{语义角色} & \langle\text{施事}\rangle \\
\text{语法角色} & \langle\star\rangle \\
\text{词组类型} & \langle\text{NP|PRN}\rangle
\end{bmatrix}
\begin{bmatrix}
\text{特殊论元} & \langle-\rangle \\
\text{语义角色} & \langle\text{转移物}\rangle \\
\text{语法角色} & \langle\star\rangle \\
\text{词组类型} & \langle\text{NP|PRN}\rangle
\end{bmatrix}
\begin{bmatrix}
\text{特殊论元} & \langle-\rangle \\
\text{语义角色} & \langle\text{目标}\rangle \\
\text{语法角色} & \langle\star\rangle \\
\text{词组类型} & \langle\text{NP|PRN}\rangle
\end{bmatrix}
\end{bmatrix}
$$

图 2.5　构式 "give" 的特征结构表示[①]

示了 for-介补构式（preposition-complement construction）的特征结构。在该构式图式中，要求填入的补语构式的句法范畴为名词词组（NP）。如果一个构式的句法范畴是名词词组则满足一致性的要求，就可以填入该位置形成一个介补构式；否则不能进行合一操作。

$$
\begin{bmatrix}
\text{范畴}\langle\text{PP}\rangle \\
max\langle+\rangle \\
\begin{bmatrix}
\text{范畴} & \langle\text{P}\rangle \\
max & \langle-\rangle \\
\text{词位} & \langle\text{for}\rangle
\end{bmatrix}
\begin{bmatrix}
\text{范畴} & \langle\text{NP}\rangle \\
max & \langle+\rangle
\end{bmatrix}
\end{bmatrix}
$$

图 2.6　介补构式的特征结构表示[②]

　　除了构式和合一规则外，构式语法还有一些限制和连接的原则，下面以旁格原则（obliqueness principles）为例来进行说明。Fillmore 将所有价模式中的价元素分为两类，主语和宾语称为 "核心论元"（nuclear argument），其他的称为 "旁格论元"（oblique argument）。例如：动词 "give" 使用以下原则和其他的构式联系在一起。

(1) 语义角色〈施事〉，语法功能〈旁格论元〉，词组类型〈介词："by"〉：施

---

① 此图参考 Fillmore（2013）中的图 7.7 绘制。

② 此图参考 Fillmore（2013）中的图 7.1 绘制。

事可以用旁格论元表达，即"by"介词短语。例如：在"The lecture was given by Prof. Zhou"中，施事使用介词短语"by Prof. Zhou"来表达，并非主语和宾语，因此是旁格论元。

(2) 语义角色〈转移物〉，语法功能〈旁格论元〉，词组类型〈名词〉：转移物可以用名词的旁格论元来表达，例如，在"I gave him the book"中，转移物是"the book"间接宾语，是一种旁格论元。

(3) 语义角色〈目标〉，语法功能〈旁格论元〉，词组类型〈介词："*to*"〉：目标可以用旁格论元来表达，例如，在"I gave the book to him"中，目标用介词短语"to him"来表达，是旁格论元。

值得注意的是，在"give"的价模式中，语法角色和词组类型都是不确定的，其中语法角色使用〈⋆〉标注。这是由于这些信息是由"give"所出现的更大单位的构式所决定的，即依据所出现的构式的不同，其所对应的价模式也不同。例如："X give Y Z"和"X give Z to Y"构式的价模式分别如图 2.7 和图 2.8 所示。

$$
\begin{bmatrix}
\text{特殊论元} & \langle + \rangle \\
\text{语义角色} & \langle \text{施事} \rangle \\
\text{语法角色} & \langle \text{主语} \rangle \\
\text{词组类型} & \langle \text{NP|PRN} \rangle
\end{bmatrix}
\begin{bmatrix}
\text{特殊论元} & \langle - \rangle \\
\text{语义角色} & \langle \text{转移物} \rangle \\
\text{语法角色} & \langle \text{直接宾语} \rangle \\
\text{词组类型} & \langle \text{NP|PRN} \rangle
\end{bmatrix}
\begin{bmatrix}
\text{特殊论元} & \langle - \rangle \\
\text{语义角色} & \langle \text{目标} \rangle \\
\text{语法角色} & \langle \text{间接宾语} \rangle \\
\text{词组类型} & \langle \text{NP} \rangle
\end{bmatrix}
$$

图 2.7　构式"X give Y Z"的价模式

$$
\begin{bmatrix}
\text{特殊论元} & \langle + \rangle \\
\text{语义角色} & \langle \text{施事} \rangle \\
\text{语法角色} & \langle \text{主语} \rangle \\
\text{词组类型} & \langle \text{NP|PRN} \rangle
\end{bmatrix}
\begin{bmatrix}
\text{特殊论元} & \langle - \rangle \\
\text{语义角色} & \langle \text{转移物} \rangle \\
\text{语法角色} & \langle \text{宾语} \rangle \\
\text{词组类型} & \langle \text{NP|PRN} \rangle
\end{bmatrix}
\begin{bmatrix}
\text{特殊论元} & \langle - \rangle \\
\text{语义角色} & \langle \text{目标} \rangle \\
\text{语法角色} & \langle \text{补语} \rangle \\
\text{词组类型} & \langle \text{PP: "to"} \rangle
\end{bmatrix}
$$

图 2.8　构式"X give Z to Y"的价模式

Fillmore（2013）坦言，从形式上看，伯克利构式语法是一种短语结构语法，只是这里的节点是复杂特征。短语结构语法的节点是句法范畴，节点间的组合关系是基于句法范畴的句法规则。而构式语法的节点是构式的特征结构描述，节点是通过合一操作组合在一起。相较于短语结构语法，构式语法的优势在于其更强的解释力，因为它包含了更多的语法和意义信息。但缺点是理论缺乏简洁性和系统性。构式语法不仅需要描述最基本的词汇构式，还要描述更大单位的构式，仅靠合一操作，实际上无法完全解释构式间的组合关系，还需要一些特殊的原则来描述构式间的组合或者限制构式间的组合，这些特殊的原则的描述没有清晰统一的标准，需要依据不同的构式进行单独描写。如果将语法比喻为一台合法句子生成器，那么短语结构可以很简单清晰地生成一些合语法的句子。但对构式语法而言，由于一些特殊原则的出现，其生成的过程会变得非常复杂。

Goldberg 构式语法

Goldberg 是 Lakoff 的学生，其构式语法理论受到了 Lakoff 隐喻认知观和构式分析理论的影响；她同时接受了 Fillmore 构式理论的一些思想，这一点可以从他们对构式的定义中看出，他们都认为构式是指那些意义无法从其构成成分意义和先前构式推导出来的表达式。Goldberg 在 1995 年出版的 *Construction: A Construction Grammar Approach to Argument Structure*[①]一书对于确立构式语法在认知语言学中的地位具有重要意义。

Goldberg 的研究重点是句子层面的构式，她主张构式具有独立意义，且这种意义是无法从其构成成分中推导出来。例如："Tom sneezed the napkin off the table"具有如下含义："X（Tom）致使 Y（the napkin）移动到 Z（off the table）"，而这一含义无法从其各个成分中推导出来。她将这类构式总结归纳为致使位移构式，并将其表示为"[SUBJ [V OBJ OBL]]"，其中 SUBJ、V、OBJ、OBL 分别表示主语、动词、宾语和方向性短语。

动词中心论认为动词是句子的中心，其他的成分作为动词的论元，受动词控制。从 Fillmore 对动词价模式的描述来看，他还持有一些动词中心论

---

① 中文译本：吴海波译：《构式：论元结构的构式语法研究》，北京大学出版社，2007 年版。

的观点，构式间组合主要的条件约束是通过动词的价模式来给出的。Goldberg 批判了动词中心论的立场，她主张从构式的角度来分析论元结构，这些论元并非动词的论元，而是构式的论元。在上节讨论"give"的价模式时，当"give"出现在不同的构式中时，其价模式的描述会有不同，这从某种程度上也印证了 Goldberg 的这种设想，即价模式中的价元素只有在具体构式中才能得到具体描述。

Goldberg 提出了论元角色和语义角色间的对应原则（correspondence principle），即每个参与者角色都对应一个论元角色。表 2.3 给出了致使位移构式实例"Tom sneezed the napkin off the table"中论元角色和语义角色间的对应关系。基于这种对应原则，一旦确定了一个构式的语法构式图式，那么便可以根据语法—语义对应原则确定构式各个成分所对应的语义角色。

表 2.3　Goldberg 语法—语义对应原则示例

实例	Tom	sneezed	the napkin	off the table
语义角色	施事	动作	受事	路径
语法角色	主语	谓语	宾语	补语
句法范畴	名词	动词	名词	介词短语

2.4　概念系统

关于概念系统（conceputal system）的研究主要集中在认知语言学领域[①]。语义研究是认知语言学的核心任务，认知语义学（cognitive semantics）研究的主题是语言所编码的语义结构与人类经验和概念系统间的关系，具体来说，是研究人类知识表示（或称为"概念结构"）和意义构建（或称为"概念化"）的方式（V. Evans and Green, 2006: 48）。Talmy（2000a:

---

① 附录 B.2.2 节从整体上对认知语言学理论进行了简要介绍。

3–4）认为认知语义学研究和传统语义学研究的区别在于，认知语义研究以一种系统化的方式将语义研究与认知范畴（cognitive category）同认知过程（cognitive process）联系起来。在过去的三十年间，认知语言学家提出了诸多关于人类概念系统的相关理论，本节将在前人理论的基础上，对概念系统的相关理论进行系统的梳理总结。

2.4.1　概念系统定义

概念系统是思维中由概念组成的系统，认知语言学家从不同的角度对概念系统进行了定义和描述。Lakoff and Johnson（1980: 3）将概念系统描述为人类思维和行动的依据，并认为其本质上是隐喻性的。Jackendoff（1983: 16–17）提出了概念结构假设（conceptual structure hypothesis），即存在一个单独的心理表示的层次——概念结构，在该层次上语言、感知觉、运动信息相兼容。Lakoff（1987: xiv–xv）将概念系统描述为满足如下条件的认知模型：（1）概念系统的核心部分直接基于人类的感知、身体运动以及物理和社会角色的经验；（2）不直接基于人类经验的概念间接地通过隐喻、转喻（metonymy）以及心理意象与核心概念联系起来；（3）概念有整体的结构，而不是简单地把各个构成模块依据规则放在一起。以上三个定义描述了概念系统的不同侧面，Lakoff and Johnson（1980）的定义侧重描述概念系统的内在机制；Jackendoff（1983）的定义侧重描述概念系统在人类思维中所处的层次；Lakoff（1987）的定义对概念系统的描述更加全面，涵盖了以上两个定义的基本内容。

认知模型

语言学家提出了各种各样的认知理论来解释语言现象，如 Fillmore（1976、1982）的框架语义理论、Lakoff and Johnson（1980）的隐喻转喻理论、Langacker（1987a,b）的认知语法理论、Fauconnier（1994）的心理空间理论。Lakoff 在这些理论的基础上提出了理想认知模型（idealized cognitive models, ICM），并以此为基础来定义概念系统。他将理想认知模型定义为关于世界的稳定的心理表示。此处之所以加上"理想"二字，是因为这些认知模型是对一系列经验的抽象，而不是对具体经验实例的描述，同时，这些认知模型并不是简单地包括现实世界中的一切可能性，而是对世界的一种理想化（idealised）的表征（王文斌, 2014）。由于本书仅考虑对经验加工所形成的抽象模型，不考虑具体经验的认知模型，因此，为表述方便，在下文的描述中，本书统一使用"认知模型"一词。

认知模型是人类在认识世界过程中所形成的思维模型。对于世界中不同对象或情境的认知，让人类产生了各种各样的认知模型。这些认知模型产生之后，又从某种程度上决定了人类看待这个世界的方式。Lakoff（1987: 284）将认知模型划分为五种基本类型：（1）意象图式认知模型；（2）命题认知模型；（3）隐喻认知模型；（4）转喻认知模型；（5）符号认知模型。其中命题认知模型包括多种类型：（1）命题；（2）情境或脚本；（3）特征集；（4）分类树；（5）辐射范畴。

在概念系统中包括四种类型的认知模型：命题认知模型、意象图式认知模型、隐喻认知模型和转喻认知模型（Lakoff, 1987: 154）。值得注意的是，在上面所列出五种认知模型中，符号模型是用来刻画语言的认知模型，该模型将语言与概念系统关联起来。由于概念系统只包含概念，不包含语言成分，因此，符号模型不属于概念系统。

本书主要用到三种认知模型，框架认知模型、分类认知模型（简称"分类模型"）和意象图式认知模型。其中框架认知模型用于形成关于场景的整体认知，分类模型和意象图式认知模型用于自然语言理解过程。本书第 2.2 节对框架认知模型进行了介绍，因此，下面主要介绍分类模型和意象图式认知模型。

分类模型

分类模型是关于概念的分层结构表示，从结构上看，一般而言是一个树结构。分类模型一般是针对某个具体领域的概念进行分类，最为常见的是动植物概念的分类模型。人类依据经验产生的关于动物的分类树要比科学分类树简单得多，甚至可能是不同的分类方法。图 2.9 展示了动物科学分类树的一个片段，图 2.10 展示了动物通俗分类树的一个片段。因此，针对同一领域的概念完全有可能存在不同的组织方式。

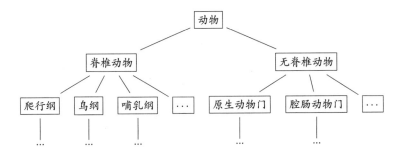

图 2.9　动物科学分类树

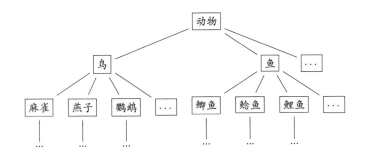

图 2.10　动物通俗分类树

在医学领域，由于医学概念来自医学实践经验，但是不同国家和地区的医学专家对于医学概念有不同的认知和定义，因此，会有各种不同的关于医学概念的认知模型。为了便于沟通和交流，需要一套统一的术语来对医学概念进行命名。目前在国际上应用得最为广泛的医学概念本体是 SNOMED CT（systematized nomenclature of medicine-clinical terms）。

到目前为止，SNOMED CT 共包括了超过 35 万个医学相关概念，共包括 19 个一级概念和超过 350 个二级概念①。该本体涵盖了临床医学的相关概念，包括身体结构、临床所见、事件、程序、样本等。SNOMED CT 包括超过 300 万条关系描述，这些关系大致可以分为两种类型：上下位关系和属性关系。SNOMED CT 的构建是基于描述逻辑$\mathcal{EL}$，其结构是一种有向无环图（directed acyclic graph），由于一个概念可能有多个上位概念，因此

---

① 访问时间：2022-04-25；访问地址：https://browser.ihtsdotools.org/

其并非树结构（Donnelly, 2006）。由于认知模型中只包含概念，若只考虑 SNOMED CT 中的概念和概念间的关系，则可以将其视为关于医学概念的认知模型。

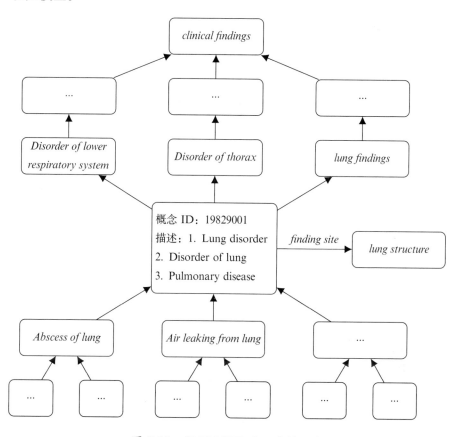

图 2.11　SNOMED CT 片段示例

我们截取了 SNOMED CT 中的一个片段来对其组织方式进行说明，如图 2.11 所示。SNOMED CT 中的每一个概念有唯一的标识号，而且对应于多种表达式。例如：位于图中心位置的概念 *Disorder of Lung*（肺病）在 SNOMED 中的标识号是 19829001，其对应的英文表达式为 "Disorder of lung" "Lung disorder" "Pulmonary disease"。图中未加标签的箭头表示上下位关系 "IS-A"，*Disorder of Lung* 有 3 个上位概念，有 83 个下位概念。这些上位概念和下位概念又分别有上位概念和下位概念。从图上也可以看出，

SNOMED CT 并非树结构，而是有向无环图的结构。值得注意的是，图中还标识了一种属性关系 *finding site*，此属性表示 *Disorder of Lung* 的发现位置为 *lung structure*。

意象图式认知模型

　　Johnson 在 *The Body in The Mind* 中首次提出了意象图式认知模型，意象图式是在人类的认知经验中反复出现的模式，这些模式是人类理解和推理的基础（Johnson, 1987: xiv）。人类在与世界的互动中获得了各种各样的直接经验，例如，从建筑物里走出来，从茶壶里把水倒出来，打鸡蛋，剥橘子等。这些看似毫无关联的经验中却存在着相同的结构，这一结构可以被归纳为 OUT-图式，如图 2.12 所示，其中实线圆圈表示一个容器，虚线圆圈表示一个实体，箭头表示实体的运动方向。这其中包括了另外一种图式——CONTAINER-图式（容器图式），该图式包括四个部分：边界（boundary）、内部（interior）、外部（exterior）和入口（opening），并且可以用一个开口圆圈来表示它的整体结构。日常生活中所遇到的各种封闭或者半封闭的实体都可以视为一种容器，上面例子中的建筑物、茶壶、鸡蛋壳、橘子皮都具有 CONTAINER-图式的结构。

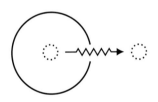

图 2.12　OUT-图式

　　从意象图式的表示可以看出，意象图式与命题表示和图像表示是不同的。以 OUT-图式为例，这是一个动态且连续的图式，命题表示可以描述运动中的各个状态，如最初的状态、中间状态、最终的状态等，但是无法描述整个动态连续的过程。同时意象图式比图像表示的信息要少，它是从众多的图像中抽象出的一种结构表示。康德使用三角形的例子来解释图式与图像的区别，在人类思维中有关于三角形的概念，在人们的生活中，可以看到各种各样的三角形的图像或者实物，比如金字塔、屋顶等，但是这些实物只是在抽象程度上才会被视为三角形，它们和人类思维中对三角形的认知是不完全等同的。因此康德认为在图像和概念之间必须存在某种东西来将二者联系起来，这就是图式（Johnson, 1987: 24）。按照康德的观点，图式是连接概念和感知的中介，Lakoff 将其称为一种前概念结构（preconceptual structure）。

2.4.2　概念系统的组织方式及意义来源

概念系统有两类基础概念：基本层次概念（basic-level concept）和意象图式概念（image-schematic concept）。基本层次结构预设了在人类的经验中存在着一种基本层次的范畴，这种范畴相较于其他的范畴而言有着更强的认知显著性。比如，狗这一范畴便是一种基本层次范畴，人们很容易将其与其他的范畴区分开来。而它的下级范畴，诸如京巴、吉娃娃、贵宾犬、泰迪犬的认知显著性要明显弱于狗这一范畴。这种基本层次范畴的产生来自人类的完形感知（gestalt perception）、身体运动能力以及形成丰富心理图像能力的趋同性（Lakoff, 1987: 267）。

意象图式是在人类身体经验中重复出现的一些简单结构，人们借助它们来理解这个世界（Johnson, 1987: xiv）。某些意象图式有对应的意象图式概念，例如，三角形意象图式 △ 对应于三角形概念，OUT-图式对应于 out 概念。但并非所有的意象图式都有对应的意象图式概念，例如，SOURCE-PATH-GOAL 图式（源头—路径—目标图式）由多个基本元素组成，并不直接对应于某个特殊概念。由此，可以大致上认为一些基本的意象图式直接对应于概念，但对于一些复杂的意象图式并不直接对应某个具体概念。

基本层次概念和意象图式概念的意义直接来自人类经验。基本层次概念的意义来自人类依据整体—部分结构所感知到的事物的完形以及人类与事物的互动方式；意象图式概念的意义则来源于对于人类感知觉和身体运动经验的结构化（Lakoff, 1987: 292）。需要注意的是，二者是整个概念系统的基础，基础并不等同于原子，这些概念都有内部结构。

　　结构化是认知模型的一个重要特征。这种结构化的特征不仅体现在概念的内部特征，还体现在概念间的连接方式上。由概念组成的认知模型是人类理解这个世界、进行各种推理和决策的基础。Lakoff（1987: 267）认为这些概念结构本身并不富有意义，这些概念结构之所以有意义是因为它们是具身的（embodied），换言之，它们是与人类的前概念身体经验（pre-conceptual bodily experience）联系在一起的。

　　下面以分类模型为例来说明概念系统上结构的意义来源。给定一个分类模型，由于分类树上的概念包含子概念，因此，概念可以视为一个 CON-TAINER-图式；由于分类树上的属性关系将两个不同的概念连接在一起，因此，属性关系可以看作 LINK-图式（连接图式）；对于分类树的上下位关系或层次关系而言，每个下位概念都是上位概念的一部分，因此，上下位关系可以视为 PART-WHOLE 图式（部分—整体图式）。人类对于分类模型结构的理解是基于意象图式结构的，而意象图式是基于人类的身体经验的，因此，分类模型结构的意义间接地来自人类的经验。

　　如上所述，基本层次概念和意象图式概念直接来源于人类的经验，但是还存在着一些不直接来源于人类经验的概念。这些概念一般是一些抽象概念，在现实世界中找不到直接指称，例如，时间、公平、正义等。一般而言，儿童对于这类抽象概念的认知要晚于对于具体概念的认知。例如：儿童大约在六岁以后才开始产生对时间概念的认知（W. J. Friedman, 2005; DeNigris and Brooks, 2018），而儿童从两岁或更早时间就具有对于空间形状的认知（Piaget, 2013）。正常的成年人一般是通过一系列的框架认知模型来理解时间概念，例如，星期框架、日历框架、相对时间框架等。在星期框架中，时间被划分为七天为一个周期，星期一到星期日，一般星期一到星期五为工作日，星期六和星期日为周末。

　　Lakoff and Johnson（1980: 3）认为概念系统本质上是隐喻的。按照这一理论，人类是通过隐喻来理解抽象概念。隐喻是从具体域向抽象域的一种投射，其中具体域被称为"源域"，抽象域被称为"目标域"，具体域中包括由现实世界中事物所形成的概念，例如，人们通过"时间是金钱"的隐喻来理解时间概念。具体来说，金钱是一种有限资源和有价值的商品，人们与金钱的互动经验体现在一些具体的动作概念上，例如，赚钱、省钱、花钱、有钱、偷钱等。从金钱到时间的隐喻投射是基于人类的认知经验，人们同样将时间视为一种有限且有价值的资源。因此，当人们将时间看作和金钱类似的实体时，人们与时间的互动方式同与金钱的互动方式具有相似性。体现在语言上，有类似于金钱概念的表达方式，如"省时间""花时间""有时间""时间被偷走了"等。

从对"时间是金钱"隐喻分析来看，人们是通过具体概念的意义来理解抽象概念，而具体概念的意义直接来源于人类经验。因此，可以认为抽象概念的意义间接地来自人类经验。Lakoff and Johnson（1980: 14）将这种隐喻称为本体隐喻（ontological metaphor），即隐喻的源域中的概念是对现实世界中物理实体或物质的反映。除此之外，还有另外两种隐喻模式：结构隐喻（structural metaphor）和方位隐喻（空间隐喻的一种）（orientational metaphor）。这两种隐喻与本体隐喻相似，都可以看作从具体域向抽象域的投射，其特殊性是在源域和目标域存在结构上的对应。这种抽象的结构可以看作人类思维中的意象图式结构，而意象图式则直接来源于人类经验。

2.5　概念词汇化

词汇化（lexicalization）是指对概念范畴的编码①。本节主要解释概念和词汇间的对应关系以及概念的词汇化模式。

---

① 词汇化（lexicalization）有两种基本含义：一是从共时语言学的角度看，词汇化是对概念范畴的编码；二是从历时语言学的角度看，词汇化指的是"纳入词典"或者"落入语法规则之外"的过程（Brinton and Traugott, 2005: 18）。此处是在第一种意义上使用"词汇化"一词。共时语言学研究语言或语言在某一阶段的历史发展，也被称为"静态语言学"，是一种横向比较。历时语言学研究语言经历了漫长的历史时期发生的变化，即对语言演变的研究（费尔迪南·德·索绪尔，1980: 143–144、151–152、203–207）。

2.5.1 语义元素与表层元素

认知语言学预设了语言的结构反映了思维的结构，因此，语言学家在研究概念词汇化时，是从语言出发来归纳概念词汇化的规律。概念词汇化实质上是研究语言表层元素（surface elements）和语义元素（semantic elements）间的对应关系，Talmy（2000b: 169）依据所涉及元素的多少，将语义元素划分为无语义内容、单个语义元素和语义元素组合三类；将表层元素划分为无表层元素、单个词素和词素组合三类。按照这种分类，语义元素和表层元素间可以形成九种可能的对应关系，如表 2.4 所示。

表 2.4　语义元素与语言表层元素的对应关系①

编号	对应关系	实例
1	无语义内容—无表层元素	—
2	无语义内容—单个词素	虚设词
3	无语义内容—词素组合	虚设词
4	单个语义元素—无表层元素	零形式或深层结构中删除的元素
5	单个语义元素—单个词素	单个词素
6	单个语义元素—词素组合	习语或固定搭配
7	语义元素组合—无表层元素	零形式或深层结构中删除的元素
8	语义元素组合—单个词素	合成词或混成词，如 "brunch"
9	语义元素组合—词素组合	固定搭配

无语义内容和无表层元素的对应关系（对应关系 1）为空。在自然语言中，最为直观的对应关系是 5 和 9，即单个词素表达单个语言元素，词素组合表达语义元素的组合；其次是对应关系 6 和 8，即单个词素也可以表达语义元素的组合，词素组合也可以表达单个语义元素；对应关系 2、3、4 和 7 的情形相对复杂。

对应关系 2 和 3 表示语言表层结构中的某些元素没有语义内容，例如，

---

① 此表参考 Talmy（2000b: 169）的内容绘制。

虚设词（dummy words）。虚设词在句法上相当于句子中的占位符（place-holder）的作用，表达的是一种通用（generic）或中性（neutral）的语义内容（Talmy, 2000b: 284）。例如："take a breath""take a bath"中的"take"便是一个虚设词。从词汇语义的角度来看，实义词都有指称义（denotative meaning），但还有一些词仅有语法功能，但却无实际意义。汉语中的虚词和英语中的助动词，一般没有指称义，其只有结构意义，其意义是通过与其他成分的关系体现出来的。郭锐（2008）认为汉语中虚词语义依赖与之共现的其他成分，虚词的语义表现在对其所引导出的时间、实体、处所等语义元素加以组织并赋予一定的关系。因此，虚设词具有语法功能，但没有语义内容。

对应关系 4 和 7 表示某些语义元素无对应的表层元素，Talmy 将零形式（zero form）视为一种语言元素没有表层元素对应的实例。在语言学中，零形式是语言分析中假设的抽象单位，其特征是没有外部的表现形式，在句法分析中，零形式可以使一些不规则的表达在抽象层次上更加一致。Pesetsky（1995）就零词素或零位（zero morpheme）现象进行了系统的描述和解释。

2.5.2 运动事件概念词汇化

Talmy（2000b: 21–146）使用如下语义元素来刻画运动事件：图形（figure）、背景（ground）、运动（motion）、伴随事件（co-event）、路径（path）。其中图形指称运动的对象；背景指称参照物；伴随事件指称运动的方式或者导致运动发生的事件；路径指称运动的轨迹。图形和背景是 Talmy 从格式塔心理学（Gestalt psychology）中借用的术语①，并总结了二者的不同特征，如表 2.5 所示（Talmy, 2000a: 183–184）。

几乎在所有语言中，图形和背景一般都被编码为名词，运动被编码为动

---

① Talmy 在对运动事件进行分析时，发现了两类不同的实体：主要对象（primary object）和次要对象（secondary object），之后借用格式塔心理学中的"figure"和"ground"来分别指称二者。在认知语言学领域，"figure"一词有两种不同的译法，一种翻译为"图形"；另一种翻译为"主体"。例如：王寅（2011）将其翻译为"图形"；弗里德里希·温德瑞尔、汉斯-尤格·施密特（2009）将其翻译为"主体"。由于"图形"的翻译更接近格式塔心理学中的原义，因此，本书采用"图形"的译法。

表 2.5　图形和背景特征对比表①

图形特征	背景特征
有未知的空间属性需要被确定	作为参照实体，具有能够刻画图形未知空间属性的已知属性
更加可移动（movable）	位置更固定
更小	更大
几何特征更简单	几何特征更复杂
最近才出现在场景中或被意识到	早先出现在场景中或被意识到
更受关注或相关	较少关注或相关
不太能立即感知到	更容易立即感知到
一旦感知到则具有显著性	一旦图形被感知到，则作为背景
更具依赖性（dependent）	更加独立（independent）

词，然而不同的语言对路径的编码方式是不同的。依照路径信息词汇化方式的不同，Talmy（2000b: 117）将语言划分为两类：动词框架语言（verb-framed language）和卫星框架语言（satellite-framed language）。前者将路径编码在动词中；后者则将路径编码在卫星词（satellite verb）中，卫星词是指出现在动词周围用来编码路径信息的元素。Slobin（2004）和 Zlatev and Yangklang（2004）在此基础上，进一步提出了等价框架语言（equipollently-framed language），在这类语言中，路径信息既被编码在动词中，又被编码在卫星词中。

英语作为一种卫星框架语言，其路径信息一般被编码在卫星词中。卫星词一般由介词或者副词充当，例如，在"I will move to Dresden next week"和"The vehicle is moving forward"中，路径信息分别被编码在介词"to"和副词"forward"中，而动词"move"并不携带任何路径信息。然而，依据词汇化模式对语言进行的划分并不严格，也有一些例外的情况。下列动词中就编码了路径信息："enter""exit""ascend""descend""cross""pass""cir-

---

① 此表参考 Talmy（2000a: 183）的内容绘制。

cle" "advance" "proceed" "approach" "arrive" "depart" "return" "join" "sep-
arate" "part" "rise" "leave" "near" "follow"（Talmy, 2000b: 228）。例
如："enter" 和 "exit" 分别表达进入和出去的意思，二者分别编码了路径
信息入和出。这类动词一般可以使用"动词 + 空间介词"形式的词组进行
替换，例如，"enter" 和 "exit" 可以分别替换为 "get into" 和 "get out of"。
不仅如此，动词还可编码图形和背景信息。例如：在句子 "it rains" 中，图
形 rain 被编码在动词 "rain" 中；在句子 "I shelve books in the library" 中，
背景 shelve 被编码在动词 "shelve" 中。

第 3 章

基于概念系统的人类语言生成和理解模型

人类将自然语言翻译为形式语言的过程包括两个方面的问题，一是人类如何理解自然语言，二是人类如何使用形式语言来表达自然语言的语义。要让机器模拟人类形式化的思维过程，首先要对以上两个问题做出回答。尽管人类大脑的语言处理机制对我们而言仍是一个黑箱，然而认知科学在过去几十年取得了巨大进展，发展出了一大批的理论模型。因此，本章在认知科学相关理论的基础上提出了一种基于概念系统的人类语言生成和理解的模型，并以此来作为自然语言形式化系统设计的理论基础。

3.1 引言

语言是人类本质的中心所在，是人类区别于其他物种的本质特征（Chomsky and McGilvray, 2012）。在日常的交际活动中，人们无时无刻不在使用语言，而语言的生成和理解功能是语言交际实现的基础。到目前为止，大脑的语言处理机制对于人类而言，仍然是一个黑箱。不同学科的科学家尝试从不同的角度去探寻人类的语言处理机制。Aitken（2013）将人际交往（human communication）复杂性的知识来源总结为以下几个方面的研究[①]：（1）语言学研究；（2）脑损伤后的功能障碍的神经心理学（neuropsychology of dysfunction）研究；（3）婴儿期社会交往发展研究；（4）发展精神病理学（developmental psychopathology）中的功能障碍研究；（5）人际交往互动的进化史研究。基于这些研究，语言学家、心理学家、神经科学家和人工智能学家从不同的学科角度提出了一些理论模型，来解释人类语言的生成、理解和习得机制（Goldrick et al., 2014）。

在语言学领域，Chomsky（1956）将数学方法应用到语言学研究中，提出了有限状态模型、短语结构模型和转换模型，并认为句法研究的目标应当是设计一种可以产生语言中所有句子的装置（Chomsky, 1957: 11）[②]。这些模型主要关注将单词按照一定的规则生成短语和句子的过程，因而，都可以视为语言的生成模型。Chomsky 还借用了遗传和进化相关理论来解释人类的语言现象。例如：借用了生物学家 C. H. Waddington 的渠限化（canalization）概念来解释儿童的语言发展现象（Chomsky and McGilvray, 2012: 39–45）。

在认知心理学领域，研究者通过分析大脑损伤对言语功能的影响来探究大脑的功能分区以及语言处理机制。例如：研究者通过对失语症（aphasia）患者的研究，确定了大脑中与语言处理相关的布洛卡区（Broca's area）和威尔尼克区（Wernicke's area），布洛卡区损伤的病人只能说一些简短且不合语法的句子，而威尔尼克区损伤的病人虽然能说合语法的句子，但这些句子往往没有什么意义（Anderson, 2015: 22）。Dell et al.（1997）通过对失语症患者的实验提出了一种失语症模型，此模型可以对失语症的错误模式进行解释，并能够依据此模型做出预测。

在心理语言学领域，研究者通过分析儿童言语生成和理解的发展过程，以及儿童和成人的二语习得过程，来探究人类的语言处理机制。Fromkin

---

[①] 本书主要关注言语行为的相关研究，言语行为（speech act）是人际交往中最重要的表达方式，除此之外，还有肢体动作、表情等其他表达方式。

[②] Chomsky 语言学理论简介参见附录 B.2.1 节。

（1971）认为对于言语错误的分析可以为诸如语素结构限制（morpheme structure constraint）和抽象深层形式（abstract underlying form）这样的理论语言学概念的心理现实性提供证据，因此，语言运用（language performance）模型应该能解释各种类型的言语错误。基于此，Fromkin 提出了一种话语生成器（utterance generator）模型。Garrett（1975）对 Fromkin 的模型进一步解释和补充，提出了一种句子生成模型。此模型包括三个层面：消息层面、功能层面和位置层面。消息层面负责产生交际目标和消息的非语言表示；功能层面包括三种操作：语义选择、谓词—论元结构的生成，以及从语义角色到论元结构的指派；位置层面包括三种操作：生成规划的句法框架、语音表示的检索，以及将语音表示插入规划的句法框架中。

Dell（1986）提出了扩散激活模型（spreading-activation model），此模型包括语义、句法、词法和发音四个层面的处理机制。区别于 Fromkin 所提出的串行模型，此模型为并行模型，即言语产生过程各个层面的运行是并行的。Dell 使用扩散激活机制来解释言语错误，认为错误主要来源于不同结点（词素、音节、成分、空元素、特征等）之间的干扰和错误激活。

在心理语言学领域，影响最为广泛的是由 Levelt 所提出的言语生成模型。Levelt（1989）将说话者视为一个复杂的信息处理器（information processor），并且提出了一种言语生成模型来刻画人类心理信息的处理过程。此模型描述了从意图到发音的整个言语生成过程，共包括五个组成部分：概念生成器（conceptualizer）、表达生成器（formulator）、发音器（articulator）、听觉器（audition）以及言语理解系统（speech comprehension system）。值得注意的是，言语生成模型包括了言语理解系统，言语理解系统部分负责监测语言生成过程中的错误，如果发现错误会及时进行修正。

在神经科学领域，神经科学家主要关注言语生成的感觉运动过程，并且通过构建理论模型来解释从音位表示到产生关节运动和声音信号的过程（Kröger, 2013）。由于这些模型的理论依据主要来自脑成像和行为实验，因此，也被称为"基于神经科学的模型"。比较典型的模型有 DIVA 模型、任务动态模型、ACT 模型、Warlaumont 模型以及 Hickok 模型。Rofes et al.（2018）对 1984 年到 2018 年间发表的 25 篇大脑语言功能定位的文章进行了综述，论证了电刺激作为一种重要工具，在研究人类的语言认知过程中的重要作用。

在人工智能领域，人工智能学家将自然语言理解任务定义为将自然语言转换为形式语义表示的过程。人工智能学家使用语言理解的计算机模型来刻画人类语言运用的认知结构。例如：Winograd（1986）提出了一种语言理解模型，此模型包括句法、语义和推理三个部分。这三个部分并非串行结构，即先进行句法分析，然后进行语义分析，最后进行演绎推理；而是并行结构，即在句法分析开始成型时，语义分析部分便开始判断句法分析是否合理，语义分析过程可能要调用演绎推理的部分。

Saussure（2011: 9）对言语（speech）与语言（language）进行区分①。从整体上看，言语活动是多方面的、性质复杂的，同时跨越着物理、生理和心理几个领域，而语言是言语活动中的一个确定部分，且是主要部分。从这一区分可以看出言语生成理解模型和语言生成理解模型的不同之处，前者比后者包含了更多的心理和物理结构部分②。按照这一区分，语言学家和人工智能学家所提出的模型大多属于语言生成理解模型；心理语言学家和神经科学家所提出的模型大多属于言语生成理解模型。

从以上理论模型可以看出，不同领域的研究者对于语言生成和理解的关注点有所不同。语言学家更加关注语言的生成理解过程；心理语言学家关注包括语言在内的整个言语的生成过程；神经科学家主要关注言语生成的感觉运动过程；人工智能学家更加关注自然语言和语义表示相互转换的过程。从整体上看，人类语言的生成和理解机制由多个部分组成，而且处理过程分为多个步骤。

基于认知科学、语言学、心理学和神经科学的相关假设和理论，我们提出了一种面向人工智能应用的语言生成和理解模型。区别于已有的言语生成模型，此模型主要关注句法和语义部分，抽去了意图产生、音位表示、

---

① 言语和语言对应的法语为"langue"和"parole"。

② Chomsky 对于语言能力（language compence）与语言运用的划分参考了索绪尔对于语言和言语的区分，不同之处在于，索绪尔将语言视为一些项（items）的系统仓库，而 Chomsky 将语言视为语言生成过程的系统（Chomsky, 1965: 2）。

发音器官等部分。相对于已有模型，此模型的构建一方面参考人类语言认知的相关研究，使其具备认知上的合理性；另一方面，也兼顾人工智能工程实践的需求，使其具备实践上的可行性。

3.2 理论假设

认知科学家、语言学家、心理学家以及神经科学家从不同的学科角度对语言进行研究，并提出了诸多的理论和假设。为解释人类语言生成和理解机制，本节在前人理论的基础上提出了四种理论假设，即心理意象假设、概念层次假设、概念系统假设以及符号模型假设。

3.2.1 心理意象假设

图 3.1　人类单向交流场景示例

自然语言主要有两大功能：意象功能（symbolic function）和交互功能（interactive function），前者是指用语言来描述思想或想法；后者是指用语言来传递信息（V. Evans and Green, 2006: 6）。图 3.1 展示了人类单向交流场景，交流的主体是一个说话者和一个听话者。说话者将他的思想编码为语言表达式传递给听话者，听话者接收语言表达式后进行解码。编码和解码的过程是指心理表示（mental representation）和语言的转换过程。语言生成和理解的过程可以看作一种编码和解码的过程，说话者和听话者能够交流的条件是二者共享相同或相似的编解码机制。听话者解码语言后产生的心理表示与说话者的心理表示具有高度的一致性。从理论上讲，如果将人类的语言编解码机制赋予机器，便可以让机器模拟人类的语言生成和理解能力，如图 3.2 所示。

图 3.2　机器与机器单向交流场景示例

在日常生活中，人们通过内省的方式可以觉察到思维中有一种图像化的心理表示。如图 3.1 所示，说话者通过回忆杯子里有半杯水的场景，可以在思维中产生一种图像化的表示；同时，听话者在听到"杯子里有半杯水"这句话时，也可以激发他在思维中产生一种图像化的表示。认知科学家、心理学家和哲学家将这种心理表示称为"心理意象"（mental imagery）（Rey, 2013），并认为其在人际交往过程中起着重要作用（Storlie, 2015）。心理意象被定义为一种不需要外部具体刺激就可以产生的类似感知经验的心理表示。

关于心理意象是否存在，学界存有一些争议。认知科学家普遍接受心理意象的存在。一方面，是由于心理意象可以通过内省的方式经验到；另一方面，心理意象在科学研究中具有解释上的必要性，即诸多关于人类认知功能研究的实验都需要诉诸心理意象的存储和处理来得以解释。例如：人类空间导航认知需要借助心理意象概念来解释（Finke, 1989: 78–80）。然而，有一些心理学家拒斥心理意象的存在，例如，行为主义代表人物之一 John B. Watson 质疑内省是否能够作为一种科学的方法，同时认为心理意象在行为主义的解释方案中没有存在的必要（Watson, 1913; Berman and Lyons,

2007）。鉴于心理意象概念在当前认知科学中的重要作用，本书假设心理意象存在，并用其解释语言的生成和理解过程。

在常识经验中，心理意象是一种图像式（picture-like）的表示。如图 3.1 所示，当听话者听到"杯子里有半杯水"时，他的大脑中会形成一幅图像。然而，对于像"空气中弥漫着香气"这样的句子，却无法形成确定的图像。直观上，二者的区别在于前者表达的是一种视觉的心理意象，而后者是一种嗅觉的心理意象。本书预设心理意象是一种多模态的表示（Nanay, 2018），图像式表示仅仅是其中一个方面，非视觉的心理意象（如听觉、嗅觉、触觉、味觉）并非图像式的表示①。

心理意象和通过感知所产生的心理表示具有相似性。首先，从日常经验来看，对于同一场景而言，人类通过感知获得的心理表示和通过回忆和想象获得的心理表示具有相似性。例如：通过看到杯子里有半杯水的场景所获得的感知表示和想象这一场景获得的心理意象间在整体上没有太大差别，但在具体细节上存在差异。休谟（1740）认为感知（percepts）和意象（images）并没有类型上的不同，只有鲜活（vividness）程度上的不同（D. F. Norton and M. J. Norton, 2007）。另外，从神经科学的角度看，视觉感知和视觉心理意象在神经处理中存在很大程度的重叠，即二者在视觉皮层、顶叶皮层和额叶皮层中的神经表征是相似的（Dijkstra et al., 2019）。

心理意象和通过感知所产生的心理表示又有不同。以视觉为例，视觉感知是在看到刺激时产生的，其过程包括视觉识别（recognition）和确认（identification），前者是指识别刺激是否熟悉的过程；后者是指回忆对象的名称、语境和其他相关信息的过程。视觉的心理意象是在缺乏适当的感官输入的情况下，产生的一种类似视觉感知的心理表示（Kosslyn, 2005）。

综上所述，本书提出如下三点假设：（1）心理意象是存在的；（2）心理意象是多模态的，其中视觉意象是一种图像式表示；（3）心理意象和感

---

①特别地，像"并非""且""或""如果…，那么…"这样的逻辑联结词所对应的心理意象都对图像式的表示理论提出了挑战。Barsalou（1999）认为无意识的神经表示而非有意识的心理意象构成了感知系统的核心内容，并且基于此提出了一种"感知符号系统"（perceptual symbol system）模型，此模型可以对联结词的感知表示提供一种合理化的解释。

知表示是相同类型的经验，并且在内容上具有相似性。基于以上假设，单向交流场景可以抽象为如图 3.3 所示的过程。由于感知表示和心理意象具有类型的一致性和内容的相似性，为了将世界引入讨论框架，此处假设说话人是通过场景感知获得感知表示。

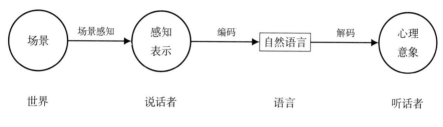

图 3.3　单向交流场景抽象图

3.2.2　概念层次假设

G. Evans（1982: 277）认为通过感知系统获得的信息属于非概念内容（non-conceptual content），由于心理意象和感知表示是相同类型的经验且在内容上具有相似性，因此，可以合理地将心理意象也视为非概念内容。由于心理意象和感知表示都是非概念化表示，要描述从心理意象或感知表示到自然语言的过程，需要一种更为精细的心理表示。因而，需要假设在思维中存在着概念层次，该层次介于心理意象或感知表示和语言之间。

Young（2015）认为非概念内容和概念内容最基本的区别在于其表征结构，概念内容是由概念组成的结构，而非概念内容则是由感知和认知状态的结构形式所定义。相较于由概念构成的思想和信念，感知表示和心理意象要更加具体和详细，同时它们更具意象性（iconic）和不可解释性（uninterpreted）。它们之所以被视为一种表示，是由于它们携带了关于这个世界的信息（Pylyshyn, 2007: 99）。

自然语言是由语词构成的，而语词对应于人类思维中的概念，语词的组合方式从某种程度上反映了人类思维中概念的组合方式，这也是认知语言学的一个基本预设，即语言的结构反映（reflect）了人类思想的结构（V. Evans and Green, 2006: 5）。Jackendoff（1983）提出了概念结构假设（conceptual structure hypothesis），即存在一个单独的心理表示层次——概念结构，在该层次上语言、感知觉、运动信息相兼容。

基于这一预设，语言的编解码过程可以抽象为如图 3.4 所示的转换过程。语言编码的不再是心理意象或感知表示，而是由心理意象或感知表示所产生的概念表示，这一过程被称为"概念化"（conceptualization）；语言解码之后首先产生的是概念表示，心理意象是由概念表示转换而来，这一过程被称为"意象化"（imaging）。

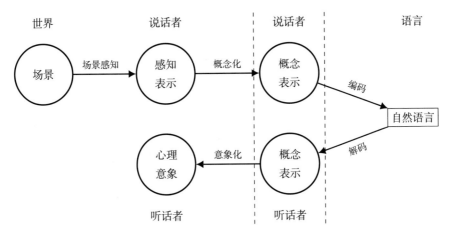

图 3.4　概念层次理论假设

3.2.3　概念系统假设

语言之所以能够作为思想沟通的媒介，是由于听话者听到语句后产生了和说话者相同或相似的概念表示。例如：听话者之所以能够理解"杯子里有半杯水"这句话，并且能够产生和说话者相似的心理意象，是由于说话者和听话者对这句话中概念的理解具有一致性。如果听话者关于概念杯子的原型是马克杯，那么当他听到"杯子"一词所产生的心理表示就是马克杯的图像；若关于杯子的原型是玻璃杯，那么所产生的心理表示就是玻璃杯的图像。无论马克杯还是玻璃杯都是一种容器，外形的差异并不对理解构成影响。为确保概念表示的一致性，我们引入了概念系统理论假设，来解释说话者和听话者思维中有着相同或相似概念表示的原因。

概念系统及其结构

Jackendoff（1983）、Johnson（1987）和 Lakoff（1987）等认知语言学家都曾对概念系统进行了探讨（参见第 2.4 节）。本书在此基础上对概念系统作如下假设：（1）概念系统由概念及概念间的关系组成。（2）概念系统由不同的认知模型组成，在认知模型中，概念以某种特定的方式组合在一起。（3）概念系统包括了语言中所谈及的所有概念。（4）人类的概念系统在很大程度上是一致的，而且文化和生活背景越相似，概念系统的一致性越高。

概念系统处于概念层次，因此，概念系统中仅包含概念，且概念并非孤立存在的，而是以各种不同的方式组织在一起。概念按照不同的组织方式形成了不同的认知模型，因此，概念系统由不同类型的认知模型组成。语言是对思想或信念的描述，同时，按照概念层次假设，语言编码的是概念表示，因此，概念系统要包括语言中所谈及的所有概念。值得说明的是，概念系统也具有个体性，此处的语言指个人所使用的语言，并非所有的语言。例如：如果一个人没有任何古生物学的知识，那么他的概念系统中就不可能包括古生物学中的概念。本书预设概念表示是借由概念系统产生的，概念系统的一致性保证了所生成的概念表示的一致性。

Lakoff（1987: 284）认为概念系统由多种不同类型的认知模型组成，即意象图式认知模型、命题认知模型、隐喻认知模型和转喻认知模型。其中命题认知模型又可细分为命题、情境或脚本、特征集、分类树和辐射范畴等多种类型，如图 3.5 所示。这些认知模型描述了思维中概念的组织方式。认知模型是对一系列认知经验的抽象，并非对某一特定经验的反映。

值得说明的是，概念系统中只包括概念，并不包含语言成分，在这一意义上，可以说概念系统自身与语言无关。但这并不意味着概念系统的形成与语言无关，例如，萨丕尔—沃尔夫假设（Sapir-Whorf hypothesis）认为语言的结构影响人们的世界观和认知，对于双母语者而言，两种语言系统的结构化区别与非语言的认知区别是平行的（Kay and Kempton, 1984）。

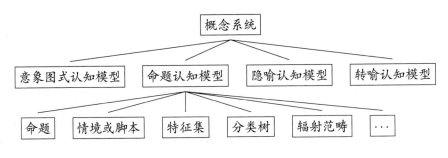

图 3.5　概念系统中的认知模型分类

概念系统的整体结构如图 3.6 所示。从图上可以看出，概念系统包括两个层次的概念：（1）直接来源于人类认知经验的概念，即基本层次概念和意象图式概念；（2）不直接来源于人类经验的其他概念。人类利用隐喻和转喻机制，通过第（1）类概念来理解第（2）类概念。由于隐喻和转喻的基本结构来源于人类经验中的意象图式，而这些意象图式直接来源于人类认知经验，因此，第（2）类概念间接来源于人类认知经验。

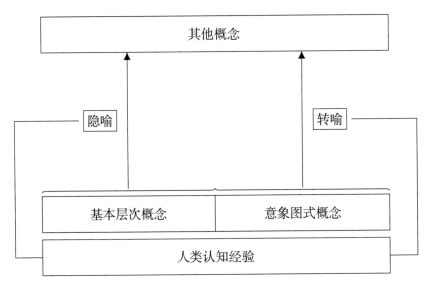

图 3.6　概念系统整体结构

概念系统的个体性与公共性

概念系统来源于人类的认知经验，经验的产生与人类所生活的环境是密不可分的。由于每个人所生活的环境不尽相同，因此，概念系统具有个体性，换言之，不同的认知主体会有不同的概念系统。概念系统的个体性可以很好地解释为什么在沟通中常常会产生误解或者冲突。误解的产生很多时候是由于人们对同一概念的认知不同，这种认知的不同往往来自文化、习俗和生活环境的差异。例如：关于餐馆就餐的概念，在欧美国家，一般需要给小费，而在中国则一般没有这样的要求；对于公平、正义、自由、民主等这类抽象概念，由于不同文化背景下的人对这些概念的内涵有着不同认知，容易导致分歧和冲突的产生。

概念系统同时具有公共性，换言之，人类的概念系统具有高度的一致性。这种公共性来源于两个方面，一方面人类面对的是同一个世界，而且世界的客观规律在任何地方都是适用的；另一方面人类有着相同的感知觉器官，人类在面对世界时会产生相同或相似的心理表示，这保证了人类具有相同认知基础。由于基本层次概念和意象图式概念直接来源于人类经验，因此，人们对这两类概念的认知一般而言并不受语言、文化等因素的影响。与此同时，对于非直接来源于人类经验的概念的理解依赖于隐喻和转喻机制，而隐喻和转喻的基本结构来源于人类思维中的意象图式结构，因此，这也保证了人们对于非直接来源于人类经验的概念的理解具有一致性。概念系统的公共性保证了现实中的沟通的可能性。

从另一角度来看，概念结构的公共性源自人类的先天结构，个体性源自后天填充的内容不同。换言之，虽然不同人的概念系统内容可能不同，但是组织形式或结构是一致的。以分类模型为例，不同地区的人可能会由于其生活环境的不同，从而对某一具体领域的概念有不同的认知，但是分类模型的结构是一样的。从抽象角度看，概念被分为很多层次，不同层次间的概念具有上下位关系，一般而言是一种树状结构。同时，在这些分类模型上都存在一个基本层次，处于该层次上的概念比其他概念具有更强的认知显著性（Murphy, 2004: 199–242）。

除了个体性和公共性之外，概念系统还具有群体性。例如：对于渔民这一群体而言，各种各样的鱼的概念，如鲤鱼、鲶鱼、鲫鱼等可能都属于基本层次概念；而对于普通人而言，常常很难区分它们，因此，这些概念并不属于基本层次概念。一般而言，如果两个人所处的语言、文化、社会，以及生活环境越相似，那么他们的概念系统的一致性就越高。

人类借由概念系统中的认知模型来理解语言并产生概念表示，而认知模型的形成受所处环境的影响。因此，不同的人对于同一类场景可能形成不同的认知模型。由于本书研究的对象是具体场景下的自然语言表达式，这些表达式属于同一种语言，因此，本书预设：处于同一语言文化条件的人对同一类场景，具有相对一致的认知模型，由此来保证概念表示的一致性。按照原型论的观点，有些场景属于典型场景，处于整个范畴的中心位置，同时也有些非典型场景，处于范畴的边缘位置。关于场景的认知模型多半是源自人类对于典型场景的认知，因此，在分析场景对应的认知模型时，主要分析处于中心位置的那些典型场景。

3.2.4　符号模型假设

由于概念系统中并不包含任何的语言要素，要使用语言编码概念表示，就需要建立概念表示和语言之间的关系。在基本层次上，原子概念对应着语言中的词汇。一般而言，事物概念和动作概念分别由名词和动词来表达，例如，概念猫使用单词"猫"或"cat"来表达，概念跑使用单词"跑"或"run"来表达。在更复杂的层次上，要将概念表示中概念间的组合关系用语言表达出来，需要一套语法规则将词汇组织成合语法的句子。

Lakoff（1987: 289）认为生成语法理论在解释大部分语法现象时是失败的，并且提出了一种符号理想认知模型（symbolic ICM，简称"符号模型"）来将语言形式模型与概念系统联系起来。Lakoff（1987: 467）的最终目标是将语法结构理论置于有关符号模型的总体理论之中。Lakoff 大致描述了认知模型在词项、语法范畴和语法结构特征描述中所起的作用，并使用 There-构式实例，对符号模型进行了大致解释，但对于语言形式模型和概念系统是如何具体联系的并未给出详细说明。

　　本书利用认知语法理论，来构建语言形式模型和概念系统间的联系。认知语法是一种基于用法（usage-based）的语法，即语法的基本单元来自语言的具体使用。与传统语言学的研究不同，认知语法预设了认知语义的存在，而且认知语法是基于认知语义构建的。认知语法理论主要分为两类：Langacker 的认知语法理论和构式语法理论，前者主要关注人类语言组织背后的认知机制与认知原则，以及使用这些认知机制和原则来解释语言的语法属性；后者主要关注语言的基本语法构式单元以及构式单元间的组合关系（V. Evans and Green, 2006: 48–49）。

　　Langacker（1987a: 132–137）认为语法基本单元的确定来自抽象化（abstraction）和图式化（schematization）的过程。抽象化是指从具体的语言实例中抽象出一般性的模式，图式化是一种特殊的抽象化，其模式被表示为图式（schemas）。例如：可以从"apples""buds""singers"等英语复数名词中抽象出构式图式 3.1；可以从"我吃了一个苹果""我打了小明""小狗咬了小刚"等语言表达式中，抽象出构式图式 3.2；同样地，也可以从"张三置办了一些家具""李四买了一盒巧克力""王五买下了一座无人岛"等语言表达式中，抽象出构式图式 3.3。这样的构式图式作为语言知识存储在人类的思维中。

$$[_{THING}[\textbf{THING}/...][\textbf{PLURAL}/-s]] \tag{3.1}$$

$$[_{施事}主语/\text{NP}]-[_{事件}谓语/\text{VP}]-[_{受事}宾语/\text{NP}] \tag{3.2}$$

$$[_{买方}主语/\text{NP}]-[_{买}谓语/\text{VP}]-[_{商品}宾语/\text{NP}] \tag{3.3}$$

　　本书借用 Lakoff 的符号模型思想和认知语法的相关理论，提出了具体的符号模型假设。符号模型将语言形式模型和认知模型联系起来，其中语言形式模型包括构式和构式图式[①]；认知模型包括了概念组织的相关信息。图 3.7 是符号模型的局部示例，展示了概念与基本构式单元[②]（basic con-

---

　　① 关于构式和构式图式的介绍详见第 2.3 节。

　　② 基本构式单元指的是不可拆分的最小单位，其既可以是单词，也可以是词组。对于词组而言，有些词组的意义可以通过其中单词的意义组合起来，而有些则不能。例如：对于词组"单身未婚青年"而言，将"单身""未婚""青年"的意义组合起来可以得出此词组的完整意义。而对于"儿童医院""木头房子""故事情节"所表达的意义则不能，这三个词组内部具有不同类型的组合关系。"儿童"和"医院"

struction unit，BCU）、认知模型与构式图式间的对应关系。由于概念处于各种各样的认知模型中，因此，可以借由认知模型去理解构式的意义；同时构式属于特定的语法范畴或处于特定的构式图式中，这使得概念的表达受语法规则的限制。

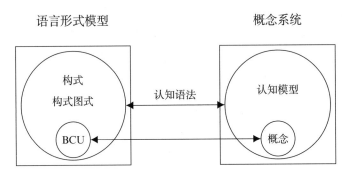

图 3.7　符号模型局部示例

与概念系统不同，符号模型是语言相关的，即不同的语言形式模型对应不同类型的符号模型。例如：如果一个人掌握汉语、英语、德语三门语言，那么在他的思维中存在着三种不同类型的符号模型。除自然语言之外，如果一个人掌握了诸如逻辑语言或编程语言这样的人工语言（artificial language），那么在他的思维中同样会形成关于人工语言的符号模型。

3.3　人类语言生成和理解模型

基于以上四种理论假设，即心理意象假设、概念层次假设、概念系统假设以及符号模型假设，我们提出了一种基于概念系统的语言生成和理解模型（a model of language generation and comprehension based on conceptual

---

（接上页）间是一种"服务对象—实体"关系；"木头"和"房子"间是一种"材料—实体"关系；"故事"和"情节"间是一种"整体—部分"关系。（詹卫东，2000）这些不可拆分的词组都是基本构式单元。

system, 简称 "LGCCS 模型")①, 如图 3.8 所示②。从整体上看, 此模型包括世界、心灵和语言三个部分, 这三者构成一个三角关系。首先, 认知主体通过身心认知, 形成关于世界中对象的范畴和概念, 心灵和世界之间是一种认知关系; 其次, 语言用于表示心灵中的概念, 语言和心灵之间是一种表示关系; 再次, 语言指称世界中的事物或事态, 语言与世界之间也是一种表示关系。整个模型分为五个阶段:(1)场景感知: 场景 ⟹ 感知表示;(2)概念化: 感知表示 ⟹ 概念表示;(3)自然语言生成: 概念表示⟹ 自然语言;(4)自然语言理解: 自然语言 ⟹ 概念表示;(5)意象化: 概念表示⟹ 心理意象。

场景感知 Henderson and Hollingworth (1999)将场景(scene)定义为关于真实环境的语义融贯的人类尺度的景象(human-scaled view), 场景中包括背景元素和以空间许可方式排布的多个离散物体。当人们面对世界中的场景时, 首先通过感知觉器官获得场景中的信息, 并在心灵中形成一种感知表示。这种日常经验也得到了神经科学家的证实, 例如, 神经科学家 Epstein and Kanwisher (1998)通过实验发现, 大脑旁海马皮层(parahippocampal cortex)的一个区域在感知局部视觉环境中起着重要作用。

真实世界的场景感知涉及对于视觉输入的感知和认知处理过程。神经科学家将人类视觉处理过程划分为三个层次: 低层次视觉处理、中间层次视觉处理和高层次视觉处理(Henderson, 2005)。低层次视觉处理主要涉及深度、颜色、质地等物理属性的抽取; 中间层次视觉处理主要涉及空间关系和形状等信息的抽取, 这一层次的研究通常不涉及意义; 高层次视觉处理主要涉及从视觉表示到意义表示的映射以及感知和认知互动的过程和表示, 还包括信息的主动获取、视觉信息的短时记忆以及对象和场景的识别。按照这一划分, 图 3.8 中所展示的场景感知过程主要涉及低层次和中间层次的视觉处理, 而高层次视觉处理发生在概念化的过程中, 即从感知表

---

① 尽管此模型是基于四种理论假设构建的, 但在这四种假设中, 概念系统假设起着核心作用, 因此, 将其命名为基于概念系统的语言生成和理解模型。

② 图 3.8 将自然语言的生成与理解分为两个截然不同的过程, 但这并不意味着二者间没有关系。有诸多的研究证据表明, 语言的生成和理解过程是交织在一起的, 即语言生成过程有语言理解系统的参与, 语言理解过程中有语言生成系统的参与(Pickering and Garrod, 2013)。

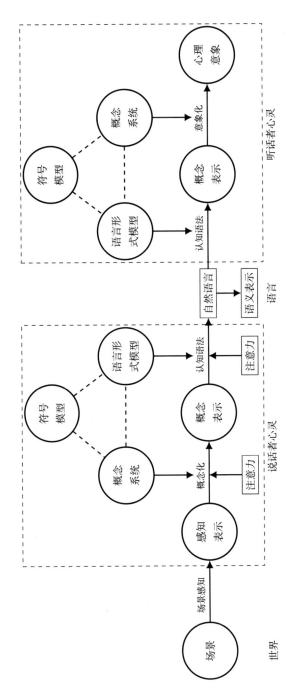

图 3.8   基于概念系统的人类语言生成和理解模型

示到概念表示的过程。

图 3.9 展示了一个圣诞市场的场景，当人们处于圣诞市场中时，通过视觉器官会产生关于圣诞场景的感知表示。从现象上看，视觉系统似乎在心理中构造了一个关于这个场景的完全的、真实的表示，类似于图 3.9 所示的高分辨率的全彩色照片。

图 3.9　商业场景示例[①]

概念化　对于场景感知的概念化包括两个层面，一是场景整体的概念化，即确定场景整体的主旨（gist）；二是场景中具体要素的概念化。对于场景主旨的识别有两种基本观点：一种观点认为场景是通过一个和多个关键对象（或者他们之间的关系）来识别的（A. Friedman, 1979; De Graef et al., 1990）；另一种观点认为场景是通过场景的全局信息来识别的，而非通过场景中局部对象的信息来识别（Biederman, 1981; Schyns and Oliva, 1994）。当前大部分的研究都支持后一种观点，例如，Schyns and Oliva（1994）认为在一些快速识别任务中，场景的识别与单个对象的识别速度几乎是一样的，由此，他们推断场景识别是通过场景的大型结构实现的，这些结构中并不包含关于具体对象的信息。例如：面对图 3.9 所示的场景，人们可以依据场景整体的结构特征，将其识别为"市场场景"或者"商业场景"。场景

[①] 此图来源于网络，已获得作者授权。

的主旨信息为具体对象的识别提供了一种背景信息。

　　当人们将注意力集中在场景的某个局部时，会对场景的局部信息进行概念化，从而形成关于这些信息的概念表示。认知心理学家 Posner and Petersen（1990）通过实验证实了人类大脑中存在注意力系统（attention system），这种注意力系统独立于数据处理系统而存在。一些研究者还对引起注意的对象进行了研究，例如，Corbetta and Shulman（2002）提出了两类引起注意的因素：目标导向因素（goal-directed factors）和刺激驱动因素（stimulus-driven factors）。前者是一种内源性控制（endogenous control）；后者是一种外源性控制（exogenous control）（Anderson, 2015: 54），例如，当人们在房间内搜寻某个东西时，注意力主要集中在要搜寻之物，这属于目标导向的因素；当一个人在房间内思考问题时，一只老鼠从面前疾驰而过，他的目光会不自觉地为这只老鼠所吸引，这属于刺激驱动因素。Tomlin（1997: 172）将注意力机制视为一个缩减或限制整体输入的过程。如图 3.10 所示，当人们在市场中发现了一个熟人张三，人们便会将注意力集中在这一局部场景上。

图 3.10　注意力示例

　　概念化指是指将感知表示转换为概念表示的过程。当人们看到如图 3.9 所示的场景时，首先会形成对于场景整体的概念化，即此场景的感知表示会激活市场或商品交易概念。对图 3.10 所示的局部场景，经过概念化的过程，场景中张三的感知表示会激活思维中所对应的概念张三，圣诞红酒（glühwein）灯牌的感知表示会激活圣诞红酒概念。

如图 3.8 所示，概念系统参与到概念化的过程中。概念系统主要有两个作用，一是参与场景整体的概念化，为场景提供整体的概念表示框架；二是参与场景元素概念化的过程，将场景感知表示中的元素对应到相应的概念上。场景的整体表示激活市场或商品交易概念后，会激活概念系统中的商业场景框架认知模型，如图 3.11 所示。此模型是通过对一系列商品交易经验归纳总结所形成的一种抽象认知。面对图 3.10 所示的局部场景，人们并没有具体观察到"买"或"卖"的动作，但是根据商业场景框架认知模型，人们可以推测出张三作为买方在购买圣诞红酒，并且花费了金钱，卖方卖出了圣诞红酒，并且收入了金钱。由此，便得到了关于场景局部信息的一种概念表示，如图 3.12 所示。

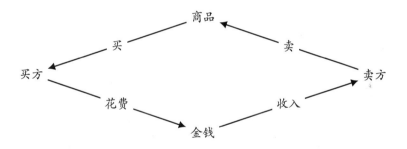

图 3.11　商业场景框架认知模型

值得注意的是，概念系统中的认知模型帮助人们形成关于该场景的完整概念表示，因此，当使用不同的认知模型对这一场景进行识解时，会形成不同的概念表示。此处借助商业场景框架认知模型，张三被识解为买方，圣诞红酒被识解为商品，便形成了图 3.12 所示的概念表示。然而，如果使用事件框架认知模型对该场景进行识解，张三会被识解为施事，圣诞红酒被识解为受事。

自然语言生成　自然语言生成是指将概念表示编码为语言表达式的过程。由于概念表示处于概念层次，不包含任何的语言成分，因此，要使用语

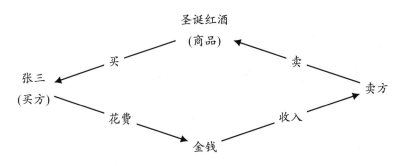

图 3.12　商业场景的概念表示

言对概念表示进行编码，需要建立语言和概念表示之间的联系。如图 3.8 所示，概念系统、语言形式模型以及符号模型都参与到自然语言的生成过程，其中符号模型将语言形式模型与概念系统联系起来。

符号模型中包括两种类型的对应关系：概念和基本构式单元的对应关系、认知模型和构式图式的对应关系。首先利用前者将概念和基本构式单元联系起来，然后再利用后者将基本构式单元组合起来生成自然语言表达式。基本构式单元的组合遵循相应的语法规则。认知语法从人类认知的角度去解释语言的语法属性，并提出了一些关于语言组合的语法限制规则。严格来讲，认知语法属于符号模型的一部分①，图 3.8 将认知语法从符号模型中单独抽离出来，以突出其在自然语言生成和理解过程中的重要作用。

Talmy（2000a）将注意力机制引入认知语言学中，提出了注意力视窗（window of attention）理论。Talmy 认为注意力是发生在事件框架上的，事件框架包括场景中的主要参与要素及关系，注意力的不同决定了表达方式的不同。注意力机制同时决定了对概念表示描述的范围，注意力相当于 Fillmore（1976）在框架语义学中所使用的视角（perspective）。对于由商业场景框架认知模型形成的概念表示而言，如果注意力集中在买方和商品上，那么形成的表述会是"张三在买圣诞红酒"；如果注意力集中在买方和金钱上，便会形成"张三付出了金钱"这样的表述；如果将注意力同时集中在卖方、买方和商品上，便会形成"有人卖给了张三圣诞红酒"这样的表述。

---

① Lakoff（1987: 467）使用符号模型来解释语法构式。

确定了要编码的概念表示的范围之后，首先运用符号模型将概念和基本构式单元联系起来，然后将基本构式单元按照一定的语法规则和构式图式组织成自然语言语句。对于如图 3.12 所示的概念表示，当要表达包含张三和圣诞红酒的概念表示时，首先，利用符号模型将概念对应到相应的构式上，即将概念张三、买、圣诞红酒对应到语词构式"张三""买""圣诞红酒"。然后，利用认知模型和构式图式间的对应关系，将这些构式组织成一个表达式。例如：商业场景框架认知模型和构式图式 3.4 间存在对应关系，由此构式图式便可生成句子表达式"张三在买圣诞红酒"①。由于在符号模型中，同一认知模型可能对应多种不同的构式图式，因此，对于同一个概念表示，可以产生有多种不同类型的表达方式。例如：根据商业场景框架认知模型和构式图式 3.5 的对应关系，可以生成"圣诞红酒被张三买了"这样的表达式。

$$[_{买方}主语/NP] - [_{买}谓语/VP] - [_{商品}宾语/NP] \tag{3.4}$$

$$[_{商品}主语/NP] - [\ 助动词/"被"] - [_{买方}补语/NP] - [_{买}谓语/VP] \tag{3.5}$$

认知模型和构式图式间是一种一对多的关系，构式图式的选择涉及主语和宾语的选择问题。Langacker（1987b: 331）认为主语和宾语的选择与凸显（profile）关系有特定的关联。他使用射体（trajector）和界标（landmark）概念来解释主语和宾语的区分，射体和界标分别对应于图形和背景②。射体是关系结构中凸显的部分，界标是关系结构中次凸显的部分。一般而言，在心理上具有较大的凸显性的成分，更有可能成为句子的语法主语（王寅，2011: 444）。在上述实例中，张三更具凸显性，因而选择构式图式 3.4 来生成自然语言表达式。

---

① 值得注意的是，构式图式中并未包含时态词"在"，按照构式图式生成的表达式应为"张三买圣诞红酒"，构式图式中的每个成分都是实义词。Chomsky（1957）在对助动词的描写中指出，时态是唯一被标定为必须出现的成分。由构式图式生成的表达式可以视为原句，是不含时态信息的。在汉语中一般使用"正在""在""着"等助词来表达现在进行时，使用"了"表达过去时。当在原句中加入时态信息后，便形成完整的自然语言表达式，例如，"张三在买圣诞红酒""张三买了圣诞红酒"。本书仅关注原句的生成过程，忽略时体（tense & aspect）相关信息。

② Talmy 于 20 世纪 70 年代首先将丹麦心理学家 Rubin 和完型心理学所建立的"图形—背景观"引入认知语言学研究中，为语言的体验性分析提供了一个新视角（王寅，2011: 419），图形和背景的区别详见第 2.5.2 节。

自然语言理解　与自然语言生成的过程相反，自然语言理解是指将自然语言表达式识解为概念表示的过程。识解过程同样用到了概念系统、语言形式模型以及符号模型。值得注意的是，符号模型并不包括概念系统和语言形式模型，而仅仅是建立二者的联系，图 3.8 使用虚线将三者联系起来。当人们听到一个句子时，首先利用符号模型，将表达式中的基本构式单元对应到概念上；然后再通过概念激活相应的认知模型，以形成关于整个表达式的概念表示的框架；最后再利用符号模型构建概念和框架元素间的对应，形成完整的概念表示。

从形式上看，汉语语句是一种线性结构，句子成分间没有分隔符。因此，一个完全不懂汉语的人是无法正确地将句子划分为语义独立的多个部分。懂汉语的人之所以能够正确划分，是因为他们具有汉语的语言知识，这些语言知识存储在语言形式模型中。语言形式模型包括基本构式单元、构式以及构式图式，句子构式和基本构式单元之间是一种整体—部分关系。基本构式单元在分析句子结构时起重要作用。例如："张三""买""圣诞红酒"是存储在语言形式模型中的基本构式单元，因此，"张三在买圣诞红酒"会被自动识解为四个部分："张三""在""买""圣诞红酒"。

确定了基本构式单元后，首先利用符号模型将基本构式单元和概念联系起来，然后再利用与概念相关的认知模型确定概念表示的整体框架。例如：符号模型将基本构式单元"买"和概念买联系起来，概念买进一步激活概念系统中的商业场景框架认知模型，由此产生整个概念表示的框架。值得注意的是，同一个自然语言语句可能激活不同类型的认知模型。例如：当将买视为一个事件时，有可能会激活事件框架认知模型，由此也会产生不同的概念表示。

确定了概念表示的整体框架之后，最后一步是要生成完整的概念表示。由于认知模型和构式图式具有对应关系，而概念表示是借助认知模型产生的，因此，概念表示和构式图式间也存在对应关系。在自然语言生成过程中，句子是借助构式图式生成的，例如，"张三在买圣诞红酒"是借助构式图式 3.4 的生成的。理解的过程与此相反，是通过构式实例去确定其构式图式。由于构式图式中既包括语法信息，又包括语义信息，还包括二者的对应关系，因此，确定了构式图式后，便得到了完整的概念表示。例如：利用构式图式 3.4，便能自动地将"张三"识别为买方，"圣诞红酒"识别为商品。

值得说明的是，虽然上文使用框架认知模型举例说明了自然语言的生成和理解过程，但框架认知模型仅仅是认知模型中的一种，其他类型的认知模型也可能参与其中①。例如：脚本模型是对某种特殊情境下的事件序列的结构化表示（Schank and Abelson, 1975），张三购买圣诞红酒的场景可能会激活市场购物的脚本模型。此模型描述了整个购物流程的一系列事件，如确定购买的商品—支付—取得购买的商品—离开。

意象化　从概念表示到心理意象的转换过程称为意象化过程，又可称为"意象生成过程"。意象生成是利用所存储的关于对象或场景的长时记忆知识来生成一个短时的、类似感知的意象（Farah, 1995）。认知科学家通过实验发现，儿童在 4 岁时开始具备基本的意象生成和保持能力，并且在 4 岁到 8 岁间，这种能力有显著提升（Wimmer et al., 2015）。Kosslyn et al.（1985）通过对两名先前接受过胼胝体手术切除的患者进行实验，发现左右大脑半球在执行各种图像任务时，呈现出功能上的不同。左半球可以检查意象模式，并可生成由单个或多个部分组成的意象；而右半球在生成由多个部分组成的意象时存在困难。Biggins et al.（1990）通过实验发现，并无证据表明大脑左右半球在意象生成过程中有不同。Tippett（1992）和 Farah（1995）通过综述前人研究，认为依据意象的种类、任务和被试的不同，多数实验支持意象生成能力只和大脑左半球有关或者和左右半球都相关。

认知科学家提出了一些理论来解释心理意象的形成过程，主要有双码理论（dual-code theory）、命题理论（propositional theory）以及功能等价理论（functional equivalency theory）。双码理论认为人类运用两种不同类型的编码来表示信息：意象编码（image code）和言语编码（verbal code）。对于一些表达具体事物的单词（例如："猫""狗"），采用的是意象的表示方式；对于一些表达抽象概念的单词（例如："公平""公正"），采用的是言语编码方式（Paivio, 1971）。命题理论认为意象是使用通用命题编码来

_____

① 其他类型的认知模型详见第 3.2.3 节。

存储的，命题编码存储的是概念的意义，而非意象本身，这种命题编码方式可以被转换为心理意象（Pylyshyn, 1973）。功能等价理论认为心理意象作为一种内在表示，其工作方式和通过感知获得表示是一样的，例如，人们读到"猫"这个词的时候，就会产生猫的心理意象，这种心理意象和看见一只具体的猫是一样的（Eysenck and Brysbaert, 2018）。

本书假设大脑中有两种信息编码方式：意象编码和命题编码。命题是由概念组成，是一种概念化的表示，心理意象是由概念表示生成。例如：人们在听到"张三在买圣诞红酒"这句话时，会形成张三—买方、买—事件、圣诞红酒—商品这样的概念表示，其中的每个概念会激活其对应的意象，这些意象表示组合在一起，就形成了概念表示所对应的整体意象。

在人工智能领域，一些研究者尝试将文本自动地转换为一种 3D 模型，这一研究也被称为"文景转换"（text-to-scene）。文景转换可以视为对人类意象化过程的模拟。比较典型的系统是 WordsEye 系统，该系统能将空间表达式自动地转换为一种 3D 模型表示①（Coyne and Sproat, 2001），其实现过程可以视为"自然语言—概念表示—意象表示"的转换过程。

LGCCS 模型是基于认知科学相关理论构造的一种理论模型。与语言学家、心理学家、神经科学家的目标不同，我们的目标是提出一种理论模型来指导人工智能系统的设计。此模型的构建一方面参考了人类语言认知的相关研究，使其具有认知上的合理性；另一方面，也同时兼顾了人工智能实践的需求，使其具有实践上的可行性。

3.4　认知语义表示与概念表示

当人类面对世界中的场景时，会通过感知觉器官形成关于世界的直接经验，这些经验经过概念化形成概念表示；而语义表示是自然语言的意义，

---

① https://www.wordseye.com/

同样是人类思维中的一种表示，如图 3.13 所示。因此，一个自然的问题便是语义表示和概念表示的关系是什么，本节将就此问题进行进一步的探讨。

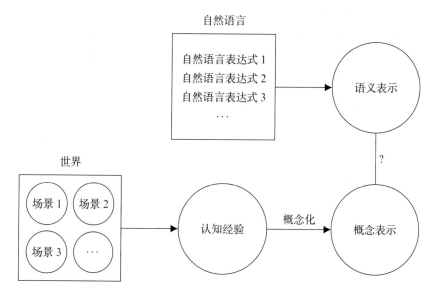

图 3.13　语义表示与人类认知

Levinson（1997）对这一问题的相关研究进行了梳理总结，并将前人的观点分为两类：（1）A-理论：没有必要对二者进行区分，代表人物是 Langacker、Jackendoff、Fodor 等[①]；（2）B-理论：需要对二者做出区分，代表人物是 Sperber、Wilson、Atlas、Barwise、Miller 等。从这种划分可以看出，认知语言学家一般认为没必要区分二者，而一些传统的语言学家认为应该对二者进行区分。认知语言学家认为语义表示和概念表示是同等类型的表示。当然，这并不意味着他们认为二者是完全等同的，例如，Jackendoff（1983: 19）认为语义表示是概念表示的一个子集，但二者是同一层次上的表示。持有 B-理论的语言学家一般认为语义表示和概念表示存在于不同层次上。

造成这种不同的一个重要原因是传统语言学的研究将语义（semantics）

[①] Lakoff 并未对语义表示和概念表示关系给出明确的表述，但是从其论述来看，他并未区分二者。他认为认知语义的目标是要对人类的推理机制给出一种充分的解释，且认知语义的构建需要用到意象图式、隐喻、转喻等认知模型，这些认知模型都处于概念层次，是由概念组成的。

和语用（pragmatics）作了区分，这种区分使得语义表示中不包括语用的部分，而概念表示包括语用部分。认知语义学家并不接受这种划分，认为认知语义表示中包括传统语义研究中的语义部分和语用部分，因此和概念表示是等同的（Levinson, 1997）。

假定承认语义与语用的区分，按照语用原则，人们所说的要少于所想的。例如：当人们说"小明今年的年终奖不到十万元"时，所想的可能是"小明今年的年终奖不到十万元，但要大于五万元"。按照纯语义的分析，"小明今年的年终奖不到十万元"语义蕴含"小明今年的年终奖可能是三千五百元"，按照格莱斯的合作原则中的足量原则（Grice, 1975），"小明今年的年终奖不到十万元"并不蕴含"小明今年的年终奖可能是三千五百元"。由此可以看出，当引入语用信息时，原来的语义表示则可能发生改变。语义表示追求的是一种一般性的概念表示，而概念表示是包含了语境、语用等更为丰富的信息。因此，语义表示并不是概念表示的一个子集，甚至二者不在同一个层次上。

本书所采用的是认知语义表示，因此，预设了认知语义表示和概念表示处于同一层次。同时，将认知语义表示视为概念表示的一个子集。按照这一预设，语言的语义分析和人类认知的分析统一起来，如图 3.14 所示。图 3.8 中包含了两个概念表示：说话者的概念表示和听话者的概念表示，下面来分析这两种概念表示和认知语义表示间的异同。

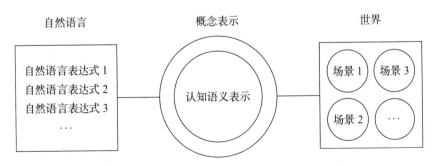

图 3.14　语义表示与概念表示

说话者思维中的概念表示　如果说话者是通过场景认知产生的概念表

示，然而概念的产生源自人类的范畴化和概念化能力，并不需要语言的参与。例如：当某人第一次闻到一种特殊的气味时，会形成这种味道的概念，但语言中可能没有具体的语词来表达它。因此，当他使用语言来描述这一事件时，他只会说"我闻到了一种特殊的气味"，通过这句话，听话者无法准确地还原出说话者思维中的概念表示。因此，这句话的语义表示是说话者思维中概念表示的子集。

Murphy（2004: 1）认为概念作为一种心理胶粘剂（mental glue）将我们过去的经验和当前与世界的互动连接起来，当我们遇到范畴中新的个体时，概念可以帮助我们对这一新的实体做出快速理解和反应。在上述实例中，这种特殊气味起到了心理胶黏剂的作用，即当说话者第二次闻到这种气味时，能够记得曾经闻到过。因此，按照这一定义，这种特殊气味在说话者的思维中形成了概念。除了上述实例外，对于情感概念的描述也常会出现词不达意的情况，在这种情况下认知语义表示也只是说话者思维中概念表示的一个子集。

听话者思维中的概念表示　如图 3.8 所示，人们使用符号模型来对自然语言进行识解，符号模型将语言和概念系统联系起来。例如：当使用商业场景框架认知模型来识解"张三在买圣诞红酒"这句话时，句中的"张三"被识解为买方，"买"被识解为事件，"圣诞红酒"被识解为商品。此时，在思维中所形成的概念表示是一个完整的框架表示，即除了上述三种框架元素外，还有卖方和金钱等框架元素，只是这些框架元素对应的值为空。因此，如果预设认知语义表示中包括了所有的框架元素，那么认知语义表示等同于概念表示；如果预设认知语义表示只包括出现在语言中的框架元素，那么认知语义表示便是概念表示的一个子集。

3.5　人类自然语言形式化思维过程模型

与单向交流场景不同，形式化的过程是在同一个主体的思维内完成的。总体上，人类形式化的思维过程可以分为自然语言理解和形式语言生成两个步骤，如图 3.15 所示。值得注意的是，自然语言理解和形式语言生成过程都用到了符号模型，但这两个符号模型是不同的，符号模型 1 中的语言形式模型是自然语言的模型，而符号模型 2 中的语言形式模型是形式语言的模型。对人类形式化思维过程的完整刻画需要回答以下三个问题：（1）认知语义如何表示；（2）人类如何将自然语言识解为认知语义表示；（3）人类如何使用形式语言来表达认知语义。本节基于 LGCCS 模型对以上问题做出回答，并以此作为设计形式化系统的理论基础。

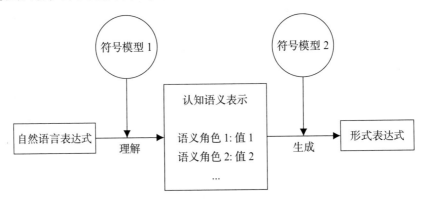

图 3.15　人类自然语言形式化思维过程模型

3.5.1　认知语义表示

　　认知语义研究和传统语义研究的不同在于，认知语义研究以一种系统化的方式将语义研究与认知范畴和认知过程联系起来（Talmy, 2000a: 3–4）。认知语义表示相较于传统语义表示的优势在于其更强的适用性和灵活性。如第 3.4 节所述，本书假设认知语义表示是概念表示的一个子集。然而，概念表示是借助概念系统中的认知模型产生的。因此，要为具体场景下的形式化任务构建一种认知语义表示，本质上是构建关于该场景的认知模型。

　　认知模型的产生源自人类对一系列相同或相似场景经验的加工，因此，认知模型的构建实际上是对场景元素进行范畴化的过程。以情感经验场景为例，通过对于情感经验场景的直观分析，一个情感经验框架认知模型应该包括一个主体在何种情况下，因何事产生了何种程度的何种情感。这一过程实际上是对情感经验场景元素进行范畴化的过程，经过范畴化的过程便可以确定如下的语义角色①：内容（content）、经验者（experiencer）、事件（event）、主题（topic）、环境（circumstance）、程度（degree）、解释（explanation）等。

在人类的概念系统中，存储着不同类型和不同抽象层次的认知模型。当采用不同的认知模型对一个事件描述进行识解时，会得到不同的认知语义表示。例如：对于一个描述空间运动事件的语句，当使用事件框架认知模型来识解空间运动事件语句时，可能会使用施事、事件、受事、位置等角色来表示这一语句的语义。当使用运动事件框架认知模型对其进行识解时，可能会使用运动的对象、参照物、运动方式、初始位置、目标位置、轨迹、经过位置等角色来表示这一语句的语义。由此也可以看出，所使用的认知模型越具体，所得到的语义表示也就越能更好地表示句子的意义。

在众多类型的认知模型中，我们采用框架认知模型来作为形式化任务的语义表示方法②。一方面是由于框架认知模型可以精细地表示自然语言的意义，依据不同的场景，甚至依据同一场景的不同视角可以构建不同的框架；另一方面是由于框架表示是一种结构化的表示方式，可以很容易地构建起和形式语言间的对应关系。框架表示是一种二维的结构化表示，一个维度是语义角色；另一个维度是语义角色对应的值。这些语义角色间并非独立的，而是相互关联的，这些语义角色组织在一起称为一个框架，如图 3.16 所示。

$$
\begin{bmatrix}
语义角色1: & 值1 \\
语义角色2: & 值2 \\
语义角色3: & 值3 \\
\cdots
\end{bmatrix}
$$

图 3.16　框架认知模型

---

① https://framenet.icsi.berkeley.edu/fndrupal/luIndex.

② 框架认知模型的介绍详见第 2.2 节。

3.5.2　自然语言理解模型

在人工智能领域，狭义上的自然语言理解是指将自然语言文本转换为形式语义表示的过程（Roukos, 2008）[①]。基于 LGCCS 模型，我们构建了一种基于认知的自然语言理解模型（a natural language understanding model based on cognition, 简称 "CogNLU 模型"），如图 3.17 所示。该模型刻画了人类的语言理解过程，其中用到了语言形式模型、概念系统以及符号模型，图中的构式库属于语言形式模型。

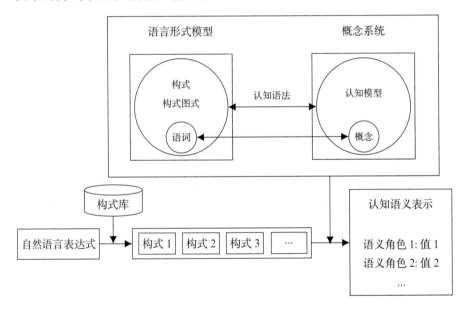

图 3.17　自然语言理解模型

语言形式模型中存储着各种各样的基本构式，包括词汇、词组、习语、命名实体、固定搭配等，这些构式使得人可以将自然语言语句划分为多个基本构式单元。我们将语言形式模型中存储构式的部分称为 "构式库"，其中不仅包括基本构式单元，还包括词构式、词组构式、句子构式等。如图 3.17 所示，当对自然语言表达式进行识解时，首先利用构式库确定语言表达式中

[①] 广义上的自然语言理解研究范围非常广泛，包括语音识别、词形变换、语法分析、语义分析、语用分析、语篇分析以及知识表示等（Allen, 1995）。

的基本构式单元，并将其作为整个句子构式的基本单位。

确定了基本构式单元后，借助符号模型可以确定基本构式单元所对应的语义角色。符号模型建立了语言形式模型和概念系统间的联系，其中包括认知模型和构式、构式图式间的对应关系。由于认知语义表示是借助认知模型产生的，且构式图式包括语义角色和语法成分间的对应关系，由此便可以直接确定基本构式单元对应的语义角色。例如："I move the box into the house"，"He poured water into the cup"，"John pass the ball to Mary"是三个致使位移构式，其对应的构式图式为 3.6①。一旦确定了句子所对应的构式图式，也便确定了各基本构式单元所对应的语义角色。

$$[_{施事} 主语/NP][_{位移事件} 谓语/VP][_{图形} 直接宾语/NP][_{路径} Prep][_{背景} NP] \quad (3.6)$$

确定语义角色的过程，实际上是将基本构式单元所表达的概念划分为不同语义范畴的过程。除框架认知模型外，这一过程还可以借助概念系统中其他类型的认知模型。如果语义角色是分类模型中的概念，则可以直接通过分类模型的上下位关系直接确定。例如：当对句子 "A history of lung disease other than asthma" 进行识解时，"lung disease" 和 "asthma" 首先会激活概念 *lung disease* 和 *asthma*，然后利用分类模型确定这两个概念属于疾病（disease）范畴。除此之外，有些语义角色的确定需要对概念进行更为细致的分析。例如：当对句子 "John ran out of the room" 进行识解时，利用符号模型中基本构式单元和概念的对应关系，介词 "out" 会激活意象图式概念OUT-图式②；然后通过对 OUT-图式概念的分析，可以推断 John 的起始位置是房间内部，目标位置是房间外部。

3.5.3 形式语言生成模型

基于 LGCCS 模型，我们构建了一种基于认知的形式语言生成模型（a formal language generation model based on cognition, 简称 "CogFLG 模型"），如图 3.18 所示。值得说明的是，图中的语言形式模型是指形式语言而非自

---

① 语义角色的解释详见第 2.5.2 节。

② OUT-图式的表示如图 2.12 所示。

然语言的形式模型。与自然语言的处理方式类似，本书将形式语言中的基本
逻辑符号、项和公式也都视为构式①。将认知语义表示转换为形式表达式的
过程，首先要确定语义角色或值所对应的形式语言中的基本构式单元；然
后按照一定的规则将基本构式单元组合成最终的形式表达式。

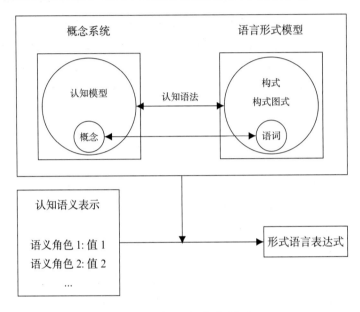

图 3.18　形式语言生成模型

　　在自然语言生成的过程中，句子生成是借助认知模型所对应的构式图
式实现的。与此类似，利用基本构式单元生成完整形式表达式的过程，也
是通过构式图式实现的。例如：对于句子"John loves Mary"，借助情感经
验框架认知模型可以生成如图 3.19 所示的认知语义表示。情感经验框架认
知模型对应两种类型的构式图式 3.7 和 3.9，这些构式图式存储在语言形式
模型中，构式图式和认知模型的对应关系存储在符号模型中。依据这两种
构式图式，可以分别生成形式表示 3.8 和 3.10。由此可以看出，对于同一个
认知语义表示，依据不同的构式图式可以生成不同类型的形式表达式。

$$[_{事件} 谓词] ([_{经验者} 个体常项], [_{内容} 个体常项]) \tag{3.7}$$

---

①形式语言的介绍参见第 2.1 节。

love(John, Mary)   (3.8)

$\exists e\big([_{事件}\ 谓词](e) \wedge \text{Experiencer}(e, [_{经验者}\ 个体常项]) \wedge$
$\text{Content}(e, [_{内容}\ 个体常项])\big)$ (3.9)

$\exists e(\text{love}(e) \wedge \text{Experiencer}(e, \text{John}) \wedge \text{Content}(e, \text{Mary}))$ (3.10)

$$\begin{bmatrix} 经验者: John \\ 事件: \quad love \\ 内容: \quad Mary \\ \cdots \end{bmatrix} \qquad\qquad \begin{bmatrix} 施事: John \\ 事件: love \\ 受事: Mary \\ \cdots \end{bmatrix}$$

图 3.19 情感经验框架示例   图 3.20 事件框架示例

当采用不同的认知模型对语言表达式进行识解时，会产生不同的认知语义表示。例如：分别采用情感经验框架认知模型和事件框架认知模型识解"John loves Mary"，会得到两种认知语义表示，如图 3.19 和图 3.20 所示。由于两种语义表示的语义角色是不同的，因此，如果将语义角色引入形式表达式中，会生成不同的表达式。例如：图 3.19 所示的认知语义表示，利用构式图式 3.7 会生成形式表达式 3.10；图 3.20 所示的认知语义表示，利用构式图式 3.11 则会生成形式表达式 3.12。

$\exists e\big([_{事件}\ 谓词](e) \wedge \text{Agent}(e, [_{施事}\ 个体常项]) \wedge$
$\text{Patient}(e, [_{受事}\ 个体常项])\big)$ (3.11)

$\exists e(\text{love}(e) \wedge \text{Agent}(e, \text{John}) \wedge \text{Patient}(e, \text{Mary}))$ (3.12)

$[_{事件}\ 谓词]\big([_{施事}\ 个体常项], [_{受事}\ 个体常项]\big)$ (3.13)

如果语义角色不出现在形式表达式中，不同的认知语义表示有可能得到相同的形式表达式。例如：图 3.19 和图 3.20 所示的认知语义表示，分别利用构式图式 3.7 和 3.13 会生成同一个形式表达式 3.8。尽管采用不同的认知语义表示可能得到相同的形式表达式，但是事件框架认知模型所覆盖的语言表达式更多，而情感经验框架对于事件的刻画更为精细。由此可以看出，认知语义表示在形式化的过程中起着重要作用，在选择时需要寻求覆盖范围和刻画精细程度间的平衡。

3.6 结语

从直观出发，人之所以能够将自然语言形式化为形式语言，一方面是由于人能够理解自然语言；另一方面是由于人能够使用形式语言来表达自然语言的语义。因此，本章通过探寻人类的语言生成和理解机制，构建了一种自然语言形式化过程的理论模型。基于此理论模型来构建形式化系统，可以使机器能够模拟人的形式化能力。

认知科学在过去几十年中取得了长足的发展，发展出了一大批的认知理论和模型。本章基于这些理论和模型，提出了四种理论假设：心理意象假设、概念层次假设、概念系统假设、符号模型假设。值得说明的是，尽管这四种假设有大量的理论和实验的支持，并且能够解释人类的日常直观，但其存在性并不具有逻辑上的必然性。

基于以上四种理论假设，我们提出了 LGCCS 模型来解释人类语言的生成和理解过程。此模型一方面参考了认知科学的相关研究，具有认知上的合理性；另一方面兼顾了人工智能的需求，具有实践上的可行性。基于 LGCCS 模型构建的自然语言理解模型 CogNLU 和形式语言生成模型 CogFLG，刻画了人类自然语言形式化的思维过程，可以用于指导形式化系统的设计。

LGCCS 模型分为五个步骤：场景感知、概念化、自然语言生成、自然语言理解以及意象化，除了自然语言生成和自然语言理解步骤外，其他三个步骤也都分别对应着人工智能的不同类型的任务。场景感知的过程中，人类利用感知觉器官感受外界的信息，要让机器具备此能力，需要具备图像识别、声音识别、气味识别、味觉识别、触觉识别等能力。随着深度学习技术的发展，机器逐步发展出了多种"感知觉能力"，特别是在图像识别和语音识别领域。

要达到类人智能的程度，还需要让机器能够模拟人的概念化和意象化的能力。概念化的过程包括范畴化的过程，范畴化的过程是将外界的对象归为一类的能力，概念化在此基础上能够形成范畴的内在表示。这种内在表示归纳概括了范畴内事物的基本特征，能够参与更高级的推理、决策、问题解决等认知活动。尽管现在机器已经能够实现自动聚类功能，能够将具有相同特征的事物自动归类，初步具备"范畴化能力"，但尚不具备"概念化能力"。让机器模拟意象化能力是让其能够依据概念表示还原出一种类似感知经验的表示，并且能够利用这种表示执行更高级的认知活动。2022 年 8 月 Stability AI 公司发布了稳定扩散（stable diffusion）模型，利用此模型可以将文本转成高质量的图片，机器似乎具备了某种"意象化能力"。

第 4 章

基于认知语义表示的自然语言形式化方法

本书的目标是提出一种相对通用的方法，可以将具体场景下的自然语言自动地翻译为形式语言。主体思路是通过让机器模拟人类形式化的思维过程，来实现自然语言的形式化。第 3 章基于 LGCCS 模型提出了自然语言理解模型 CogNLU 和形式语言生成模型 CogFLG，来刻画人类形式化的思维过程。本章将在此基础上，进一步构建自然语言自动形式化的具体实现方法。

4.1 引言

要基于逻辑方法构建人工智能系统来让机器模拟人类智能，那么机器必须具备将自然语言转换为形式语言的能力。因此，自然语言的自动形式化的需求主要来自逻辑方法在人工智能领域的应用。逻辑方法一方面应用于一些通用人工智能系统的构建，例如，常识推理系统、问答系统、通用问题解决系统等；另一方面应用于一些具体场景下的专家系统的构建，例如，封闭域问答系统、程序规范性验证系统、自动问诊系统等。不同类型和领域的人工智能系统对于自然语言自动形式化的需求是不同的，因此，本章的目标是提出一种相对通用的解决方案，能够解决不同类型的形式化任务。

当前大部分的语义表示方法都是浅层语义表示，即主要采用谓词—论元表示方法，DRS 表示方法和基于图的语义表示方法本质上也是采用的谓词—论元表示方法（参见第 1.3.8 节）。相较于浅层语义表示，深层语义表示意味着机器对于句子有更深层次的理解。直观上，一个人对于句子的理解程度越深入，那么他能正确翻译句子的可能性也就越高。因此，我们尝试构建一种基于深层语义表示的形式化方法。

深层语义表示要求机器达到类人的语言理解水平，因此，我们采用认知路径来让机器模拟人的形式化能力。第 3 章基于心理意象、概念层次、概念系统、符号模型理论假设提出了 LGCCS 模型，用以解释人类语言的生成和理解机制。基于此模型，构建了自然语言理解模型 CogNLU 和形式语言生成模型 CogFLG，来刻画人类形式化的思维过程。这些模型为自然语言形式化系统的设计提供了理论基础。

在人类形式化的思维过程中，概念系统、语言形式模型和符号模型起到了重要作用。概念系统处于概念层次上，是不包含语言的，因此，若将人的概念系统赋予机器，必须使用语言来表示它。符号模型建立了语言形式模型和概念系统间的对应关系。从这一角度来看，计算语言学或自然语言处理领域所使用的语义本体或知识库都可以视为这三种模型的综合体。例如：WordNet 是当前人工智能界应用最为广泛的语义本体之一（Fellbaum，2010）。其中概念采用同义词集的方式来表示，并且建立了名词、动词、形容词、副词概念的分类树，这种分类树可以视为概念系统中的分类模型；WordNet 中包含了所有的单词和部分词组，这可以视为一种语言形式模型；同义词集中的单词可以视为对同义词集所表示的概念的描述，这相当于构建了单词和概念间的对应关系，因此可以视其为一种符号模型。

除 WordNet 之外，第 2 章提到的 FrameNet 和 SNOMED CT① 也都可

---

① FrameNet 和 SNOMED CT 的介绍详见第 2.2.2 节和第 2.4.1 节。

以视为概念系统、语言形式模型以及符号模型的综合体。FrameNet 中建立了词汇和框架认知模型间的对应关系，框架中的价模式可以视为框架认知模型所对应的构式图式；SNOMED CT 包含了概念所对应的自然语言表达式，建立概念和基本构式单元间的对应关系。值得注意的是，这些语义本体仅仅包含了概念系统、语言形式模型以及符号模型的局部。

4.2　系统结构

从理论上讲，将人类自然语言形式化的机制赋予机器，便可以让机器模拟人的自然语言形式化能力。因此，我们采用自然语言理解模型 CogNLU 和形式语言生成模型 CogFLG 来指导自动形式化系统的设计。按照人类形式化的实现机制，自然语言自动形式化系统的构建包括如下三个步骤：

（1）　构建结构化的认知语义表示；

（2）　构建从自然语言到认知语义表示的自动转换；

（3）　构建从认知语义表示到形式语言的自动转换。

图 4.1　系统结构图

尽管当前学界已经提出了诸多的语义表示方法，但当处理某一场景的形式化任务时，这些语义表示往往并不适用。传统的语义表示一般将动词视为事件，将句子的其他成分视为事件相关的元素。这种语义表示本质上是基于事件框架认知模型生成的，这种表示方法的优势在于几乎可以覆盖所有的自然语言表达式，缺点在于其对场景的刻画过于粒度过粗。例如：要基于逻辑方法构建在线购物咨系统、智能诊疗系统、自动索赔系统，需要将这些场景下的自然语言翻译为逻辑表达式。尽管基于事件语义表示的方法可以构造一个形式化系统，能够将这三种场景下的自然语言翻译为形式语言，然而，生成的形式表达式可能并非系统所需要的，系统需要一种更为精细的语义表示。事件框架认知模型仅仅提供了一种理解视角，对于大部分的形式化任务而言，一般需要针对具体场景来建立相应的语义表示。

本书使用认知语义表示而非传统的语义表示来作为自然语言和形式语言间的中间结构。认知语义表示以一种系统化的方式将语义和更为一般的认知范畴与认知过程联系起来。相较于传统语义表示，认知语义表示具有更强的灵活性，可以依据场景和任务目标的不同来确定语义表示的精细程度。如果要使用有限的语义角色覆盖尽可能多的语言表达式，那么就需要使用更为抽象的语义角色；相反，如果语言表达式表示的信息有限，且需要更为细致的表示，那么就需要使用更为具体的语义角色。

将自然语言转换为语义表示的过程又被称为"语义分析过程"，当前的语义分析方法基本上都是基于机器学习技术构建的（参见附录 C）。然而，认知语义表示是依据具体任务或者场景构建的，这意味着并不能直接应用已有系统来进行语义分析。要基于机器学习方法构建一个语义分析系统，需要依据新构建的认知语义表示来标注大量的数据，这一工作往往费时费力。本章基于 CogNLU 模型提出了一种类人的语义分析方法，此方法并不需要建立数据集，而且具有可解释性。认知语义表示是借助框架认知模型生成的，是一种结构化的表示。依照 CogFLG 模型，将认知语义表示转换为形式表达式的过程实际上是要构建认知模型所对应的构式图式，将语义角色的值代入构式图式便可生成句子对应的形式表达式，这种构式图式相当于认知语义表示到形式表达式的翻译规则。

4.3 认知语义表示的构建

要实现自然语言的形式化，最为核心的工作是构建作为中间结构的认知语义表示，因为认知语义表示构建的质量决定了形式化任务实现的难易程度和所覆盖的表达式的范围。由于认知语义表示是借助概念系统中的认知模型生成的，因此构建场景的认知语义表示，本质上是构建关于该场景的框架认知模型。传统的语义研究从语言出发来构建语义表示，认知语义的研究则是从人类认知出发去构建语义表示。两种构建方法各有优劣，因此，本节尝试提出一种认知分析和语言分析相结合的语义表示构建方法。

4.3.1 语言分析方法

语言分析方法是从自然语言出发，分析句子成分所对应的语义角色。当前的句法分析方法大多都是以动词为中心来分析句子的结构，句子中的其他成分被看作动词的论元角色。由于动词的论元角色和语义角色间存在着相对固定的对应关系，语言学家一般通过对动词论元的分析归纳来确定语义角色。采用语言分析方法构建语义表示的典型实例是 PropBank 和 FrameNet。

PropBank 是基于宾州树库构建的一种覆盖广泛的人工语义角色标注语料库，在其构建过程中借鉴了 VerbNet 的思想，即句子的句法框架是句子深层语义的直接体现（Levin, 1993）。由此，通过分析动词在句法框架上的表现可以将其划分为不同的动词类，这些动词类具有相同或相似的语义元素。PropBank 从动词的句法实现中归纳了六种核心论元，并使用 Arg0-Arg5 编号论元表示，除此之外，还定义了像 ArgM-PNC、ArgM-CAU 这样的非核心论元[①]。对于每个动词，PropBank 还构建了编号论元和语义角色的对应关系。例如：对动词"buy"而言，Arg0 是购买者，Arg1 表示购买的东西，Arg2 表示卖方；而对于动词"accept"而言，Arg0 是接受者，Arg1 表示接受的东西，Arg2 表示东西的来源。这些具体语义角色的确定没有任何的理论依据（Palmer et al., 2005）。

Fillmore 在框架语义学中，使用了原型场景概念，并且认为语义角色来源于人们对于原型场景的认知。然而，在 FrameNet 的构建过程中，并未系统化地从人类认知的角度来构建框架语义表示。FrameNet 的编纂者

---

① 论元标签与语义角色的对应关系详见表 1.2。

首先将他们认为有语义重叠（semantic overlap）的单词划分为一个最小组（smallest group），然后再将这些最小组组合起来，看能不能组成一个合理的框架（Ruppenhofer et al., 2016）。起初最小组的划分基本上依赖于语言学家的直觉，后来有了逐步明确的标准，即划分为同一最小组的单词需要具有相同数量和相同类型的核心框架元素（语义角色）。例如：通过分析"sell"和"retail"所出现的句子，会发现它们所涉及的框架元素的数量和类型基本一致，因此它们可以划分为一个最小组。最小组可以进一步组成框架，框架确立后，词典编纂者再人工确定框架所包含的框架元素（Fillmore et al., 2012）。

从 PropBank 和 FrameNet 语义表示的构建过程可以看出，二者都是从语言出发来构建语义表示，通过分析单词的句法表现或所出现的句子中所表达的语义内容，来归纳出相应的语义角色。虽然语言分析方法是从语言出发，但每种语义表示的构建都离不开语言学家的认知。

4.3.2　认知分析方法

认知语义表示是借助概念系统中的认知模型产生的，因此，构建认知语义表示实质上是构建某种具体场景的认知模型。当人们多次经历某类场景时，会逐渐形成关于此类场景的认知经验。由于人类天生具有范畴化能力，可以将关于场景的经验范畴划分为不同的种类。同时，人类还可以对场景中的元素进行范畴化和概念化，从而形成对场景的抽象概念表示，这种抽象概念表示就是关于此类场景的认知模型。例如：人们从日常买卖的经验中可以抽象出商业场景框架认知模型，这一认知模型至少要包括买方、卖方、商品和金钱等元素。

要从经验中获得关于某类场景的认知模型，唯一的方式便是内省（introspection）。这要求构建者有较强的内省能力，能够通过对场景经验的分析形成抽象的概念表示，因此，场景的认知模型往往需要某方面的专家才能构建。例如：计划的场景。虽然人们每天都在做计划，但很多时候并不清晰地知道如何构建关于计划的认知模型。B. Hayes-Roth and F. Hayes-Roth（1979）依据他们自身认知经验以及前人所提出的相关模型，提出了一种计划认知模型。

在认知语义学领域，语言学家通过分析人类最基本的认知现象，并通过建立认知模型来解释语言现象。例如：空间认知模型（Jackendoff, 1983; Johnson, 1987; Talmy, 2000b）、力—动态（force-dynamic）认知模型（Talmy, 2000a: 413–470）等。基于这些认知模型可以很好地解释人类的语言现象。这些认知模型的建立，一方面是基于认知心理学对于人类认知的实验研究；另一方面是基于语言学家自身的认知经验。

在实际的形式化任务中，可能并未有现成的模型可以参考，需要依据自身认知经验来构建相应场景的认知模型。例如：要形式化医生和患者交流场景下所使用的语言，需要建立医患交流的模型，此模型应该涵盖医患交流中所涉及的主要元素。从日常的就诊经验中，可以大致总结出如下的元素：症状、疾病、曾用药、生活习惯、医学检查结果、药物、过敏情况等。

概念系统是由认知模型构成的，概念系统具有个体性和公共性（参见第 3.2.3 节）。根据经验形成的认知模型具有个体性，即人们对于同一类场景所形成的认知模型可能是不同的。例如：在医患交流的实例中，不同的人关于医患交流场景的经验不同，导致他们所关注的重点也必然不同。他们思维中的认知模型往往是依据最典型的医患交流场景建立的，因而所选取的场景元素也有所不同。同时，由于人类有着大致相同或相似的范畴化和概念化能力，且面对的是同一个世界，因而，对一个具体场景会产生大致相同的心理表示。这也使得认知模型同时具有公共性。本书的目标是要形式化自然语言，因此，认知模型的评价标准是看这个认知模型能否对该场景下的自然语言语义有精细的刻画。为构建良好的认知模型，需要对大量的相关场景分析，以确保构造的认知模型能覆盖尽可能多的表达式。

4.3.3　两种方法的综合

语言分析和认知分析方法并不是严格对立的，语言分析方法中有人类认知的参与，认知分析方法有时也需要先通过语言描述来获取间接经验，从而产生对某一场景的基本认知。这两种方法在理论思路上有着本质的区别，前者是从语言出发重构出人类的认知模型，可以视其为一种自下而上、从局部到整体的方法；后者则是通过经验分析来构建认知模型，可以视其为一种自上而下、从整体到局部的方法。

语言分析方法从语言出发，所确定的每个语义角色在句中都有相对确定的表达形式，有利于对语言表达式进行语义角色标注；认知模型的形成并不依赖于语言，在语言产生之前，有些认知模型已经存在。语言习得以后，才产生了对于人类认知模型的描述。由于单个句子往往只描述该场景的一个侧面，因此，单纯从语言出发来重构关于场景的认知模型，有时难以形成对于场景的整体认知。认知分析方法的优势在于更容易形成对认知模型的整体把握，但由于认知模型构建依赖对原型场景的分析，可能导致认知模型不够全面。

综合这两种方法可以建立更为全面和精细的场景认知模型。首先依据经验建立起一个大致的认知模型之后，再通过语言分析去验证模型的充分性和典型性，即认知模型是否覆盖了大部分对于该场景的描述。认知模型的构造并不是一蹴而就的，而是一个不断迭代的过程，这也符合人类一般的认知规律。最开始的时候，人们对于原型场景的认知经验有限，因此，构造的认知模型可能只能覆盖一部分的自然语言表达式。随着经验的积累，认知模型也会变得逐渐丰富起来。与此同时，还要关注语义角色在句中是否有确定的表达形式。

4.4　从自然语言到认知语义表示

在人工智能领域，从自然语言到认知语义表示的过程又被称为"语义分析""语义角色抽取"（extraction of semantic roles）或"语义角色标注"（semantic role labeling）过程[①]。依据 CogNLU 模型，人类自然语言理解是通

[①] 语义角色抽取和语义角色标注并不完全相同，前者是从语义角色出发去匹配句中的成分，而且语义角色对应的值有可能不在句子中出现，需要利用背景知识进行填充；而后者是从语言出发去匹配句中成分所对应的语义角色。严格来讲，前者包括后者，但后者不包括前者，但本书不对此作严格区分。

过概念系统、语言形式模型和符号模型实现的。基本想法是首先利用语言形式模型中的构式库确定基本构式单元；然后再借助符号模型来构建基本构式单元和语义角色间的对应关系。相较于基于机器学习方法构造的语义角色标注系统，基于 CogNLU 构造的系统不需要人工标注数据集，而且具有可解释性。

4.4.1　构式语法分析

构式语法研究最早起源于 Fillmore 对于习语的研究，后逐渐扩展到对于一般语言现象的研究，其理论研究也更加系统化①。构式语法是一种基于认知的语法，而且其理论受到来自神经语言学的诸多经验支持（Pulvermüller et al., 2013）。与认知语言学家的目标不同，本书的目标是要构建可以在计算机上运行的自然语言形式化系统。因此，本书主要采用 Fillmore 的构式语法理论，但并不局限于此，而是综合各个构式语法理论来提出一种自然语言的分析方法。

构式语法分析过程

本书将所有的语言成分都视为构式，构式间的关系只有整体—部分关系。给定一个自然语言语句，句中所有的单词都是构式，即词构式。词构式进一步组合成为更大的构式单位——词组构式，词组构式进一步组合成为子句构式。整个分析过程组成一个构式分析树，如图 4.2 所示。例如：句子"The roof of my house was broken"的构式分析树如图 4.3 所示。值得说明的是，分析树上的每个方框表示的节点都表示一个复杂结构。依据 Fillmore 构式语法理论，构式中包括了词位、中心词、句法范畴、语义范畴、价描述等信息，以"the roof of my house"为例，其生成过程如图 4.4 所示。为了简化描述过程，图中的每个节点仅描述了句法相关的信息，略去了语义相关的信息。

构式间的组合是通过合一运算实现的。合一运算和集合论中的并运算相似，区别在于在合一运算之前要先进行一致性检验，特征一致才能进行

---

① 构式语法的介绍详见第 2.3 节。

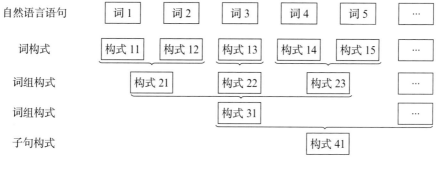

图 4.2　构式分析过程示例

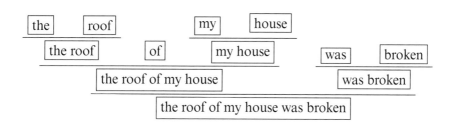

图 4.3　句子构式分析树实例

合一，特征不一致则不能进行合一运算（Jurafsky and Martin, 2000: 396–401）。这种一致性的检测一般来自价描述对于其搭配成分的语法或语义限制。例如：从图 4.4 可以看出，词组"the roof of my house"的生成依赖于图 4.5 所示的三个预先定义好的名词词组构式[①]。这三个构式分别描述了"DET+NN""PRP\$+NN""NP of NP"三种类型的组合方式。给定一个表达式，首先获取该表达式各个成分的词位和句法范畴信息，然后检查相邻成分与这些预先定义的构式是否一致，如果一致则可以组合生成更大的构式单位。

　　单纯从形式上来看，上述构式的组合过程中仅仅用到了句法范畴间的组合关系，这与短语结构语法的生成过程非常相似，二者的区别在于前者的树节点是一些复杂特征的集合；而后者的树节点则是单一特征，即句法

[①] 这种词组构式在 SBCG 中也被称为"组合构式"（combinatory construction）（Michaelis, 2013）。

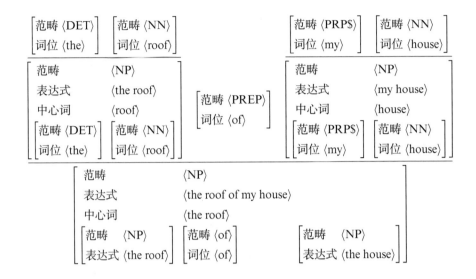

图 4.4　Fillmore 构式语法分析树实例

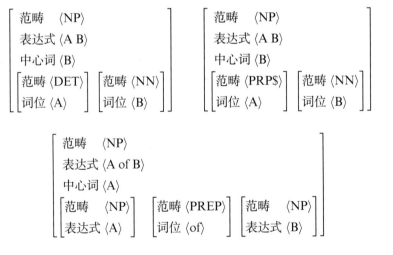

图 4.5　三种名词词组构式

范畴。Fillmore（2013）认为构式语法和短语结构语法分析并无本质区别，
只是将短语结构语法中的句法范畴替成了构式。如果对于构式的价模式中
只有句法范畴的限制，那么可以将其转换为短语结构语法的规则。例如：
图 4.5 所示的三个构式中只用到了句法范畴信息，因此，可以用三条短语

结构语法的规则来进行替换，NP→ DET NN，NP→ PRP$ NN，NP→
NP of NP。由此便可生成如图 4.6 所示的句法生成树①。

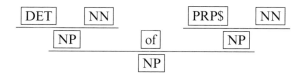

图 4.6　句法分析树实例

　　相较于短语结构语法，构式语法在定义成分组合关系时更加灵活，由
于构式包含了众多的复杂特征，可以从中挑选出一个或多个特征来作为与
其他成分结合的标记。这些特征可以是句法范畴、语义范畴或是一个具体
的单词。例如："severe acute respiratory syndrome"（SARS）是一个专有名
词，用于组合的特征是具体的单词，其构式表示如图 4.7 所示。这一表示也
可以转换为一条句法规则：NP → severe acute respiratory syndrome。这种
句法规则在短语结构语法中是非常少见的，而在构式语法中这是最为典型
的一种构式。这可以视为短语结构语法和构式语法的一个区别，典型的短
语结构语法规则一般不将单词作为单独的范畴；而典型的组合构式中往往
都有具体单词的出现②。

基本构式单元的确定

　　在构式分析树上存在一个基本层次，在这个层次上的构式对应场景认
知中的基本元素。例如：在"小明在踢足球"中，"小明""踢""足球"
都是基本构式单元，并且分别对应着施事、事件和受事角色；而其中的
"小""明""足""球"都是构式，但不属于基本层次的构式。除了直接

---

　　① 一般的句法分析器在处理此词组时，一般是将"of"归类为"PREP"范畴，先和后面的成分结合
生成介词短语，然后再和前面的名词词组结合在一起生成名词词组。依据语言直观，"NP of NP"三者往
往是作为一个整体被组合在一起的，而非"of"先和后面的名词词组结合，再和前面的名词词组结合，因
为"of NP"并非一个完整的语义单元。

　　② 参见现代汉语构式数据库 http://ccl.pku.edu.cn/ccgd/，国内汉语语言学界通常将构式语法作
为短语结构语法的补充，短语结构语法用于描述语言系统中类推性较强的常规性组合，而构式语法则用
来描述语言系统中类推性较弱的非常规组合形式（詹卫东，2013、2017）。

$$
\begin{bmatrix}
\text{范畴} & \langle NP\rangle \\
\text{表达式} & \langle \text{severe acute respiratory syndrome}\rangle \\
\text{中心词} & \langle \text{syndrome}\rangle \\
\begin{bmatrix}\text{范畴} & \langle JJ\rangle \\ \text{表达式} & \langle \text{severe}\rangle\end{bmatrix}
\begin{bmatrix}\text{范畴} & \langle JJ\rangle \\ \text{词位} & \langle \text{acute}\rangle\end{bmatrix}
\begin{bmatrix}\text{范畴} & \langle NN\rangle \\ \text{表达式} & \langle \text{respiratory}\rangle\end{bmatrix}
\begin{bmatrix}\text{范畴} & \langle NN\rangle \\ \text{表达式} & \langle \text{syndrome}\rangle\end{bmatrix}
\end{bmatrix}
$$

图 4.7　词组构式实例

对应场景元素的基本构式单元，句中的其余成分也被视为基本构式单元。例如：上例中的"在"，表示动作正在进行。

如 CogNLU 模型所示，人类通过语言形式模型中的构式库来识别基本构式单元。最典型的基本构式单元总是作为一个整体高频出现，且整个表达式的意义有时无法通过其组成成分的意义推理出来，因此，这些构式逐渐成为人类语言形式模型中的基本组成成分。例如："长城"（the Great Wall）、"茨温格宫"（the Zwinger Palace）是专名，指称一个独一无二的对象，因此，应当被作为一个基本构式单元处理。

要让机器具备基本构式单元的识别能力，需要为其构建一个构式库。构式库中应该包括以下三类的构式：（1）专名、命名实体、习语以及专业名词；（2）从一些语言实例中抽象出的基本构式单元的构式图式；（3）语义角色所对应的特殊构式单位。构式库的构建有多种不同的方式。例如：可以通过对表达式的分析来收集构式；也可以借助一些语义本体，将其中概念的表达式作为构式；还可以借助语言学家所构建的构式库，例如，北京大学中国语言学研究中心构建的现代汉语构式数据库①。

在自然语言处理领域，命名实体识别（named entity recognition, NER）是一项专门针对人名、地名、机构名、专有名词识别而设置的任务（Nadeau and Sekine, 2007）。因此，可以用来识别第（1）类基本构式单元。除此之外，一些领域本体（domain-specific ontology）也可用于识别此类基本构式单元。例如：借助 SNOMED CT 可以用于识别句中表达医学概念的基本构

---

① http://ccl.pku.edu.cn/ccgd/

式单元。第（2）类基本构式单元需要从具体语言实例中抽象出一些构式图式。例如：从"the roof""the book"这样的实例中归纳出"DET+NN"这样的构式图式；从"the roof of my house"这样的实例中归纳出"NP of NP"的构式图式。第（3）类基本构式单元一般是一些特殊语义角色对应的构式。例如：年龄角色对应的构式"aged 30 years""18 years of age"都应被视为基本构式单元。

构式库中可以作为基本构式单元的构式存在着重叠的现象，例如，"非典"（severe acute respiratory syndrome, SARS）和"呼吸道综合征"（respiratory syndrome）都可以作为基本构式单元，然而，后者的表达式出现在前者之中。因此，如果两个专名都可以作为基本构式单元，一般采取最长匹配原则，选择最大单位为基本构式单元。对于非专名的情况，如此处理会导致的问题是，有可能因为选择的基本构式单元粒度过粗，而无法刻画内部的关系。例如：若将"the roof of my house"识别为一个基本构式单元，则忽略了"the roof"和"the house"之间的所有（possession）关系。因此，基本构式单元并非原子构式单元，原子构式单元是无法进一步分解的构式单元，而基本构式单元可以进一步分解为更小的构式单元。

4.4.2　语词范畴、概念范畴与语义角色

从认知语义表示的构建过程可以看出，语义角色的选取是对场景元素范畴化的结果。例如：对于一个典型的事件场景而言，除了事件角色外，还能归纳总结出事件的施动者和事件的直接对象，即施事和受事。

人类在对句子进行识解时，首先利用符号模型将语句中的语词对应到相应的概念上，然后再确定概念所对应的语义角色。因此，语义角色抽取可以视为将语词所表达的概念划分到不同的语义角色范畴中的过程。例如："我在打篮球"和"小明在踢足球"是对两个不同事件场景的描述，"我""小明""打""踢""篮球""足球"分别表达概念我、小明、打、踢、篮球和足球。这些概念对应认知模型中的施事、事件和受事角色。要从语言表达式中抽取相应的语义角色，实际上是要建立语词、概念、语义角色间的对应关系。

　　概念和语词之间总体上是一种多对多的关系，即一个概念可能会有多种表达方式，同时一个语词可能具有多种含义，对应多个概念。从概念范畴和语词范畴的角度来看，事物类的概念由名词表达，动作类概念由动词表达，而性质类概念对应于形容词。如果将事物进一步细分为对象（object）和物质（substance），二者分别对应于可数名词和不可数名词。但这种范畴间的对应并非严格的，例如，动词名物化的现象，即使用名词表达动作概念。在句子"概念系统的引入有助于解释语言现象"中，"引入"作为名词表达的是一个动作概念。从原型论的角度看，对于表达人物、处所、事物的语词属于典型的名词，而对于由动词转换而来的名词属于非典型的名词。

　　依据概念范畴划分的不同，概念范畴和语词范畴间的对应关系也会有所不同。例如：Radden and Dirven（2007: 41）将概念划分为两大类：事物和关系，其中事物概念是一种自主的（autonomous）且非常稳定的概念单元，而关系概念则是一种具有依存性的概念单元。事物概念对应于名词，关系概念对应于动词、形容词、副词、介词和联结词。这种概念范畴划分方式和逻辑语言有非常良好的对应关系。以一阶语言为例，事物概念对应于个体变项、个体常项或一元谓词，关系概念对应于谓词、函数和联结词。

　　语义角色是从一系列场景经验中抽象出来的，是对大量场景元素的归纳总结。因此，概念范畴和语义角色间仅存在一种松散的对应关系。语义角色可能仅对应某种类型的概念，例如，施事的定义是有意志的事件引起者，因此典型的施事是生命体。这种对应也可以被视为动词对于它的各个论元角色所施加的语义约束，这种约束称为"选择限制"（selectional restriction）。

　　语义角色和语词范畴之间有一定的对应关系。例如：事件角色一般对应动词范畴，施事和受事角色对应名词范畴。如上所述，这种对应也不绝对，由于语言中存在动词名物化现象，事件角色也可能对应名词范畴。语义角色、语词范畴、概念范畴的对应关系并不足以确保从语言表达式中抽取出相应的语义角色，因此，还需要利用其他信息来进行语义角色抽取。

4.4.3　语义角色抽取方法

当前语义角色抽取方法主要是基于机器学习方法，由于机器学习需要大量的标注数据，因此，所使用的语义表示主要是当前大的语料库所使用的语义表示方法，例如，抽象语义表示以及 PropBank 和 FrameNet 中所使用的语义表示方法（Banarescu et al., 2013; Kingsbury and Palmer, 2002; Ruppenhofer et al., 2016）。在具体的形式化任务中，所构建的认知语义表示并非以上语义表示方法，因而无法直接使用已有的基于机器学习构造的系统。要使用机器学习方法，首先需要标注大量的数据，这一工作耗时费力。鉴于此，我们基于 CogNLU 模型提出了四种语义角色抽取方法：（1）基于分类模型的语义角色抽取方法；（2）基于语法—语义对应原则的语义角色抽取方法；（3）基于词义分析的语义角色抽取方法；（4）基于特定构式的语义角色抽取方法。

基于分类模型的语义角色抽取方法

在构建认知语义表示时，为使其可以覆盖尽可能多的语言表达式，要尽可能地选取具有较强概括性的角色。因此，有时会选用分类模型（也称为"语义本体"或"语义知识库"）中较为上层的概念作为语义角色。对于这些语义角色，只需借助分类模型，便可确定其对应的语义角色。例如：在医患交流场景的认知模型中包括疾病这一语义角色，借助医学概念的分类模型 SNOMED CT①便可以抽取出这一语义角色。

SNOMED CT 本质上可以视为一种概念系统、语言形式模型和符号模型的综合体，其中的医学概念及其关系组成了一个分类模型，医学专业名词构成了一个语言形式模型，而概念和医学专业名词的对应关系可以视为一个符号模型。概念和语词间是一种一对多的关系，即一个医学概念对应多个医学专业名词。例如：概念 *hypertension*（高血压）对应的表达式有："BP-High blood pressure""BP+-Hypertension""HBP-High blood pressure""HT-Hypertension""HTN-Hypertension""High blood pressure""High blood pressure disorder""Hypertension""Hypertensive disorder systemic

---

① SNOMED CT 的介绍详见第 2.4.1 节。

arterial""Hypertensive vascular degeneration""Hypertensive vascular disease""Systemic arterial hypertension""Hypertensive disorder"[①]。当句中出现这些表达式时，首先确定其所对应的概念，然后再依据分类模型的上下位关系便可得到其对应的语义角色。

当面向其他具体领域时，可以参考其他的领域本体。例如：软件工程领域的本体 SEON（software engineering ontology network；Borges Ruy et al., 2016）[②]。除了领域本体外，还有一些通用本体（universal ontology），例如，WordNet、ConceptNet、YAGO、谷歌知识图谱等。如果选用这些本体中的上位概念作为语义角色，那么便可以借由这些本体来确定语言表达式所对应的语义角色。除此之外，也可以利用这些本体对语义角色所对应的概念范畴做出限定，进一步缩小语义角色对应概念的选取范围。

基于语法—语义对应原则的语义角色抽取方法

一般而言，语义角色和语法角色间并没有直接的对应关系。例如：在"小明把小刚打了""小明被小刚打了"这两个句子中，"小明"的语法角色都是主语（subject），但是充当的语义角色却不同，前者是施事，后者是受事。按照英语主语功能假设，在语句形成时，说话者将当前概念表示中被他注意到的对象指派为这句话的主语（Tomlin, 1997）。因此，主语的选择与人的注意力有关，而与语义角色无关。

对于一个具体的句子构式图式而言，语义角色和语法角色间存在着确定的对应关系。A. E. Goldberg（1995: 50–51）提出了一种语法—语义对应原则（correspondence principle），即每个参与者角色和构式的论元角色是融合在一起的[③]。这种对应关系背后的预设是给定某种类型的句子构式，语义角色总是出现在此构式的特定位置。例如：给定一个致使位移构式，语义角色和语法信息[④]间有着确定的对应关系。句子"John moved the box into

---

① 概念 *hypertension* 的 id 为 38341003，详见 https://browser.ihtsdotools.org/?perspective= full&conceptId1=38341003&edition=MAIN/2022-03-31&release=&languages=en。

② https://dev.nemo.inf.ufes.br/seon/

③ Goldberg 的构式语法理论参见第 2.3.3 节。

④ 语法信息包括句法范畴信息和语法角色信息。

the house"语法—语义对应关系如表 4.1 所示。

表 4.1　语法信息与语义角色对应关系示例

	John	moved	the box	into	the house
句法范畴	NP	VP	NP	Prep	NP
语法范畴	主语	谓语	宾语	补语	补语
语义角色	施事	方式	图形	路径	背景

致使位移构式的构式图式可以表示为 4.1 的形式。这一构式图式可以拆解为两种类型的图式：语法图式 4.2 和语义图式 4.3。由于语义角色和语法信息间存在着确定的对应关系，这意味着如果可以识别句子的构式图式，便可利用这种对应关系获得基本构式单元所对应的语义角色。利用当前已有的句法分析工具，例如，Stanford 句法分析器[①]或 Berkeley 句法分析器[②]（Danqi Chen and Manning, 2014; Kitaev et al., 2019），可以很容易识别句子的语法图式，由此，也就确定了句子的构式图式。依据致使位移构式图式中的对应关系，可以将"John""moved""the box""into"和"the house"分别识别为施事、方式、图形、路径和背景。

$$[_{施事}主语/NP] - [_{方式}谓语/VP] - [_{图形}宾语/NP] - [_{路径}补语/Prep] - [_{背景}补语/NP] \tag{4.1}$$

$$[主语/NP] - [谓语/VP] - [宾语/NP] - [补语/Prep] - [补语/NP] \tag{4.2}$$

$$[施事] - [方式] - [图形] - [路径] - [背景] \tag{4.3}$$

值得说明的是，这种方法仅适用于具体的场景下的构式图式识别。以致使位移构式识别为例，一些句子可能会被误识别为致使位移构式。例如："John got access to the data bank""John returned home on Thursday"都具有 4.2 的形式，然而其并非致使位移构式。由于构式图式和认知模型具有对

[①] http://nlp.stanford.edu:8080/parser/

[②] https://parser.kitaev.io/

应关系，同一个认知模型对应的构式图式往往不会出现此种情况，在此例中，如果将自然语言限定在表达空间关系的范围内，则上述两种情况均被排除在外。在给定的致使位移构式中仅有动词、名称和介词，然而实际的自然语言表达式中往往还包括表达时间、频率、方式的副词或介词词组出现，因此，在实际的工程实践中，应当在语法模式的基础上引入其他的语义信息来识别相应的构式图式。

基于词义分析的语义角色抽取方法

语义角色一般对应一个单词或词组，但是有些语义角色并不直接对应于句中的某个成分，需要通过对句中成分的语义分析来获得。这涉及语言学中的词义分解理论（decompositional theory of word meaning）（Von Stechow, 1995; Engelberg, 2011; Wunderlich, 2012）。词义分解理论一般有如下两个基本假设（Jackendoff, 1983: 112）：（1）单词的词义可以完全分解为一个有限的条件集，这个条件集对于确定该词的指称是充分且必要的；（2）单词的词义可以使用有限的语义或概念原子来进行描述，且该描述对于确定单词的指称是充分的。

本书所提出的方法是以认知语言学理论为基础，而认知语言学接受原型论，拒斥经典论。按照原型论的观点[①]，人们无法通过充分必要条件来给概念下定义，因此，本书不接受假设（1）。对于假设（2）而言，有些概念并不能完全通过概念原子来进行描述。例如：意象图式概念是一种格式塔式的表示，虽然可以描述图式的各个部分和各个部分的关系，但是无法用语言对意象图式进行完全描述。因此，只能对单词语义进行大致的描述，这种描述并非充分必要条件。

在一个空间运动场景中，一个物体相对于另一个物体位置发生改变，关于该场景所形成的认知语义表示一般包括起始位置和目标位置两个语义角色。依照路径信息词汇化方式的不同，Talmy（2000b、2005）将语言划分为动词框架语言和卫星框架语言[②]。英语作为一种卫星框架语言，空间路径信

---

① 原型论的介绍详见附录 B.1.2 节。
② 动词框架语言与卫星框架语言的解释详见第 2.5.2 节。

息一般编码在卫星词中，而卫星词大部分是由介词充当的（Talmy, 2000b: 102）。因此，可以大致认为英语中空间路径信息一般是编码在空间介词中。介词所表达的是意象图式概念，这意味着可以通过分析介词所对应的意象图式概念来得到相应的语义角色。

空间介词"into"对应人类思维中的 INTO-图式概念，如图 4.8 所示。INTO-图式表示一个实体从一个容器的外部移动到容器的内部的动态过程，容器由边界、内部、外部和入口组成。通过对此概念的分析可以确定实体的起始位置和目标位置。例如：在"John moved the box into the house"中，通过对介词"into"的语义分析，可以确定初始位置和结束位置两个语义角色分别为房子外部和房子内部。

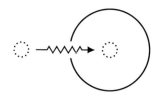

图 4.8　INTO-图式

Talmy 对于语言的划分并非绝对的，英语作为卫星框架语言，虽然大部分的路径信息都编码在介词中，但同时存在一些情况，运动和路径信息都被编码在动词中。此时，需要对动词进行语义分析，从而抽取出相应的路径信息。例如：在"The eggs fall from the basket"中，鸡蛋的位置信息一部分被编码在介词短语"from my basket"中，通过对介词"from"的分析，可以得到鸡蛋的起始位置是篮子。另一部分的位置信息编码在动词"fall"中，"fall"的词典定义是"move or drop down from a higher position to a lower position"①由此，可以推断出鸡蛋的初始位置和结束位置分别是一个高的位置和一个低的位置。

---

① https://www.ldoceonline.com/dictionary/fall.

基于特定构式的语义角色抽取方法

在认知语义表示中，可能存在一些语义角色，无法通过规则化的方法将其抽取出来。对于这些语义角色，需要人为收集这些语义角色所对应的特定构式或构式图式。例如：商业场景的认知语义表示中包括金钱角色[①]。要抽取出金钱这一语义角色，需要收集各种各样的关于金钱的表达式，然后从中分析出特定的构式图式来。按照普通人的语言知识，要构建金钱的构式图式，首先要确定所有金钱的种类，诸如美元、人民币、欧元、克朗等；然后确定每一种金钱的基本单位，例如，对于人民币而言，计量单位是元、角、分；最后再总结出一些基本的构式图式，如"数字 + 元"，"数字 + 元 + 数字 + 分"，"数字 + 分"等。

值得注意的是，这种语义角色抽取方式实际上是非常刻意的，虽然在构建语义表示时，要尽量避免选取这种语义角色，但是在实际的自然语言形式化任务中，这种语义角色抽取方式往往是无法避免的。除了人工收集某种特定类型的构式外，对于一些广泛应用的构式，还可以借助已有的自动化方法和系统来对其进行识别。

以时间构式的识别为例，Verhagen et al.（2005）所开发的 TARSQI 系统和 Pustejovsky et al.（2011）开发的 TimeML 系统能够识别语言中表达时间信息的表达式。在语义评测领域还专门设置了检测时间、事件及时间关系信息的任务 TempEval 任务，例如，SemEval-2007 任务 15（Verhagen et al., 2007、2009）、SemEval-2010 任务 13（Verhagen et al., 2010），以及 SemEval-2013 任务 3（UzZaman et al., 2013）等。这些任务的数据集主要来自 TimeBank（Pustejovsky et al., 2003; Boguraev et al., 2007），采用的是 TimeML 系统中所使用的数据标注方式。在 SemEval-2013 任务 3 中，一些参赛系统的在识别时间信息子任务上的综合表现 F_1 超过了 90%，利用这些系统可以准确识别文本中的时间信息。

[①] https://framenet.icsi.berkeley.edu/fndrupal/frameIndex.

小结

上文介绍的四种语义角色抽取方法本质上都是基于 CogNLU 模型构建的。首先，构式所表达的概念可能处于不同的认知模型中，同一个概念可能既出现在分类模型中，又出现在框架认知模型中。因此，基于分类模型的语义角色抽取方法本质上是建立分类模型中概念范畴和框架模型中语义角色间的对应关系。其次，在符号模型中，认知模型和构式图式间存在着对应关系，构式图式作为"形义结合体"，其中意义部分来源于认知模型中的语义角色，因此，构式图式提供了一种语法—语义接口。由此，我们提出了基于语法—语义对应原则的语义角色抽取方法。再次，由于语词是对概念的编码，因此，词义分析本质上可以被视为概念分析。在概念系统中，存在一些像意象图式概念这种具有内部结构的概念，而语义角色的确定往往需要对内部结构进行分析。由此，可以通过对这些概念的分析来抽取相应的语义角色。最后，对于框架认知模型而言，其中的语义角色和某些构式或构式图式间存在对应关系，由此，可以通过人工构建这种对应关系来确定特定构式对应的语义角色。

4.5　从认知语义表示到形式语言

至此，要实现从自然语言到形式语言的翻译，只需要将认知语义表示转换为形式语言表达式。依据 CogFLG 模型，要利用认知语义表示生成形式表达式，只需要构造认知语义表示所对应的构式图式，构式图式相当于翻译规则，将语义角色和对应的值代入便得到形式表达式。

4.5.1　形式语言生成与形式语义模型

要确定认知模型所对应的翻译规则，首先需要理解形式语言。以一阶语言为例，一阶语言是一种语义不确定的语言（叶峰, 1994: 64），其语义解释取决于所给定的语义模型。一阶语言中包括逻辑符号和非逻辑符号，逻辑符号包括个体变项、联结词、量词；非逻辑符号包括个体常项、函数和谓词[①]。逻辑符号中的联结词和量词是逻辑常项，其语义解释是确定的，而非逻辑符号的语义解释是通过语义模型中确定的。一阶语言的模型是一个有序对 $\mathfrak{A} = \langle D, \eta \rangle$，其中 D 是一个非空集，是模型的论域；η 是解释非逻辑符号的函数，满足如下条件：

- 对于个体常项 c，$\eta(c) \in D$；
- 对于 n 元函数 f，$\eta(f)$ 是集合 D 上的 n 元函数；
- 对于 n 元谓词符号 P，$\eta(P)$ 是集合 D 上的 n 元关系。

依据形式语义模型可以确定不含自由变项的公式的真值。例如：图 4.9 定义了一个形式语义模型，$\forall x P_1(x)$ 表示论域中的所有元素都具有 $P_1^{\mathfrak{A}}$ 性质；$\exists x P_1(x)$ 表示存在论域中的元素具有 $P_1^{\mathfrak{A}}$ 性质。在此语义模型中，$\forall x P_1(x)$ 为假，而 $\exists x P_1(x)$ 为真。由于自由变项的指称并不能在语义模型中得以确定，因此，要确定含有自由变项的公式的真值需要另外引入赋值函数 σ，来将自由变项指称到论域中的个体上。由此，$\langle \mathfrak{A}, \sigma \rangle$ 构成一个完整的语义解释。

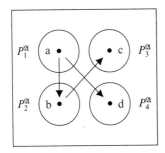

$$D = \{a, b, c, d\}$$
$$\eta(c_1) = a, \eta(c_2) = b, \eta(c_3) = c, \eta(c_4) = d,$$
$$\eta(P_1) = \{a\}, \eta(P_2) = \{b\}, \eta(P_3) = \{c\},$$
$$\eta(P_4) = \{d\}, \eta(P_5) = \{\langle a, b \rangle, \langle a, d \rangle, \langle b, c \rangle\}$$

图 4.9　形式语义模型

本书将形式化的过程简要地划分为"自然语言—认知语义表示—形式语言"的过程，在形式语言的生成过程中，形式语义模型隐含地参与到形式语言的生成过程，如图 4.10 所示。对于一个具体场景，如果仅关注场景中的个体和个体间的关系，那么场景便可抽象为一个形式语义模型。形式语义模型为形式语言提供解释，因此，可以从语义模型的角度来确定语义

---

① 一阶语言的介绍详见第 2.1 节。

角色和其值所对应的形式表达式。

在语义模型中，个体常项和个体变项对应于语义模型中的个体；一元谓词对应于论域的一个子集；多元谓词对应于论域中个体间关系的集合。因此，要实现从认知语义表示到形式表达式的翻译，需要确定认知语义表示中的语义角色或值所对应的是个体、个体的集合、还是个体关系的集合。这种对应关系决定了认知语义表示中各个元素所对应的逻辑表达式，以及它们之间的组合方式。

专名一般指称一个确定的个体，因而，一般被翻译为个体常项；普通名词和形容词表达个体的集合，一般被翻译为一元谓词；不及物动词表达一元关系，一般被翻译为一元谓词；及物动词表达二元关系，一般被二元谓词；双宾动词表达三元关系，一般被翻译为三元谓词。如果允许语义角色出现在公式中，语义角色是一些抽象的概念，表达的是个体的集合或个体关系的集合，因而，一般被翻译为谓词。

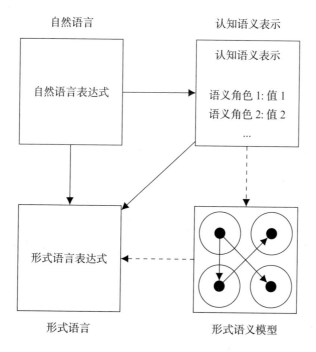

图 4.10　形式语言生成与形式语义模型

4.5.2　基于事件语义学的翻译方法

Davidson（1967）在"The Logical Form of Action Sentences"一文中提出了将事件作为独立论元的思想，并用其来处理将一些带有副词修饰语的句子翻译为一阶表达式后不保持推理关系的问题。Davidson 的这一思想也开启了一个新的语言学研究领域——事件语义学（event semantics）（Maienborn, 2011; 吴平、郝向丽, 2017）。事件语义学的基本思想是将事件视为一个独立论元加入动词的论元结构中，动词的论元结构中仅保留的核心论元，其他非核心论元被形式化为独立的子公式。按照这一思想，句子 4.4 和句子 4.5 分别被翻译为公式 4.6 和公式 4.7。

John moved the box to the new house.　(4.4)

John moved the box to the new house from the old house.　(4.5)

$\exists e(\text{Move}(\text{John, the box}, e) \land \text{to}(\text{the new house}, e))$　(4.6)

$\exists e(\text{Move}(\text{John, the box}, e) \land \text{to}(\text{the new house}, e) \land$

$\quad \text{from}(\text{the old house}, e))$　(4.7)

The box was moved to the new house.　(4.8)

在句子 4.4 中，动词"move"的两个核心论元分别是"John"（施事）和"the box"（受事），表达路径信息的成分被翻译为一个独立的子公式。这种翻译方法优势在于其可以保持自然语言表达式间的推理关系。例如：句子 4.4 和句子 4.5 经翻译后仍保持语义蕴含关系，即公式 4.7 蕴含公式 4.6。但是这种翻译方法无法处理论元缺失的情况。例如：句子 4.8 和句子 4.4 中的"move"具有相同含义，但句子 4.8 中只包含一个核心论元受事。由于动词"move"缺乏一个核心论元角色，因此，句子 4.8 无法被翻译为像公式 4.6 和公式 4.7 这样的形式表达式。

Parsons（1990）在事件语义学的基础上提出了亚原子语义学（subatomic semantics）来对事件结构进行分析，这种新的分析方法也被称为"新戴维森分析法"（Neo-Davidsonian analysis）。按照 Parsons 这种分析方法，句子 4.4、4.5、4.8 对应的认知语义表示如图 4.11 所示，基于此，这三个句

$$
\begin{bmatrix}
施事: & John \\
事件: & move \\
受事: & the\ box \\
初始位置: & - \\
目标位置: & the\ new\ house \\
\ldots
\end{bmatrix}
$$

$$
\begin{bmatrix}
施事: & John \\
事件: & move \\
受事: & the\ box \\
初始位置: & the\ old\ house \\
目标位置: & the\ new\ house \\
\ldots
\end{bmatrix}
\qquad
\begin{bmatrix}
施事: & - \\
事件: & move \\
受事: & the\ box \\
初始位置: & - \\
目标位置: & the\ new\ house \\
\ldots
\end{bmatrix}
$$

图 4.11　事件认知语义表示示例

子分别被翻译为公式 4.9、4.10、4.11，公式中的 Agent、Patient、Source 和 Goal 分别表示施事、受事、初始位置和目标位置。在这些形式表达式中，事件被视为一个独立论元 e，动作概念充当的是一个事件范畴，且事件 e 属于该动作概念范畴；每个语义角色都被翻译为一个二元谓词，语义角色对应的值为该谓词的论元。这种翻译方法也保持了自然语言表达式间的推理关系，例如，公式 4.10 蕴含公式 4.9 和公式 4.11；公式 4.9 蕴含公式 4.11。

$$
\exists e(\text{Move}(e) \wedge \text{Agent}(e, \text{John}) \wedge \text{Patient}(e, \text{the box}) \wedge \\
\text{Goal}(e, \text{the new house})) \tag{4.9}
$$

$$
\exists e(\text{Move}(e) \wedge \text{Agent}(e, \text{John}) \wedge \text{Patient}(e, \text{the box}) \wedge \\
\text{Goal}(e, \text{the new house}) \wedge \text{Source}(e, \text{the old house})) \tag{4.10}
$$

$$
\exists e(\text{Move}(e) \wedge \text{Patient}(e, \text{the box}) \wedge \text{Goal}(e, \text{the new house})) \tag{4.11}
$$

事件语义学提供了一种将事件认知语义表示翻译为形式表达式的方法。这种方法首先引入事件论元 e，将事件角色的值翻译为一元谓词，e 是此谓词的论元；然后将其他语义角色翻译为一元或二元谓词，其中一元

谓词的论元是 e，对于二元谓词，除论元 e 以外，还有一个论元是该语义角色对应的值。例如：副词表达的语义角色是对事件的描述，也应该翻译为一元谓词，其论元为 e。例如："John quickly move the box to the house" 中的 "quickly" 对应的角色为方式，应当翻译为 Quickly(e)。

给定任何一个事件认知语义表示，可以按照翻译模板 4.12 将其翻译为形式表达式，其中 Event 表示事件角色对应的值；UniRole$_i$ 和 BiRole$_i$ 分别表示对应一元和二元谓词的语义角色；Val$_i$ 表示语义角色 i 对应的值。在具体的翻译过程中，如果语义角色没有对应的值，则将语义角色对应的子公式以及前面的合取符号删除，将有对应值的语义角色分别代入后，便得到最终的形式表达式：

$$\exists e \text{Event}(e) \wedge \text{UniRole}_1(e) \wedge \text{UniRole}_2(e) \wedge \cdots \wedge \text{UniRole}_n(e) \wedge$$
$$\text{BiRole}_1(e, \text{Val}_1) \wedge \text{BiRole}_2(e, \text{Val}_2) \wedge \cdots \wedge \text{BiRole}_n(e, \text{Val}_n)$$

(4.12)

在语言学界和人工智能界，基于事件语义学的翻译方法被广泛使用。这种翻译方法为自然语言提供了一种事件类型的语义表示。这只是为自然语言提供了一种理解的视角，即使用概念系统中的事件框架认知模型来对自然语言进行识解。然而，概念系统中还存在其他类型的认知模型，相应地也会有其他类型的语义表示方式。对其他事件类型的认知语义表示，可以借鉴事件语义学的思想来将其翻译为形式表达式。例如：对于空间运动事件的认知语义表示，尽管所使用的语义角色和事件语义表示有所不同，但可以构造类似 4.12 的翻译模板，将其翻译为形式表达式。

4.5.3　标准翻译方法

在诸多的具体应用中，形式化任务的目标语言中不允许语义角色的出现，只允许使用自然语言句子中出现的成分。在逻辑学的翻译练习中，一般也是要求使用句中出现的成分作为逻辑语言符号，不允许引入其他的逻辑语言符号。为了区别于基于事件语义学的翻译方法，我们将其称为标准翻译方法（standard translation method）。按照标准翻译方法，句子 4.4 和句子 4.5 一般被翻译为公式 4.13 和公式 4.14。相较于 Davidson（1967）提出的翻译方法，标准翻译方法中并未引入事件论元 e，同时谓词 To 和 From

的其中的一个论元为 the box 而非 e。

$$\text{Move(John, the box)} \land \text{To(the box, the new house)} \tag{4.13}$$

$$\text{Move(John, the box)} \land \text{To(the box, the new house)} \land$$
$$\text{From(the box, the old house)} \tag{4.14}$$

类似于事件语义学的翻译方法，可以通过分析语义角色和值之间的关系来构造翻译模板，从而实现从认知语义表示到形式表达式的翻译。要构造翻译模板，首先通过分析语义角色间的关系，确定一些子公式模板；然后将子公式模板组合成最终的翻译模板。例如：依据事件认知语义表示可以构造如 4.15 所示的翻译模板，如果某个语义角色缺失则将其对应的子公式从模板中删除。句子 4.4 中不含初始位置角色，因此将子公式 From(受事, 初始位置) 及前面的联结词 $\land$ 从形式表达式中删除。将语义表示中语义角色值代入翻译模板中的语义角色则可以得到最终的形式表达式。

$$\text{事件(施事, 受事)} \land \text{To(受事, 目标位置)} \land \text{From(受事, 初始位置)} \tag{4.15}$$

值得说明的是，在翻译模板 4.15 中，谓词 To 和 From 并未出现在认知语义表示中此处是将初始位置和目标位置翻译为谓词 To 和 From。然而在一些句子中并未使用 "to" 和 "from"，例如，句子 4.16 中使用的是介词 "onto"，这使得生成的形式表达式中出现了句子中未出现的成分。为了生成更为准确的形式表达式，可以在构造认知语义表示时需要增加两个语义角色：初始路径和目标路径，二者的值为相应的空间介词所表达的概念。由这一新的语义表示可以构造如 4.17 所示的翻译模板。由此可见，认知语义表示的构建有时也需要参考形式化的需求，增加相应的语义角色。

$$\text{John moved the box onto the desk.} \tag{4.16}$$

$$\text{事件(施事, 受事)} \land \text{目标路径(受事, 目标位置)} \land$$
$$\text{初始路径(受事, 初始位置)} \tag{4.17}$$

由于标准翻译方法将部分语义角色值翻译为论元，因此，当语义角色缺失时可能导致无法正确翻译。例如：句子 4.8 的认知语义表示中不包括施事角色，由此导致事件(施事, 受事)无法正确翻译。对于此类情况，可以采用两种方法来处理，一种方法是采用占位符"−"来补充缺失的论元；另一种方法是通过引入个体变项来生成完整的形式表达式。例如：采用这两种方法，句子 4.8 分别被翻译为公式 4.18 和公式 4.19。这两种翻译方法都可以保持自然语言句子间的蕴含关系，但是引入变项的翻译方法使得形式表达式中包含了比自然语言句子更多的内容。

$$\text{Move}(-, \text{the box}) \land \text{To}(\text{the box}, \text{the new house}) \tag{4.18}$$

$$\exists x \text{Move}(x, \text{the box}) \land \text{To}(\text{the box}, \text{the new house}) \tag{4.19}$$

值得注意的是，并非所有的事件都只包含两个核心论元，有些事件可能包括更多的核心论元。因此，有些事件角色不应被翻译为二元谓词。例如："give"所表达的事件包含施事，受事和与事三种核心的语义角色，其对应的形式表达式为事件 (施事, 受事, 与事)。由于认知语义表示中的语义角色数量是有限的，因此可以依据语义角色的不同组合方式对动词进行分类，不同动词采用不同的翻译模板。

对于同一个自然语言句子，采用不同的认知模型进行识解会得到不同的认知语义表示。如果采用基于事件语义学的翻译方法，由于语义角色出现在形式表达式中，因此，必然会导致生成不同的形式表达式。但是，对于标准翻译方法，不同认知语义表示则可能生成相同的形式表达式。例如：采用事件框架认知模型和运动事件框架认知模型对句子 4.4 进行识解后，可以得到如图 4.12 所示的认知语义表示。尽管二者所采用的语义角色不同，但是所表达的内容相似，因而，可以构造相似的翻译模板来生成相同的形式表达式。

4.5.4 语义角色值的翻译

在认知语义表示中，语义角色的值往往是由词组来表达的，由此使得所生成的形式表达式中的一些论元是由词组表示的。下文以基于事件语义学的翻译方法为例来说明对语义角色值的翻译，标准翻译方法的处理方式与此相同。例如：在例 4.9、4.10 和 4.11 中，the box、the new house、the old house 被作为论元。而在一阶语言中，谓词的论元是个体，个体包

$$
\left[
\begin{array}{ll}
施事: & John \\
事件: & move \\
受事: & the\ box \\
目标路径: & to \\
目标位置: & the\ new\ house \\
\cdots &
\end{array}
\right]
\qquad
\left[
\begin{array}{ll}
施事: & John \\
图形: & the\ box \\
背景: & the\ new\ house \\
方式: & move \\
目标路径: & to \\
目标位置: & the\ new\ house \\
\cdots &
\end{array}
\right]
$$

图 4.12　事件和空间运动事件认知语义表示

括个体常项和个体变项。显然，上述三个词组都有确定的指称，即在一个
具体的场景中，听话者在听到这句话时，能够将这三个语词指称到现实世
界中确定的个体上。

　　将语词指称和概念、对象或者时间联系起来的过程也常被称为"符号落
地"（symbol grounding）问题。Radden and Dirven（2007: 48–49）将落地
概念定义为在一个由说话者和听话者参与的语境中，说话者对于情境和情
境中参与者的"锚定"（anchoring）。同时，他认为"落地"是如此重要以致
于英语语法强制要求必须在句子中使用"落地元素"（grounding elements）。
在上面的例子中，限定词"the"就是落地元素，它所起的作用是将语言中
的"the box""the new house""the old house"指称到确定的个体上。类似
的限定词还有"this""that"等，对于这些语词所表达的概念，在翻译的过
程中可以处理成个体常项。

　　有些语义角色对应的值并非一个个体，而是多个个体组成的集合。如
果这类的集合也可以被视为论域中的个体，那么也可以将其处理成个体常
项。例如：句子 4.20 中施事角色对应的是 John and Mary，若将二者的集
合看作论域中的个体，则可以将其整体视为个体常项，此句可以翻译为公
式 4.21。这种处理方式在本体论上预设了由元素组成的集合也是一个个体，
这种预设一般不符合人类的日常直观。

$$\boxed{\text{John and Mary}}\ \text{moved a box to a house.} \qquad (4.20)$$

$$\exists e(\text{Move}(e) \wedge \text{Agent}(e, \text{John and Mary}) \wedge \text{Patient}(e, \text{a box}) \wedge$$
$$\text{Goal}(e, \text{a house})) \tag{4.21}$$

尽管 "a" "an" 并不是落地元素，但在有些具体的场景中也可以指称确定的个体。例如：给定一个具体场景中，句子 4.22 中的 "a box" 和 "a house" 实际上也有确定指称，"a box" 指的是被 John 移动到房子里的箱子；"a house" 指的是 John 把箱子移动到的那个房子。因此，句子 4.22 可以被翻译为公式 4.23。但是由 "a" "an" 构成的词组在某些场景下并不指称具体的个体。例如：在一个有很多箱子和房子的场景下，句子 4.24 中的 "a box" 和 "a house" 并无确定指称，不能被处理为个体常项。此时需要引入个体变项，并将名词翻译为一元谓词，由此可以将其翻译为公式 4.25。采用类似的处理方式也可以将句子 4.22 翻译为公式 4.25。

John moved $\boxed{\text{a}}$ box to $\boxed{\text{a}}$ house. $\tag{4.22}$

$$\exists e(\text{Move}(e) \wedge \text{Agent}(e, \text{John}) \wedge \text{Patient}(e, \text{a box}) \wedge$$
$$\text{Goal}(e, \text{a house})) \tag{4.23}$$

John $\boxed{\text{will}}$ move $\boxed{\text{a}}$ box to $\boxed{\text{a}}$ house. $\tag{4.24}$

$$\exists e \exists x \exists y(\text{Move}(e) \wedge \text{Agent}(e, \text{John}) \wedge \text{Patient}(e, x) \wedge \text{Box}(x) \wedge$$
$$\text{Goal}(e, y) \wedge \text{House}(y)) \tag{4.25}$$

将语义角色值直接处理成个体常项的方式尽管简单，但是存在两方面的问题，一方面不符合人类的日常直观；另一方面无法体现自然语言表达式间的蕴含关系。例如：句子 4.26 在语义上蕴含句子 4.22，然而，其对应的公式 4.27 并不蕴含公式 4.23。相较之下，将引入变项的处理方式可以对语义刻画的更为精细，并且能够保持自然语言间的蕴含关系。例如：句子 4.26 可以被翻译为公式 4.28，此公式蕴含公式 4.25。

John moved a box to a $\boxed{\text{red}}$ house. $\tag{4.26}$

$$\exists e(\text{Move}(e) \wedge \text{Agent}(e, \text{John}) \wedge \text{Patient}(e, \text{a box}) \wedge$$
$$\text{Goal}(e, \text{a red house})) \tag{4.27}$$

$$\exists e \exists x \exists y (\text{Move}(e) \wedge \text{Agent}(e, \text{John}) \wedge \text{Patient}(e, x) \wedge \text{Box}(x) \wedge \\ \text{Goal}(e, y) \wedge \text{Red}(y) \wedge \text{House}(y)) \tag{4.28}$$

对于由词组表达的语义角色，可以借助依存语法分析器来分析词组内部的关系并构造翻译模板。人工智能界广泛使用的依存语法分析器有 Stanford CoreNLP[①]（Manning et al., 2014）和 Stanza[②]（Qi et al., 2020），其中所使用的依存关系是普遍依存关系[③]（universal dependency；Nivre et al., 2016）。例如："the red house" 中 "red" 和 "house" 间是一种修饰关系（amod），对于此种关系应该将其拆分为两个谓词；而对于像 "the book store" 中 "book" 和 "store" 是一种复合词的关系（compound），此时 "book store" 应该处理为一个谓词。由于整体的依存关系的数量是有限的，可以针对每一种关系构造相应的翻译规则。

除了上述组合关系外，有些语义角色值的内部概念间具有否定关系。否定是人类思维中最简单也最基本的关系，同时也是逻辑学研究中最为重要的一种关系[④]（Royce, 1917）。同时，否定词也是人类语言区别于其他动物语言的最重要的特征。值得说明的是，否定关系并不对应场景中的元素，而是人类认知加工的结果。例如：在一个医患交流场景中，句子 "John is diagnosed with lung disease other than asthma" 所对应的认知语义表示如图 4.13 所示，其中疾病角色值中包含否定词 "other than"。

$$\begin{bmatrix} \text{患者}: John \\ \text{事件}: be\ diagnosed \\ \text{疾病}: lung\ disease\ other\ than\ asthma \end{bmatrix}$$

图 4.13 医患交流场景认知语义表示

对于此类复合概念的翻译，需要利用概念表达式内部成分的前后顺序。

---

① https://corenlp.run/

② http://stanza.run/

③ https://universaldependencies.org/u/dep/

④ 更多关于"否定"的讨论参见 Horn（1989）。

因为"other than"作为一个否定词，表达的是一种部分否定关系，即对出现在其后的成分进行否定，并与其前的成分进行合取。其语义标记部分否定，所对应的逻辑联结词是 $\wedge\neg$。这一复合表达式的语义标注结果如 4.29 所示，此类表达式可以归纳为如 4.30 所示的构式图式。对应此类构式图式可以构造翻译模板 4.31。利用此翻译模板可以将其翻译为公式 4.32。

$$[_{疾病_1} \text{lung disease}][_{部分否定} \text{other than}][_{疾病_2} \text{asthma}] \tag{4.29}$$

$$[_{疾病_1} \text{NP}][_{部分否定} \text{other than}][_{疾病_2} \text{NP}] \tag{4.30}$$

$$疾病_1(y) \wedge \neg 疾病_2(y) \tag{4.31}$$

$$\text{lungDisease}(y) \wedge \neg \text{asthma}(y) \tag{4.32}$$

4.6　结语

本章基于 CogNLU 和 CogFLG 模型，提出了一种基于认知语义表示的自然语言形式化方法。此方法分为三个部分，首先是认知语义表示的构建方法；其次是从自然语言表达式到认知语义表示的转换方法；最后是从认知语义表示到形式表达式的转换方法。所有基于语义表示的自然语言形式化方法，本质上都可以视为如下过程：首先将句中所表达的概念范畴化为有限的概念范畴，也就是认知语义表示中的语义角色；然后，再基于这些有限的概念范畴，建立起概念范畴与形式表达式之间的一种对应。

认知语义表示的构建是整个形式化过程的核心，这决定了对自然语言的识解方式和形式语言的生成方式。同时，认知语义表示构建的质量也决定了所能覆盖的自然语言表达式的数量，以及形式表达式生成的难度和准确度。由于认知语义表示是借助概念系统的认知模型生成的，因此，构建认知语义表示本质上是构建关于某个场景的认知模型。然而，认知模型的形成是建立在人类范畴化和概念化能力基础之上的。必须承认的是，并非所有人都能对场景元素进行正确归纳和分类，同时能够清晰地描述场景元素范畴化后所形成的认知模型。因此，在面对某些领域的形式化任务时，有时需要借助专家构建的认知模型来构建认知语义表示。

虽然目前计算机并不具备像人一样的范畴化和概念化能力，但是随着机器学习技术的发展，特别是无监督聚类（unsupervised clustering）技术的发展，目前机器已经具备了一定的范畴化能力，换言之，机器能自动地将语义相近的文本自动归为一类，这无疑是一种非常好的辅助手段或验证手段。由此，可以先对某场景下的自然语言表达式进行聚类，然后对每一类分析其对应的语义范畴；也可以先通过对自身认知的内省建立认知语义表示，然后再对比机器自动聚类的结果来检验所建立的语义表示是否覆盖了所有的语义聚类。

本书的目标是构建一种相对通用的形式化方法，能够将具体场景下的自然语言表达式翻译为形式表达式。场景可以分为简单场景和复杂场景，二者的判定依据是表达内容和表达方式的多样性。例如：对于教授和学生谈话的场景而言，如果谈论的内容没有任何限制，那么这是一种复杂场景；如果谈论的内容仅限于某一学科的专业知识，那么此场景则相对简单。本章所提出的方法对于简单场景具有较强的适用性。对于简单场景下的自然语言形式化任务，一方面，由于场景元素相对有限，因而可以相对容易地建立其所对应的认知语义表示；另一方面，由于简单场景下的自然语言只包含了相对有限的构式图式，这使得从自然语言到认知语义表示的转换相对容易，同时，由于认知语义表示中的语义角色较少，使得认知语义表示和形式表达式间的对应关系也相对简单。对于复杂场景下的自然语言形式化任务，由于其在表达内容和表达方式上的多样性，在运用此方法时将面临不同程度上的困难。

从理论上讲，本章所提出的方法也可以运用于面向所有自然语言表达式的形式化任务。首先，人们使用自然语言对世界中的各种各样的场景进行描述，因此，要处理所有的自然语言表达式，首先需要构建全部人类经验的认知模型。其次，认知语义表示是借由认知模型产生的，因此，给定一个自然语言表达式，需要能够依据场景信息自动选择合适的认知模型产生相应的认知语义表示。再次，要从表达式中抽取出认知语义表示中的语义角色，需要收集所有的构式或构式图式，并建立构式、概念和语义角色间的对应关系。最后，要构建从认知语义表示到形式语言的转换，需要构建所有认知模型所对应的形式语言的构式图式。然而上述的每一个过程都面临着诸多难以克服的困难，因此，此方法无法在现阶段应用于面向所有自然语言表达式的形式化任务。

第 5 章

空间语言的自动形式化

在日常生活中，人们经历着各种各样的空间场景，这些场景中有的是静态的，有的是动态的。例如：张三在卧室里，茶杯在桌子上，张三把沙发搬到屋子里等。对这些空间场景的描述被称为"空间语言"，换言之，空间语言是表达实体空间关系的表达式（Zlatev, 2007）。本章将利用第 4 章提出的形式化方法来实现空间语言的自动形式化①。

5.1 引言

5.1.1 问题提出

到目前为止，常识推理仍然是人工智能领域的主要挑战之一。要让机器模拟人类的常识推理能力，机器需要具备一定的常识知识、自然语言理解能力以及推理能力。Levesque et al. （2012）提出了 Winograd 模式挑战（简称 WSC），并以此来替代图灵测试作为人工智能的测试标准。他们认为图灵测试使用自由形式的会话作为测试标准，非常容易被欺骗和愚弄。因

---

① 本章的内容发表在空间语言理解国际研讨会议上，详见 C. Xu et al. （2020）。

此，他们希望提出一种更为确定的测试方法，并假定如果一个系统能够正确回答 Winograd 模式问题，那么该机器在很大概率上具有像人一样的思考能力。

该挑战提出的初衷是促进有效老式人工智能的发展，即 John McCarthy 和 Marvin Minsky 等人所提出的基于常识的人工智能方法（Levesque, 2017: 4）。事与愿违，随着深度学习技术的飞速发展，一些基于深度学习的系统在 WSC 任务上的准确率超过了 90%[①]。这些解决方案背后的思想是利用通过大数据训练的语言模型来计算句子的概率。因此，这些系统并非常识推理问题真正的解决方案。一个真正的常识推理系统应该具备两个条件：（1）基于常识进行推理；（2）具备可解释性。从当前已有的技术来看，要构建基于常识的可解释的系统，逻辑方法依然是可行路径之一。

表 5.1 展示了一个 Winograd 模式的实例[②]。从这一例子可以看出，Winograd 模式问题是成对出现，二者的区别非常小，只有一个特殊位置的词不同，这种不同导致了代词"it"的指称不同。人类在解决这一问题时，首先依据描述知道水从瓶子中移动到杯子中；然后推理出瓶子中的水会越来越少直至为空，而杯子中的水会越来越多，直到杯子满了；最后推理出代词"it"的指称。要让机器能够解决这一问题，首先同样需要让机器"知道"水从瓶子里移动到杯子中，即水的空间位置的变化；然后再利用常识知识推断出瓶子会越来越空，杯子会越来越满。从这一实例可以看出，实体的空间位置信息是整个推理中必不可少的一部分。

若要基于逻辑方法解决 Winograd 模式问题，首先需要将问题描述翻译为逻辑表达式，然后才能进行后面的推理。例如：句子 5.1 需要翻译为公式 5.2 才能被逻辑推理引擎处理。公式 5.2 表达的含义是：存在一个事件 *e*，事件 *e* 是一种 *pour* 事件；事件的图形是 *the water*；事件的背景是 *the bottle* 和 *the cup*；图形的初始位置是 *the bottle*；图形的目标位置是 *the cup*。

$$\text{I poured water from the bottle into the cup.} \tag{5.1}$$

---

① WSC 任务的介绍参见第 1.1.1 节。

② https://cs.nyu.edu/faculty/davise/papers/WinogradSchemas/WSCollection.html.

表 5.1　Winograd 模式实例

I poured water from the bottle into the cup until <u>it</u> was $\boxed{\text{full}}$.

问题："it" 指称什么？

答案：the cup

I poured water from the bottle into the cup until <u>it</u> was $\boxed{\text{empty}}$.

问题："it" 指称什么？

答案：the bottle

$$\exists e(\text{Pour}(e) \wedge \text{Agent}(e, \text{I}) \wedge \text{Figure}(e, \text{water}) \wedge$$
$$\text{Ground}(e, \text{the bottle}) \wedge \text{Ground}(e, \text{the cup}) \tag{5.2}$$
$$\text{Source}(\text{water}, \text{the bottle}) \wedge \text{Goal}(\text{water}, \text{the cup}))$$

本章的目标是设计一个空间语言的自动形式化系统，能够自动地将空间语言翻译为如公式 5.2 所示的逻辑表达式。之所以选择空间语言作为研究对象，有以下两点原因：一方面，空间推理是常识推理中一种最为基本的类型，而要进行空间推理，首先需要将空间语言翻译为逻辑表达式。此外，空间信息在某些其他类型的常识推理中也起着重要作用。例如：在 Winograd 模式挑战中，有近四分之一的例子涉及实体的空间位置信息①。另一方面，空间信息的表达非常整齐，而且在认知语言学和人工智能领域有着广泛而深入的研究。相较于其他的领域，更有可能提出一种统一化的处理方案来实现空间语言的形式化。

5.1.2　相关研究

目前学界并没有关于空间语言形式化的专门研究，相关研究主要集中在空间语义表示和空间信息抽取领域。因此，本节主要就这两方面的研究进行评述。这两方面的研究涉及空间推理（spatial reasoning）、地理信息系

---

① 空间相关的 WSC 实例，参见 https://github.com/chaoxu95/phd-thesis-code/blob/master/space-code/param/wsc_examples。

统（geographical information system, GIS）、文景转换、语义评测以及认知语言学等研究领域。

空间推理分为定量空间推理（quantitative spatial reasoning）和定性空间推理（qualitative spatial reasoning）。在日常生活中，人们一般更常使用定性的表达而非定量的表达，因此，本书只关注定性的空间表示。Cohn and Renz（2008）对定性空间推理中所使用的空间表示方法进行了综述，当前定性空间推理中主要使用点、线、区域（regions）等抽象实体而非物理实体，来表示空间关系。其中最为著名的空间表示是区域连接演算模型（region connection calculus, RCC；Randell et al., 1992; Cohn et al., 1997）。然而，要将自然语言表达式抽象为由点、线、面构成的空间语义表示是非常困难的，至今尚未有方法能够将自然语言转换为这种抽象的空间语义表示。由此也使得关于空间推理的研究很难在常识推理中得以应用。

在地理信息系统领域，C. Zhang et al.（2009）提出了一种自然语言处理的平台，该平台基于句法规则来抽取地理信息系统相关的空间信息。这一研究仅仅局限在地理命名实体（geographical named entity）及其相关的空间关系的抽取，并不能处理日常的描述物体相对位置的自然语言句子。为了克服地理信息系统空间表示信息难以利用的问题，Mark（1999）将认知的视角引入空间信息的表示中，但并未考虑空间信息的自动抽取问题。

文景转换研究的目标是将文本转为 3D 的场景模型，一般的文景转换系统分为两部分：（1）文本的空间语义分析；（2）将文本的语义表示转换为 3D 模型。最典型的文景转换系统是 Carsim 和 WordsEye 系统。Carsim 系统使用了一种形式描述来表示事故报告中的空间信息（Dupuy et al., 2001），但是这一描述仅仅关注事故场景，而非对一般空间场景的描述。WordsEye 系统提供了一种基于依存语法的空间语义分析方法（Coyne and Sproat, 2001），该系统能处理大部分对于静态空间位置的描述，但是无法处理对于动态空间位置变化的描述。

在计算语义评测领域，Kordjamshidi et al.（2011）提出了空间角色标注（spatial role labelling）的评测任务。该任务所采用的空间语义表示是一种认知语义表示，但该任务主要关注静态空间表达式，较少涉及动态空间表达式。此外，该任务提出的初衷是要促进机器学习技术的应用，因此，所有参赛的系统都是基于机器学习的方法（Kordjamshidi et al., 2012; Kolomiyets et al., 2013; Pustejovsky et al., 2015; Kordjamshidi et al., 2017）。S. Li et al.（2009）提出了一种基于认知理论的空间表示和自动抽取方法，该方法也是基于机器学习的方法。基于机器学习构造的系统都具有不可解释和不可预测的特点。

在认知语言学领域，Zlatev（2007）对空间语义相关的研究进行了综述，并在此基础上提出了一些空间语义表示的基本语义角色。Johnson（1987）提出通过意象图式来刻画空间认知中重复出现的一些结构或图式。例如：SOURCE-PATH-GOAL（源头—路径—目标）图式是对人类空间运动结构的一种刻画。Bergen and Chang（2005）在意象图式理论基础上提出一种具身构式语法，以此来促进语言的深层理解。Talmy（1983）通过分析一些语言中封闭类的元素（比如介词和指示词），提出了一种关于空间构型（spatial configuration）的概念框架。Jackendoff（1983: 161–187）基于概念结构假设提出了一种空间语言的语义表示方法。

5.2　空间语言形式化方法

第 4 章提出了一种基于认知语义表示的形式化方法。利用此方法可以实现空间语言的自动形式化，系统结构如图 5.1 所示。整个形式化的过程分为三个步骤：（1）构建空间认知语义表示；（2）将自然语言表达式转换为空间认知语义表示；（3）将空间认知语义表示转换为形式表达式。本节将从这三个方面出发来展开说明空间语言的形式化过程。

5.2.1　空间认知语义表示的构建

认知语义表示是借助认知模型产生的，因此，空间认知语义表示的构建本质上是构建关于空间场景的认知模型。直观上，空间场景可以分为静态和动态两种类型，相应地对这两类场景的描述分别称为静态空间语言和动

图 5.1　空间语言形式化系统结构图

态空间语言。静态空间语言描述的是实体间的静态空间位置关系；动态空间语言描述的是一个实体相对于另一个实体的运动轨迹。例如：句子 5.3 是静态空间语言表达式；而句子 5.4 是动态空间语言表达式。

The cat was lying by the mouse hole.　　　　　　　　　　　　　(5.3)

The mouse was running into the mouse hole.　　　　　　　　　　(5.4)

Talmy（2000a: 311–342）将格式塔心理学中的图形和背景概念引入认知语言学中，并用其刻画空间场景中的两类实体。Talmy 将空间场景中需要被锚定的实体称为图形，而作为参照物的实体称为背景。在句子 5.3 和句子 5.4 所描述的场景中，猫和老鼠处于注意力的焦点位置，具有认知上的显著性，它们的位置通过参照物实体被确定。因此，"the cat" 和 "the mouse" 是图形，"the mouse hole" 是背景。由此可以看出，图形是一个正在移动或者概念上可移动的实体，它的路径、位置和朝向可以被设想为一个变量；而背景是一个参照实体，一般作为静态的背景出现在场景中，用来确定图形的路径、位置和朝向（Talmy, 2000a: 26）。

对于静态空间场景的刻画，除了图形和背景语义角色外，还需要引入关系角色来描述图形和背景的相对位置；引入方式角色来描述图形所处的状态。例如：在句子 5.3 所对应的语义表示中，关系角色的值是 by；方式角色的值是 lying。方式角色并非一个必需的角色，例如，在句子 "The book is on the table" 中，方式角色未被明确地表达出来。

对于动态空间场景的刻画要比静态空间场景复杂，因为图形和背景间的关系是动态的，无法仅用关系角色来刻画二者的关系。直观上，在一个典型的动态空间场景中，一个实体相较于另一个实体从一个位置移动到另一

个位置，中间经过了某些位置，其运动轨迹具有某种形状。认知语言学家
将人类的这种直观认知进行图式化和理论化[①]。例如：Johnson（1987: 113）
使用 SOURCE-PATH-GOAL 意象图式来刻画实体的空间位移图式；Fillmore 等
人通过对空间运动语词和运动场景的分析构建了运动场景的框架表示[②]。在
空间认知研究的基础上，我们结合对空间语言实例的分析，提出了刻画空
间运动场景的六个语义角色：施事、初始位置、经过位置、目标位置、路径
形状和朝向。完整的空间认知语义表示如表 5.2 所示。

表 5.2　空间认知语义表示

类型	语义角色	描述
所有	图形	需要被确定位置的实体
所有	背景	参照实体，用以刻画图形的位置
所有	方式	图形所处状态或空间运动方式
静态	关系	图形和背景的空间位置关系
动态	初始位置	图形位置发生改变前的位置
动态	经过位置	图形运动所经过的位置
动态	目标位置	图形位置发生改变后的位置
动态	路径形状	图形运动轨迹的形状
动态	朝向	图形运动的朝向

5.2.2　从空间语言到空间认知语义表示

给定了空间认知语义表示之后，下一步的任务是将空间语言转换为空
间认知语义表示，即从空间表达式中抽取出相应的语义角色。本节基于
第 4.4 节所提出的方法来实现从空间语言到空间认知语义表示的转换，整
体的处理过程如图 5.2 所示。

---

① 空间认知语义表示的相关研究参见附录 D.1 节。

② https://framenet.icsi.berkeley.edu/fndrupal/frameIndex.

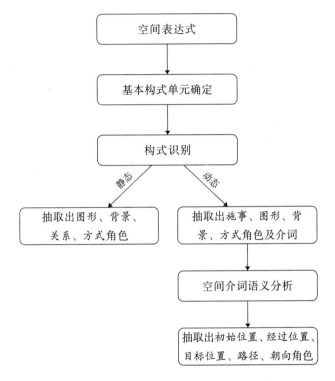

图 5.2   从空间语言到空间认知语义表示

给定一个空间表达式，首先要确定句中的基本构式单元，基本构式单元作为最小的语义单位。基本构式单元进一步组合构成短语构式或者句子构式。我们从空间语言实例中总结了一些构式图式用以识别空间表达式，并用这些构式图式将空间语言表达式识别为静态空间表达式或动态空间表达式。构式图式是"形式—意义对"，其中既包含语法信息又包含语义信息，且语法信息和语义信息间存在着对应关系。

对于静态空间语言，利用句子或短语构式层面的语法—语义对应关系，可以抽取出图形、背景、关系、方式语义角色；对于动态空间语言，首先利用语法—语义对应关系，抽取出施事、图形、背景、方式、介词等信息，然后再通过对介词的语义分析抽取出初始位置、经过位置、目标位置、路径形状、朝向语义角色。由此，便从空间表达式中抽取出了表 5.2 所列出的所有的语义角色。

空间语义角色抽取过程使用的是基于语法—语义对应原则的语义角色抽取方法和基于词义分析的语义角色抽取方法（参见第 4.4.3 节）。对于前者而言，通过总结空间语言的构式图式可以构建语法成分和语义角色间的对应关系，一旦识别了空间表达式的构式图式，便可根据语法—语义的对应关系抽取出对应的语义角色。对于后者而言，由于大部分的空间位置信息都编码在空间介词中，因此，可以通过对空间介词的语义分析来抽取出相应的空间语义角色。

空间语言构式图式

A. E. Goldberg（1995: 50–51）提出构式中的语法—语义对应原则，这意味着如果能够确定句子的构式图式，那么便可利用语法—语义对应原则确定句子成分所对应的语义角色。这种对应是相对于某个特定构式而言的。例如："NP_F-Spatial Prep-NP_G" 是一个构式图式，其中 F、G 分别代表图形和背景。由此可以看出构式图式中既包含句法范畴，又包含语义角色，且二者存在确定的对应关系。对此构式图式而言，第一个和第二个名词词组分别对应语义角色图形和背景。一旦能够通过句法范畴信息确定空间表达式的构式图式，那么便可以确定其对应的语义角色。例如：对于 "the book on the table" 而言，利用句法分析工具得到它的语法构式图式是 "NP-Spatial Prep-NP"。由此，再利用上述对应原则，便可得到 "the book" 和 "the table" 对应的语义角色分别为图形和背景。

要收集如上所述的空间语言构式图式，需要对空间语言进行分析。本书研究自然语言形式化的动机之一是推动常识推理问题的解决，因此，我们选用空间相关的 Winograd 模式问题作为实例来进行分析。由于 Winograd 模式挑战中仅包含了有限的实例，因此，我们还从 Herskovits（1987）和 Sondheimer（1978）关于空间语言与空间认知的研究中筛选了一些实例。通过对这些空间语言实例的分析，我们归纳总结了 10 个空间构式图式[①]，如表 5.3 所示，其中下标 F、G、A 和 M 分别表示图形、背景、施事和方式，MV、CMV、SV 分别表示运动动词（motion verb, MV）、致使运动

---

① 关于构式图式的具体归纳过程参见附录 D.2 节。

动词（caused motion verb, CMV）和静态动词（stative verb, SV）。D-4 构式中的方括号表示里面的内容是可选的，可以出现也可以不出现。

表 5.3　空间语言构式图式列表

类型	编号	空间构式图式
动态图式	D-1	主语/NP_F - 谓语/MV_M - Spatial Prep - NP_G
	D-2	主语/NP_F - 谓语/MV_M - Spatial Prep
	D-3	主语/NP_A - 谓语/CMV_M - 宾语/NP_F - Spatial Prep
	D-4	主语/NP_A - 谓语/CMV_M - 宾语/NP_F - Spatial Prep NP_G - [Spatial Prep - NP_G]
静态图式	S-1	There be - 主语/NP_F - Spatial Prep - NP_G
	S-2	NP_F - Spatial Prep - NP_G
	S-3	主语/NP_F - 谓语/Be - Spatial Prep - NP_G
	S-4	Spatial Prep - NP_G - 谓语/Be - 主语/NP_F
	S-5	主语/NP_F - 谓语/SV_M - Spatial Prep - NP_G
	S-6	Spatial Prep - NP_G - 谓语/SV_M - 主语/NP_F

从表上可以看出，对应于动态和静态空间语言，构式图式分为了动态和静态构式图式两类。从空间构式图式可以看出，构式图式是由语法信息和语义角色构成，而且二者间存在着对应关系，其中语法信息包括句法范畴和语法角色。同时，语义角色和语词范畴间也存在着对应关系（参见第 4.4.2 节），此处施事、图形和背景概念对应于名词词组范畴；方式对应于动词范畴。

我们将动词划分为运动动词、致使运动动词和静态动词三类。按照原型论的概念理论，这三类空间动词所对应的动作概念范畴都有"原型"或最佳实例。例如："走""跑""跳""飞"等都是典型的运动动词；"放""拿""扔"等是典型的致使运动动词；"躺""等""停"等是典型的静态动词。但是，这三类空间动词的划分边界并不清晰，有很多的词在不同的语境中分属不同的动词类别。例如：动词"move"在句子"I moved to the new house"和

"I moved the box to the new house"中，分别作为运动动词和致使运动动词出现；动词"sit"在句子"I am sitting on the bed"和"I sit the boy on the bed"中，分别作为静态动词和致使运动动词出现。

　　本书使用构式图式来对这三类空间动词进行定义，如果一个动词能够出现在运动构式中，那么该动词就属于运动动词范畴；同样地，如果一个动词既出现在致使运动构式中，又出现在静态构式中，那么该动词既属于致使运动动词范畴，又属于静态动词范畴。因此，动词"move"既是运动动词也是致使运动动词；动词"sit"既是静态动词也是致使运动动词。分属多个范畴的动词依据其所出现的构式类型决定了其所属的具体范畴。如表 5.3 所示，当动词出现在 D-1 和 D-2 图式中时，属于运动动词；当出现在 D-3 和 D-4 图式中时，属于致使运动动词；当出现在 S-5 和 S-6 图式中时，属于静态动词。

　　严格来讲，要确定这三种动词类别，需要对每一个动词进行考察，然后查看其是否可以应用于某个特定构式。本书所研究的对象是英语，作为非母语者，这一工作对我们而言是非常困难的。Levin（1993）按照动词的词义和所出现的句法模式将英语动词划分为不同的词类，Schuler（2005）在此基础上构建了动词词典 VerbNet。因此，我们通过构建 VerbNet 词类和这三类空间动词范畴间的对应关系（参见附录 D.3 节），来收集这三类空间动词。这种方法虽不太严格，但却简单有效。

　　通过对空间构式图式的分析，可以总结出一些语义角色分布的基本规律。例如：背景角色总是出现在空间介词之后；在运动构式中，图形出现在主语的位置；在致使运动构式中，施事出现在主语位置，而图形出现在直接宾语的位置。因此，由构式图式中语法—语义对应关系，可以确定表达式中的参与者角色信息，即图形、背景、施事，以及方式角色。

空间介词语义分析

　　Talmy 依照路径信息词汇化方式的不同，将语言划分为两类：动词框架语言和卫星框架语言①。英语作为一种卫星框架语言，空间运动事件中的

---

　　① 具体介绍参见第 2.5.2 节。

路径信息一般被编码在卫星词中。由于大部分卫星词都是空间介词，因此，可以大致认为英语中所表达的空间信息大部分被编码在空间介词中。由此，可以通过分析空间介词的语义来抽取出空间语义角色。

语言学家将语词范畴分为开放类（open-class）和封闭类（close-class），开放类是指那些所包含的单词数量巨大且相对容易扩张的类；封闭类是指那些单词数量较少且成员相对固定的词类。显然，名词属于开放类，因为名词数量巨大，且每当人类创造了新的事物，都会用名词来命名它。空间介词属于封闭类，因为它数量相对较少且介词都很固定。这意味着对每个介词进行语义分析是可能的。

按照原型论的概念理论，人们无法通过给出充分必要条件的方式对一个概念下定义，空间介词也不例外。对于大部分空间介词而言，如"on""above""up"等，人们会毫无争议地认为其属于空间介词范畴。然而，还存在一些单词或词组，语言学家对其是否属于空间介词有着不同的理解。例如：Landau and Jackendoff（1993）认为像"backward""downward""forward"这样的词也属于空间介词，然而在词典中，这些词一般都被视为副词；Dittrich et al.（2015）将"west of""southeast of"这样的词组视为空间介词，然而在词典中，这些词组并不被视为介词（R. Quirk et al., 2010）。我们在前人对空间介词研究的基础上，整理了一个空间介词的列表，如表 5.4 所示。

我们将空间介词分为相对介词（relative preposition）和动态介词（dynamic preposition）两类。相对介词描述的是实体间的相对位置，既可以用于描述静态空间位置关系，也可以用于描述一个运动事件；动态介词指那些常伴随着运动事件出现的介词。换言之，相对介词既可以出现在动态构式中，也可出现在静态构式中；而动态介词一般只用于动态构式。例如：在句子"The cat was lying by the mouse hole"和"The cat passed by the mouse hole"中，介词"by"分别用于描述静态的位置关系和运动事件，因此，是一个相对介词。而空间介词"into"一般只能用于对运动事件的描述，如句子"The mouse run into the mouse hole"所示。

之所以区分相对介词和动态介词，是由于两个具有相同语法形式的句

表 5.4　空间介词列表

相对介词			
above	across	after	against
ahead of	along	alongside	amid
amidst	among	amongst	apart from
around	aside	at	atop
away from	back	back of	before
behind	below	beneath	beside
between	betwixt	beyond	but
by	close to	down	far from
in	in back of	in between	in front of
in line with	in place of	in the back of	in the front of
in the middle of	in the midst of	inside	inside of
left of	near	near to	nearby
next to	off	on	on top of
opposite	opposite of	outside	outside of
over	round	throughout	to the left of
to the right of	to the side of	toward	under
underneath	up	upon	within

动态介词			
from	into	off	off of
on to	onto	out	out of
past	through	to	via

子可能对应不同的构式图式。例如：句子 5.5 和句子 5.6 具有相同的语法形式，从语法形式上看，二者都对应 D-4 构式。然而，实际上句子 5.6 整体上对应 D-4 构式，而句子 5.5 中的 "I poured water from the bottle" 部分对应 D-4 构式，"the bottle on the table" 部分则对应 S-2 构式。这两个句子的前

半部分是相同的，差别在于"on the table"和"onto the table"部分。对比二者可以发现，它们所使用的介词不同，因此，通过将介词划分为相对介词和动态介词可以区分二者。

$$I\ poured\ water\ from\ the\ bottle\ on\ the\ table. \tag{5.5}$$

$$I\ poured\ water\ from\ the\ bottle\ onto\ the\ table. \tag{5.6}$$

这种处理策略可以正确处理大部分的空间语言表达式，但有些介词有静态和动态两种类型的含义，对于此类情况则不能正确处理。例如：介词"across"既可以表达静态空间关系"在对面"，也可以表达动态空间关系"穿过"，如句子5.7和句子5.8所示。此时，从形式上是无法正确区分二者的，需要利用更多的常识知识。例如："穿过"指从一个地方经过另一个地方到达第三个地方，在句子5.7中，而对于一般尺寸的桌子而言，对人而言不能使用"穿过"。句子5.8有两种理解方式，一种是"街对面的公园"；另一种是"穿过街道到达公园"。

$$John\ went\ to\ the\ person\ across\ the\ table. \tag{5.7}$$

$$John\ went\ to\ the\ park\ across\ the\ street. \tag{5.8}$$

要确定初始位置、经过位置、目标位置、路径形状和朝向角色，需要进一步对介词进行分析。在人类的概念系统中存在着一种特殊的概念——意象图式概念，意象图式是人类认知过程中重复出现的结构或图式。意象图式概念一般被编码为介词。本书总结了一些空间介词所对应的意象图式表示，如图5.3所示。图中虚线圆表示图形，实心圆和其他实线图像表示背景，箭头表示运动轨迹。

通过对意象图式概念的分析可以确定空间位置相关的语义角色。以ONTO-图式为例，ONTO-图式由三个基本元素组成：实体、参照物和运动方向。图中的平行四边形表示表示参照物的平面（surface）。ONTO-图式对应的介词是"onto"和"on"，当这两个介词用于对运动场景的描述时，表达的是一个实体移动到另一个实体的平面上。出现在介词"onto"和"on"之后的参照物一般被识解为一个平面。例如：在句子"John ran onto the stage"中，出现在"onto"之后的"the stage"被识解为一个平面。John的运动轨

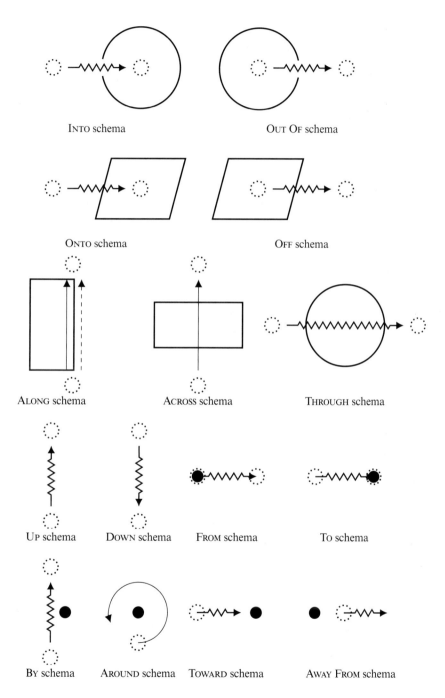

图 5.3　空间介词的意象图式表示

迹是由这个平面之外（exterior），移动到这个平面之内（interior）。因此，图形的初始位置和目标位置分别为舞台之外和舞台之内。

依照这种分析方法，通过分析图 5.3 中所列的意象图式，便可确定语义角色对应的值，如表 5.5 所示。表中初始位置、经过位置、目标位置、朝向所对应的值指的是相对于背景的位置。例如："interior""opening""exterior"分别指代背景的内部、入口和外部；"surface"指代背景的平面；"ground"指代背景的所处的位置；"one side""the other side"分别指代背景的一侧和另一侧；"upper place""lower place"分别指代背景中较高的位置和较低的位置；"inside""near"分别指代背景的内部和附近的位置。

表 5.5　空间介词语义分析列表

意象图式	空间介词	初始位置	经过位置	目标位置
INTO	in, into	exterior	opening	interior
OUT	out, out of	interior	opening	exterior
ONTO	on, onto	interior	—	surface
OFF	off, off of	surface	—	—
FROM	from	ground	—	—
TO	to	—	—	ground
ACROSS	across	one side	inside	the other side
THROUGH	through	one side	inside	the other side
UP	up, upon	lower place	—	upper place
DOWN	down	upper place	—	lower place
BY	by	—	near	—

意象图式	空间介词	路径形状	经过位置	朝向
ALONG	along	line	inside, near	—
AROUND	around	arc	near	—
TOWARD	toward	—	—	toward
AWAY	away from	—	—	away from

值得说明的是，图 5.3 所列的意象图式是介词的典型意义。除了典型意义，介词还具有非典型意义。例如：介词 "on" 除了具有 "X 在 Y 上面" 的含义，还可以表达附着关系（attachment）（Herskovits, 1987）。在句子 "The apple is on the tree." 中，介词 "on" 的意义与图 5.3 所示的意象图式不同，"the tree" 不能识解为一种平面。即便有些背景具有平面，但依然表达的是附着关系。在句子 "The fly is on the ceiling." 中，尽管天花板有平面，但仍表达的是附着关系。

在空间语言的理解过程中，介词的使用往往能够决定对于背景的识解方式。例如："火车" 有两种识解方式：由于火车具有内部、外部和入口，因此可以被识解为一种容器；由于火车车厢内部具有平面，因此，也可以被识解为一个平面。识解方式的选择是由前面的介词决定的，当使用介词 "on" 时，将火车识解为一个平面，而当使用介词 "in" 时，将火车识解为一个容器。在句子 "John get in the train" 和 "John get on the train" 中，"火车" 分别被识别为容器和平面。在某些语境下，像墙壁、石头这样的实心物体会被介词 "in" 强制识解为容器。例如：句子 "John hide the money in the wall" 和 "John placed the sword in a huge stone" 中的 "the wall" 和 "stone" 被强制识解为容器。同时，背景的性质也影响前面所能使用的介词。例如：对于小汽车（car）而言，由于小汽车内部没有供人站立的平面，因此，只能使用介词 "in" 表示在汽车内部。

5.2.3　从空间认知语义表示到形式语言

本书在第 4.5 节提出了两种翻译方法：标准翻译方法和基于事件语义学的翻译方法。二者的区别在于语义角色是否出现在形式表达式中。本节将利用这两种方法来实现从空间认知语义表示到形式表达式的翻译。这两种方法本质上都是通过分析语义角色和它们之间的关系来构建认知语义表示与形式表达式之间的对应关系。空间场景分为静态空间场景和动态空间场景两类，这两类场景的认知语义表示是不同的，因此，需要对这两类场景单独进行分析。

静态空间认知语义表示的翻译

　　静态认知语义表示包括四种语义角色：图形、背景、关系和方式。其中，图形、背景和关系角色出现在所有的认知语义表示中，而方式角色可能为空。例如：句子 5.9 和句子 5.10 所对应的认知语义表示如图 5.4 所示，其中句子 5.9 的认知语义表示中方式角色为空。通过对语义角色进行分析，按照标准翻译方法可以构造如 5.11 所示的翻译规则，将语义角色值代入后，可以得到公式 5.12 和公式 5.13。在翻译时，如果方式角色对应的值为空，需要将模板中的 ∧方式(图形) 部分从公式中删除。

$$\text{The book is on the table.} \tag{5.9}$$

$$\text{The book is lying on the table.} \tag{5.10}$$

$$关系(图形,背景) \wedge 方式(图形) \tag{5.11}$$

$$\text{On(the book, the table)} \tag{5.12}$$

$$\text{On(the book, the table)} \wedge \text{lying(the book)} \tag{5.13}$$

$$
\begin{bmatrix}
图形: & \textit{the book} \\
背景: & \textit{the table} \\
关系: & \textit{on} \\
方式: & -
\end{bmatrix}
\qquad
\begin{bmatrix}
图形: & \textit{the book} \\
背景: & \textit{the table} \\
关系: & \textit{on} \\
方式: & \textit{lying}
\end{bmatrix}
$$

图 5.4　句子 5.9 和句子 5.10 的认知语义表示

　　如果静态空间认知语义表示中方式角色的值不为空，也可以采用基于事件语义学的翻译方法。此方法需要引入事件论元 e，通过对语义角色进行分析，可以构造如 5.14 所示的翻译规则。由于图形和背景对应的值一般都是个体，因此，语义角色图形和背景被翻译为谓词 Figure 和 Ground，而二者对应的值被翻译该谓词的一个论元。由于关系和方式对应的值并非个体而是概念范畴，因而被翻译为谓词，其中关系的两个论元为图形和背景，方式的论元为事件论元 e。对于句子 5.10，将语义角色值带入后，可以生成形式表达式 5.15。

$$\exists e(方式(e) \wedge Figure(e, 图形) \wedge Ground(e, 背景) \wedge$$
$$关系(图形, 背景)) \tag{5.14}$$

$$\exists e(Lying(e) \wedge Figure(e, the\ book) \wedge Ground(e, the\ table) \wedge$$
$$On(the\ book, the\ table)) \tag{5.15}$$

动态空间认知语义表示的翻译

动态空间场景所对应的认知语义表示如图 5.5 (a) 所示。方式角色的值表示事件的运动方式，被翻译为一元谓词，论元为事件论元 e。施事、图形和背景角色表示事件的参与者信息，分别被翻译为二元谓词 Agent、Figure 和 Ground。这些谓词的一个论元为事件论元 e，另一个论元为这些角色对应的值。初始位置、经过位置和目标位置角色表示图形相对于背景的位置，分别被翻译为二元谓词 Source、Via 和 Goal。这些谓词的两个论元分别为图形和背景角色所对应的值。

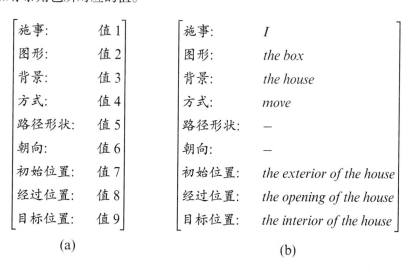

图 5.5　动态空间认知语义表示及其示例 1

由于路径形状和朝向角色对应的值是概念范畴，因此，需要将其翻译为谓词。路径形状角色的值表示图形运动轨迹的形状，常见的形状有直线

（line）、弧（arc）、圆（circle）、之字形（zigzag）等，这些形状的描述被翻译为一元谓词，其论元为事件 *e* 的轨迹。为此，我们引入了一个函数 trajectoryOf(*e*) 来表示图形的运动轨迹。朝向角色对应的值是两个空间概念 *toward* 和 *away from*，二者被翻译为二元谓词，其论元分别为图形和背景角色所对应的值。

通过以上分析，基于事件语义学的思想可以构造如 5.17 所示的翻译模板。空间表达式 5.16 对应的认知语义表示如图 5.5 (b) 所示，将语义角色的值代入翻译规则 5.17 中便可以得到形式表达式 5.18。对比自然语言表达式可以发现，形式表达式中表达的内容更多，是对自然语言句子充分理解的结果。通过对介词"into"的分析可以确定图形的初始位置、经过位置和目标位置分别为房子外部、入口和房子内部。

$$\text{I moved the box into the house.} \tag{5.16}$$

$$\begin{aligned}
&\exists e(方式(e) \wedge \text{Agent}(e, 施事) \wedge \text{Figure}(e, 图形) \wedge \\
&\quad \text{Ground}(e, 背景) \wedge \text{Source}(图形, 初始位置) \wedge \\
&\quad \text{Via}(图形, 经过位置) \wedge \text{Goal}(图形, 目标位置) \wedge \\
&\quad 路径形状(\text{trajectoryOf}(e)) \wedge 朝向(图形, 背景))
\end{aligned} \tag{5.17}$$

$$\begin{aligned}
&\exists e(\text{Move}(e) \wedge \text{Agent}(e, \text{I}) \wedge \text{Figure}(e, \text{the box}) \\
&\quad \wedge \text{Ground}(e, \text{the house}) \\
&\quad \wedge \text{Source}(\text{the box}, \text{the exterior of the house}) \\
&\quad \wedge \text{Via}(\text{the box}, \text{the opening of the house}) \\
&\quad \wedge \text{Goal}(\text{the box}, \text{the interior of the house}))
\end{aligned} \tag{5.18}$$

由于图 5.5 (b) 所示的认知语义表示中包含句子中未出现的成分，因此，不能使用标准翻译方法。如果要使用标准翻译方法，需要构造如图 5.6 (a) 所示的认知语义表示，其中路径角色中编码了所有的空间信息。句子 5.16 经过识解后所生成的认知语义表示如图 5.6 (b) 所示。通过对语义角色的分析，可以构造如 5.19、5.20 所示的翻译模板。二者的区别在于方式角色所对应的论元个数不同，一个为一元谓词；另一个为二元谓词。将图 5.6 (b) 所示语义角色代入后，可以得到形式表达式 5.21。

$$方式(施事, 图形) \wedge 路径_1(图形, 背景_1) \wedge \cdots \wedge 路径_n(图形, 背景_n) \quad (5.19)$$

$$方式(图形) \wedge 路径_1(图形, 背景_1) \wedge \cdots \wedge 路径_n(图形, 背景_n) \quad (5.20)$$

$$\text{Move(I, the box)} \wedge \text{Into(the box, the house)} \quad (5.21)$$

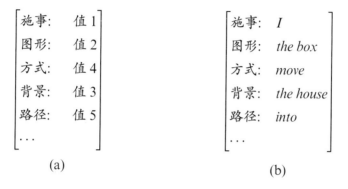

(a)　　　　　　　　　　　　(b)

图 5.6　动态空间认知语义表示及其示例 2

值得注意的是，句子中可能包含多个路径和背景信息，而且二者是成对出现的。例如：句子 5.22 出现了多个路径，分别为 *out of*、*through* 和 *into*；对应地有三个不同的背景，分别为 *the plane*、*the air* 和 *the sea*。将这些值代入模板 5.20 后，可以得到形式表达式 5.23。如果使用个体变项替换名词词组，可以得到形式表达式 5.24。

The crate fell out of the plane, through the air and into the sea. (5.22)

$$\text{Fall(the crate)} \wedge \text{OutOf(the crate, the plane)} \wedge$$
$$\text{Through(the crate, the air)} \wedge \text{Into(the crate, the sea)} \quad (5.23)$$

$$\exists x \exists y \exists z \exists u (\text{Crate}(x) \wedge \text{Plane}(y) \wedge \text{Air}(z) \wedge \text{Sea}(u) \wedge \text{Fall}(x) \wedge$$
$$\text{OutOf}(x, y) \wedge \text{Through}(x, z) \wedge \text{Into}(x, u)) \quad (5.24)$$

5.3　系统实现

本节主要介绍如何依据上节所提出的方法设计实现一个空间语言的自动形式化系统。我们使用 Python 工具开发了一个原型系统——ASSA（automated spatial semantic analysis）系统①。系统处理流程如图 5.7 所示。

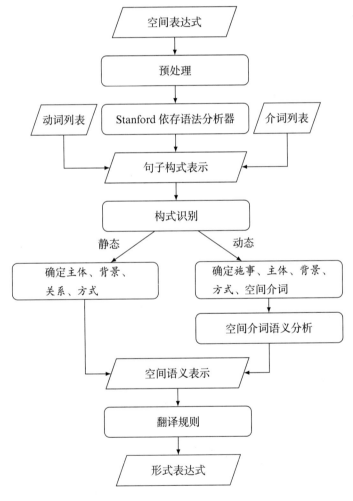

图 5.7　空间语言自动形式化系统流程图

---

① 系统代码见 https://github.com/chaoxu95/phd-thesis-code/tree/master/space-code。

给定一个空间表达式，整个的处理过程如下所示：

(1) **预处理**：在英语中，有一些特殊动词编码了路径信息（参见第 2.5.2 节）。对于这些动词，在预处理阶段需要首先将其替换为"动词 + 介词"的形式。例如：将动词"reach"替换为"get to"。

(2) **依存语法分析**：运用 Stanford 依存语法分析器，获得单词的基本语法属性以及单词间的依存关系。

(3) **句子构式表示**：合并句子成分形成基本构式单元，将基本构式单元的句法范畴作为该构式的代表元素，由此获得表达式的语法构式图式。

(4) **空间构式识别**：运用模糊匹配的方式对生成的句子或短语构式进行匹配，表 5.3 中的每个构式都对应一个模糊匹配模式。

(5) **参与者角色抽取**：包括静态和动态两种类型的语义角色抽取，利用表 5.3 中所示的句法范畴和语义角色间的对应关系抽取出句子成分对应的参与者角色，即施事、图形和背景，以及方式角色和空间介词。

(6) **其他语义角色抽取**：对于动态空间表达式，利用对空间介词的语义分析来抽取出其他的语义角色，即初始位置、经过位置、目标位置、路径形状和朝向。

(7) **形式表达式生成**：将空间认知语义表示利用第 5.2.3 节总结的翻译规则 5.11、5.14、5.17 将空间认知语义表示翻译为空间表达式。在翻译过程中，对一些无确定指称的词语，还需要进行一些特殊处理。

我们使用实例 5.1（I poured water from the bottle into the cup）对以上过程进行详细的说明。首先，在预处理阶段，由于该句子中并不包含编码路径的动词，因此，不需进行任何处理；然后，将句子直接输入 Stanford 依存语法分析器获得句子中单词的句法范畴，并获得句子成分间的依存关系，如下所示。

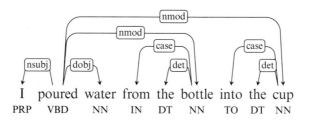

值得注意的是，Stanford 依存语法分析器将介词 "from" 和 "into" 的句法范畴分别标注为 "IN" 和 "TO"①，将动词 "poured" 的句法范畴标记为 "VBD"，这和表 5.3 中所使用的语法范畴有所区别。因此，对于表 5.4 中的空间介词，我们统一使用 "RP" 作为它们的句法范畴。如第 5.2.2 节所述，我们区分了三类空间动词，并从 VerbNet 中抽取出了这三类空间动词。在这一实例中，"poured" 属于致使运动动词，因此，使用 "CMV" 来作为它的句法范畴。如此，句子 5.1 中单词的句法范畴如下所示：

I	poured	water	from	the	bottle	into	the	cup
PRP	CMV	NN	RP	DT	NN	RP	DT	NN

接下来，利用句子成分间的依存关系合并相邻单词获得基本构式单元。我们将具有 "det" "amod" "nmod:poss" 以及 "nummod" 关系的相邻成分合并在一起生成基本构式单元②。在句子 5.1 中，由于 "the" 和 "bottle" "cup" 具有 "det" 的依存关系，因此，将其合并起来作为基本构式单元，将其句法范畴标记为中心词的句法范畴。由此，便得到句子的语法构式图式：

I	poured	water	from	the bottle	into	the cup
PRP	CMV	NN	RP	NN	RP	NN

接下来，我们将表 5.3 中所列的构式图式都对应到具体的模糊匹配模式上③。例如：D-4 构式图式对应的模糊匹配模式为 5.25，其中方括号表示可以匹配其中任何一个元素。由于我们仅考虑了句子的部分成分，对于像助动词、副词等成分未进行考虑，因此，该图式是一个模糊匹配，图式中的数字 "[3]" 表示三个以下的任意元素。句子 5.1 的语法构式图式如 5.26 所示。由此便可以确定句子 5.1 的构式图式为 D-4。

$$[NN,NNS, NNP, NNPS, PRP, WP]-[3]-[CMV]-[3]-[NN,NNS, NNP,NNPS, PRP]-[3]-[RP]-[2]-[NN,NNS, NNP, NNPS, PRP] \tag{5.25}$$

$$PRP-CMV-NN-RP-NN-RP-NN \tag{5.26}$$

---

① 二者分别表示 "介词或从属连词" 和 "作为介词或不定式标记"。

② "det" 表示定冠词修饰关系，例如，"the book"；"amod" 表示形容词修饰关系，例如，"big world"；"nmod:poss" 表示所有关系，例如，"my book"；"nummod" 表示数字修饰关系，例如，"eleven people"。关于依存关系的完整解释，参见 https://universaldependencies.org/u/dep/

③ 表 5.3 中的构式图式与模糊匹配模式的对应关系参见附录 D.4 节。

$$
\begin{bmatrix}
\text{施事：} & I \\
\text{图形：} & water \\
\text{背景：} & the\ bottle,\ the\ cup \\
\text{方式：} & pour \\
\text{初始位置：} & the\ bottle,\ the\ exterior\ of\ the\ cup \\
\text{经过位置：} & - \\
\text{目标位置：} & the\ interior\ of\ the\ cup \\
\text{路径形状：} & - \\
\text{朝向：} & -
\end{bmatrix}
$$

图 5.8　句子 5.1 的认知语义表示

利用构式图式 D-4 中的语法—语义对应原则，可以抽取出方式、施事、图形和背景角色，它们分别是 *pour*、*I*、*water*、*the bottle* 和 *the cup*，其中背景角色有两个值 *the bottle* 和 *the cup*。然后通过对介词 "from" 和 "into" 的语义分析，便可以确定初始位置角色的值为 *the bottle* 和 *the exterior of the cup*，目标位置的值为 *the interior of the cup*，具体的对应原则如表 5.5 所示。由此，便得到了句子 5.1 的空间认知语义表示，如图 5.8 所示。通过翻译规则 5.17 便可以将其翻译为公式 5.27。

$$
\begin{aligned}
&\exists e(\text{Pour}(e) \wedge \text{Agent}(e, \text{I}) \wedge \text{Figure}(e, \text{water}) \wedge \text{Ground}(e, \text{the bottle}) \\
&\quad \wedge \text{Ground}(e, \text{the cup}) \wedge \text{Source}(\text{water}, \text{the bottle}) \\
&\quad \wedge \text{Source}(\text{water}, \text{the exterior of the cup}) \\
&\quad \wedge \text{Goal}(\text{water}, \text{the interior of the cup}))
\end{aligned}
\tag{5.27}
$$

5.4　系统测试

目前学界并未有关于空间语言形式化的评测标准。要人为设置这样一个评测标准，首先需要收集大量的空间表达式，同时要依据上文所提出的空间认知语义表示，对表达式中的语义角色进行标注，然后写出相应的形式表达式，由此建立起一个评测库。该工作耗时费力，且为了保证评测的公正性，往往需要多人的参与，因此，目前尚无法完成对该系统的完整的评测。在 ASSA 系统的实现过程中，由于空间认知语义表示和形式表达式间存着良好对应，从理论上讲，如果能正确地将空间语言转换为认知语义表示且保证从认知语义表示到形式表达式的翻译规则的正确性，那么便可保证形式表达式的正确性。因此，我们将系统的评测转向对语义角色抽取正确性的评测。

我们使用 Winograd 模式挑战中的一些空间语言实例对系统进行了测试①。由于这些实例非常有限，因此，需要运用更大的数据集来测试系统语义角色抽取的准确度。当前，人工智能界已经组织了四次空间角色标注的评测，其中三次是由语义评测国际工作坊（International Workshop on Semantic Evaluation）组织的，分别是 SemEval-2012 任务 3②（Kordjamshidi et al., 2012）、SemEval-2013 任务 3③（Kolomiyets et al., 2013）和 SemEval-2015 任务 8④（Pustejovsky et al., 2015）；一次是由 CLEF-2017（Conference and Labs of the Evaluation Forum Information，CLEF）会议组织的空间角色标注评测任务⑤。我们选取最新的 CLEF-2017 会议组织的空间角色标注任务来对系统进行评测。

CLEF-2017 的空间角色标注任务包括三个子任务（Kordjamshidi et al., 2017）：（1）空间实体的识别；（2）空间关系的识别；（3）其他空间角色的识别，如方向、区域、距离等。由于我们提出了一种新的空间认知语义表示，该表示不同于 CLEF-2017 所采用的语义表示方法，因此，只能对子任务（1）和（2）进行测试。具体来说，子任务（1）是识别空间表达式中的射体、界标和空间指示词（spatial indicator），其中射体和界标对应于空间认知语义表示中所使用的图形和背景角色。子任务（2）是识别射体、界

---

① 测试结果见 https://github.com/chaoxu95/phd-thesis-code/blob/master/space-code/paper-related/wsc_output。

② https://www.cs.york.ac.uk/semeval-2012/task3/

③ https://www.cs.york.ac.uk/semeval-2013/task3/

④ http://alt.qcri.org/semeval2015/task8/

⑤ http://www.cs.tulane.edu/pkordjam/mSpRL_CLEF_lab.htm。

标和空间指示词三者间的三元关系。

5.4.1　数据集和测试结果

在 CLEF-2017 空间角色标注任务中共包含 1213 个句子，其中训练集包括 600 个句子，测试集中包括 613 个句子①。由于我们是基于语言学的理论而非机器学习方法来设计原型系统，因此，并不需要使用训练集来对系统进行训练。但是，为了使系统符合任务评测的要求，需要利用训练集来对系统做一些调整，其中最主要的调整是针对"on the left"和"on the right"标注方法的调整。在我们的系统中，"on"被标注为空间指示词，"the left"和"the right"被标记为界标。而在 CLEF-2017 空间角色标注任务中，"on the left"和"on the right"被整体标注为空间指示词。由于在训练集和测试集中分别有 32 个和 190 个这样的表达式，若不进行特殊处理，将极大地影响评测结果，因此，我们按照评测要求对这两个表达式进行了特殊处理。处理方式是，增加一个特殊的构式图式 S-7，NP_F—["on the left", "on the right"]，用以将其识别为一个整体。

系统评测结果如表 5.6 所示，表中的"综合"指对射体、界标、空间指示词三者识别情况的整体表现；"实际值"指人工标注的测试集中标注的数量；"预测值"指各个系统实际标注的数量。表中同时包括了两个对比的系统，基准系统和 LIP6 系统，这两个系统都是基于机器学习构建的。基准系统使用一个分类器来识别表达式中的各个空间角色和三元关系，分类器使用了词汇、句法、语境及关系特征（Kordjamshidi et al., 2017）；LIP6 系统基于一种联合方法（joint approach）来识别空间表达式中实体的空间关系，进而识别出各个语义角色（Zablocki et al., 2017）。通过对比发现，ASSA 系统在综合表现上要优于另两个系统。

---

① 数据集的标注样式参见附录 D.5 节。

表 5.6   CLEF-2017 空间角色标注任务评测结果

系统名称	指标	精确率	召回率	F_1	实际值	预测值
ASSA 系统	指示词	94.43	83.15	88.43	795	700
	射体	71.01	75.40	73.14	874	928
	界标	84.52	82.90	83.70	573	562
	综合	82.77	80.06	81.26	2242	2190
	三元关系	60.26	64.43	62.28	939	1004
基准系统	指示词	94.76	97.74	96.22	—	—
	射体	56.72	69.56	62.49	—	—
	界标	72.97	86.21	79.04	—	—
	综合	75.36	83.81	78.68	—	—
	三元关系	75.18	45.47	56.67	—	—
LIP6 系统	指示词	97.59	61.13	75.17	795	498
	射体	79.29	53.43	63.84	874	589
	界标	94.05	60.73	73.81	573	370
	综合	89.55	58.03	70.41	2242	1457
	三元关系	68.33	48.03	56.41	939	660

5.4.2   结果分析

虽然 ASSA 系统在整体表现上优于其他两个系统，但在精确率（precision）上相较于 LIP6 系统要低 8% 左右。其中一个重要原因是，LIP6 系统由于使用了训练集，从而使得标注结果和测试集的一致性更高。LIP6 系统使用了从训练集中提取出来的空间指示词来标注测试集，而 ASSA 系统使用的是表 5.4 中所列的空间介词作为空间指示词。除此之外，对于句子 5.28，（one man, in, a white t-shirt）、（one man, in, grey pants）和（one man, in, a white cap）被 ASSA 系统识别为三元空间关系，而在人工标注的测试集中，这些关系均未被标注为空间关系。LIP6 系统的准确度高的另外一个原因是，由于该系统采用联合方法来识别三元关系，这样可以引入更为丰富的特征，提高识别精度，然后再依据这个三元关系来识别空间实体，因此，整体的准确度高，这同时也导致系统的召回率较低。

$$\text{One man in a white T-shirt, grey pants and a white cap} \\ \text{is holding a shovel.} \tag{5.28}$$

ASSA 系统是基于语言学的基本理论，并且仅使用了非常有限的构式图式，因此，可以预期如果增加更多的构式图式，系统的准确度和召回率会进一步提升。例如：由于 ASSA 系统并未对修饰名词的限定或者非限定性成分进行处理，因此，在句子 5.29 中，"a sleeveless pullover is standing in front of a blue wall" 被错误地识别为构式 S-5，即 NP_F - Stative Verb - Spatial Prep - NP_G。因此，如果能够对表达式进行更为细致的描述，并且增加新的构式图式，该句子便能被正确地识别。

$$\text{A dark-skinned, dark-haired boy wearing a colorful shirt and} \\ \text{a sleeveless pullover is standing in front of a blue wall.} \tag{5.29}$$

ASSA 系统相较于基于机器学习方法的系统有如下优势：（1）对于每一个错误，系统都能给出一个合理的解释，而且大部分情况下都能通过增加构式图式来修正这些错误；（2）ASSA 系统除了能够识别射体、界标和空间指示词等语义角色外，还能识别其他动态空间表达式中所表达的初始位置，目标位置等语义角色；（3）ASSA 系统还能对空间表达式的表达方式进行统计分析，例如，在该测试任务中，11%、59.3% 和 23.2% 的空间关系分别被构式图式 S-1、S-2 和 S-7 构式图式所识别[①]。

5.5　结语

本章提出了一种空间语言自动形式化方法，该方法包括三个部分：首先基于认知语言学中空间认知的相关研究，提出了一种空间认知语义表示方

---

① 完整的统计数据参见附录 D.6 节。

法；然后提出了一种可解释的空间语义角色抽取方法；最后构建了从空间认知语义表示到形式表达式的翻译规则。我们基于此方法设计实现了一个空间语言的自动形式化系统——ASSA 系统，并对该系统在 CLEF-2017 空间角色标注任务上进行了评测，评测结果显示 ASSA 系统在两个子任务上的综合表现优于当前最新的系统。

从系统表现上可以看出，第 4 章所提出的方法能够很好地适用于空间语言的自动形式化。这其中有以下三点原因：首先，空间场景相对简单，可以使用比较有限的语义角色来刻画空间场景的认知模型；其次，按照 Talmy 的概念词汇化理论，在英语中，路径信息被编码在空间介词中，而空间介词的数量又是非常有限的，因此能够通过对空间介词的语义分析来抽取出空间相关的语义角色；最后，空间表达式的构式图式相对有限，因而可以运用语法—语义对应原则抽取出图形和背景等参与者角色。

对于未来的研究方向，一方面，可以考虑分析归纳更多的构式图式，来提升系统的精确率和召回率；另一方面，也可以考虑将此方法应用于其他的语言。英语作为一种卫星框架语言，其路径信息主要被编码在空间介词中，同属卫星框架语言的还有德语，因此，可以尝试将此方法推广到德语空间语言的自动形式化。由于认知语义表示是由认知模型产生的，认知模型具有公共性，因此，本章所提出的认知语义表示也适用于其他的语言。在应用过程中，认知语义表示的构建和形式表达式的生成过程无须作改变，需要构建一个德语的空间语言理解系统。此系统的构建需要收集德语中空间语言的构式图式，以及对德语介词进行分析来抽取相应的语义角色。

从理论上讲，本章所提出的方法也可以推广到动词框架语言和等价框架语言。同样地，也是只需要构建其他语言的理解系统。对于动词框架语言，如法语、西班牙语、日语等，路径信息被编码在动词中。要分析句子所表达的空间信息，需要对动词的构式图式进行分析，来抽取空间语义角色；一些语言学家认为汉语、泰语兼具动词框架语言和卫星框架语言的特征，即路径信息既被编码在卫星词中，也被编码在动词中，属于等价框架语言。对于这类语言，需要同时对动词和卫星词词义进行分析才能抽取出相应的空间语义角色。

　　除此之外，在对空间语言的分析过程中，我们还发现了一些有趣的语言现象。一般而言，出现在空间介词之后的成分充当背景角色。例如：在上文所使用的空间语言实例中，背景角色都出现在介词之后。但是存在着一些反例，例如，在句子"I pull out the knife"和"I tuck in the shirt"中，出现在空间介词之后是图形角色而非背景角色。如何从认知的角度对这种语言现象给出解释，也将是一个非常有趣的研究课题。

第6章

临床试验合格性标准的自动形式化

在临床医学领域，研究者为进行临床试验常需要从电子病历库中筛选病人来参与临床试验。筛选病人的工作往往是一个费时费力的过程，因此，逻辑学家尝试通过构建专家系统来实现合格病人的自动筛选。基于逻辑方法的自动筛选病人系统一般包括三个子系统：（1）基于逻辑方法的问答系统；（2）病人电子病例的自动形式化系统；（3）合格性标准的自动形式化系统。本章主要关注第（3）部分，即合格性标准的自动形式化。本章将利用第4章所提出的形式化方法来实现合格性标准的自动形式化[①]。

6.1 引言

6.1.1 问题提出

近年来，医学领域对于基于电子病例的自动或半自动筛选病人的需求越来越高，临床试验合格病人的自动筛选逐渐成为一个重要的研究领域（Weng et al., 2010; Tu et al., 2011; Bache et al., 2015; Crowe and Tao, 2015）。

---

① 本章的内容发表在本体联合研讨会上，详见 C. Xu et al.（2019）。

Baader et al.（2018）提出了一种临床试验自动筛选病人的方法，该方法主要应用的是描述逻辑领域的基于本体的查询回答技术。基于此方法构造的系统结构如图 6.1 所示。此系统包括三个部分：（1）基于本体的查询回答；（2）病人电子病例的自动形式化；（3）合格性标准的自动形式化。之所以要实现合格性标准的自动形式化，一个重要原因是，系统的使用者是医学研究者而非逻辑学家，因此，要使得系统在实际中得以应用，必须要设计一个能够将合格性标准自动形式化的系统。虽然关于合格性标准的自动形式化研究越来越受关注，然而到目前为止，学界尚未有方法可以实现合格性标准的自动形式化。

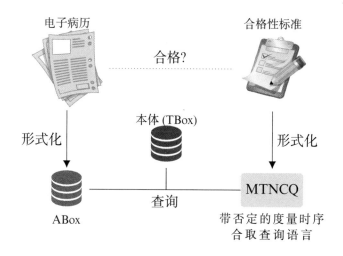

图 6.1　临床试验自动筛选病人系统结构图

　　合格性标准是临床试验筛选病人的依据[①]，一般包括两个部分：入选标准（inclusion criteria）和排除标准（exclusion criteria）。一个合格的病人必须满足所有的入选标准，同时不满足所有的排除标准。例如：在"鼻窦炎、哮喘患者炎症及菌群分析"(NCT02548598) 的临床试验中，要招募的合格

　　[①] https://clinicaltrials.gov/是由美国国立医学图书馆（National Library of Medicine，NML）与美国食品与药物管理局（Food and Drug Administration，FDA）联合开发的临床试验注册登记网站，也是目前国际上最重要的临床试验注册机构之一。到目前为止，该网站包括了 300 多万条的合格性标准和超过 25 万件的临床试验。

病人需要满足如下要求：

- 入选标准

  (1) Male or female ≥ 18 years of age at Visit 0.

  (2) Diagnosis of bilateral chronic sinusitis with a minimum Lund-MacKay CT score of 6 and/or diagnosis of nasal polyps.

  (3) Half of the patients need to have a history of asthma.

- 排除标准

  (1) History of lung disease other than asthma (e.g., cystic fibrosis, chronic obstructive pulmonary disease, interstitial lung disease, etc.).

  (2) History of hiatal hernia repair

  (3) ...

　　形式化任务的目标语言是带否定的度量时态合取查询语言（metric temporal conjunctive queries with negation，MTNCQ），该语言是由 Baader et al.（2018）为病人筛选任务特别设计的一种查询语言。一个带否定的合取查询（conjunctive query with negation，NCQ）是一个形如 $\phi(\vec{\mathbf{x}}) = \exists \vec{\mathbf{y}} \psi(\vec{\mathbf{x}}, \vec{\mathbf{y}})$ 的一阶逻辑公式，其中 $\vec{\mathbf{x}}$ 和 $\vec{\mathbf{y}}$ 表示变元的集合，ϕ 是包含 $\vec{\mathbf{x}} \cup \vec{\mathbf{y}}$ 中变元的公式。该公式由形如 $A(x)$ 或 $\neg A(x)$ 的原子概念（atomic concept）公式和形如 $r(x, y)$ 或 $\neg r(x, y)$ 的原子角色（atomic role）公式合取而成。在该公式中，$\vec{\mathbf{x}}$ 称为回答变元集（answer variables）。例如：公式 $\exists y(\text{diagnosedWith}(x, y) \wedge \text{DisorderOfLung}(y) \wedge \neg\text{Asthma}(y))$ 是一个 NCQ，可用于查询所有被诊断为非哮喘肺病的病人，公式中的变元 x 指称要查询的病人，y 指称非哮喘肺病。

　　一个 MTNCQ 是由一个或多个 NCQ 按如下方式组合而成的公式：$\neg\phi$、$\phi_1 \wedge \phi_2$、$\phi_1 \vee \phi_2$、$\diamondsuit_I \phi$ 和 $\Box_I \phi$，其中 I 是一个由实数构成的区间，$\diamondsuit$ 和 $\Box$ 是时态算子。时态公式 $\diamondsuit_I \phi$ 表示 ϕ 在区间 I 内的某个时间点上成立；$\Box_I \phi$ 表示 ϕ 在区间 I 内的任何时间点上都成立。此处之所以引入时态算子，是由于诸多合格性标准都对时间进行了限制。因此，倘若形式查询表达式中不包括时间信息，则可能筛选出不合格的病人。

　　"Type 1 diabetes with duration at least 12 months"（NCT02280564）是

一条合格性标准，要求合格病人须患有 I-型糖尿病至少 12 个月，如果不引入时间信息，则可能将患糖尿病少于 12 个月的病人筛选出来。这一合格性标准可以使用 MTNCQ 语言表示为公式 $\square_{[-12,0]}\exists y(\text{Patient}(x) \wedge \text{diagnosedWith}(x,y) \wedge \text{Type1Diabetes}(y))$①。由于在查询语言中引入了时间算子，因此，在病人病历库的形式化过程中同样需要引入时间信息。例如：病人病历库形式化中使用的角色 $\text{diagnosedWith}(p,d,i)$ 包括三个论元，其中 p 表示病人变项，d 表示疾病变项，i 表示时间标识。

一般情况下，MTNCQ 中只包含谓词和个体变项，不包含个体常项。如果 MTNCQ 中包含个体常项，要保证这种查询能够获得期望的结果，需要在病人电子病例所对应的形式公式中也引入相应的个体常项。基本描述语言②中并不包括个体常项，然而在实际中却常常需要使用个体常项来定义概念。例如：Women 被定义为 Human ⊓ Female ⊓ ∃has-age. ≥ 18，其中使用了个体常项 18（Baader et al., 2007: 239）。为了能够使描述逻辑表达对数值的描述，逻辑学家提出了具体域（concrete domain）概念。具体域包括一个数字集合（例如自然数、实数、有理数等）以及定义在其上的 n 元关系集合（Baader and Sattler, 1998）。在电子病历的形式化过程中，通过引入具体域可以表达具体的测量值。例如：某病人 p 在 t 时刻的血红蛋白数量为 15g/dl，可以表示为 $\text{hemoglobin}(p,15\text{g/dl},t)$。由此，通过在 MT-NCQ 中引入含有个体常项的原子公式，便可对此类条件进行查询，例如，$\text{hemoglobinOf}(x) < 14\text{g/dl}$ 表示病人血红蛋白数量小于 14g 每分升。

之所以选取 MTNCQ 作为目标语言，一方面是由于其表达力能够覆盖大部分的合格性标准；另一方面，该查询语言能够利用当前基于本体的查询技术进行回答。在合取查询中引入否定会增加查询的复杂度（Gutiérrez-Basulto et al., 2015），因此，Borgwardt and Forkel（2019）提出了一种新的封闭世界语义（closed-world semantics），使得带否定的查询能够易于处理；并将此方法推广到对于 MTNCQ 的回答上，同时还能够有效地处理对具体域公式的回答（Borgwardt et al., 2019）。

---

① 本章将时间区间统一化为月份表示。
② 基本描述语言的定义参见第 2.1 节。

至此，我们已经明确了要进行翻译的源语言和目标语言。本章的目标是将合格性标准自动地翻译为 MTNCQ 语言。例如：合格性标准 6.1 所对应的 MTNCQ 表达式为 6.2。从这一实例可以看出 diagnosedWith 在合格性标准中并没有对应的成分。因此，要实现这样的翻译，必须基于对语境的理解，才能将 diagnosedWith 引入形式表达式中。

$$\text{History of lung disease other than asthma} \tag{6.1}$$

$$\phi(x) = \Diamond_{(-\infty,0]}\exists y(\text{diagnosedWith}(x,y) \land \text{DisorderOfLung}(y) \land \neg\text{Asthma}(y)) \tag{6.2}$$

6.1.2 相关研究

本章的研究主要涉及两个方面：合格性标准的表示方法以及合格性标准的自动翻译，以下就这两方面的研究进行综述。

Weng et al.（2010）综述了当前对于合格性标准的表示方法，并采用一个五维的框架来对这些方法进行对比分析。依据不同的应用场景，对于合格性标准的表示方法也有所不同。Bache et al.（2015）从 8 个临床试验中提取出的 124 条合格性标准，通过对这些实例的分析提出了一种通用语言 ECLECTIC（eligibility criteria language for clinical trial investigation and construction）用来描述合格性标准。这些表示方法在此处并不适用，因为整个系统基于描述逻辑的查询回答技术（Baader et al., 2015、2017; Borgwardt and Forkel, 2019），需要的是一种逻辑表示方法。因此，本章使用 Baader et al.（2018）所提出的 MTNCQ 语言来作为合格性标准的表示。

前人也对合格性标准的自动或半自动翻译问题进行了研究。Tu et al.（2011）基于 ERGO 标注方法提出了一种实用的翻译方法，该翻译方法的问题是对中间表示的标注并非一种自动化的标注方法，需要手工标注或半自动化标注。Milian et al.（2012）和 Milian and Teije（2013）对乳腺癌的临床试验合格性标准的形式化进行了研究。首先通过对合格性标准的分析，提出了 165 种模式，并且运用这些模式和概念识别工具来将合格性标准结构化，然后再通过将合格性标准中的概念投射到查询模板中，形成最终的形式查询表达式。该研究采用的是 SPARQL 语言并非逻辑表达式。该研究所面临的问题是模式定义过于严格，同时模式的提取来源于对乳腺癌临床试验合格性标准的分析，因此，当面向其他类型的临床试验时，可能并不适用。

除了以上关于形式化的研究外，还有一些关于合格性标准信息抽取的研究，这些研究主要关注时间信息和否定信息的抽取。例如：L. Zhou et al.（2006）、Irvine et al.（2008）、Luo et al.（2011）、Boland et al.（2012）、M. Li and Patrick（2012）和 Crowe and Tao（2015）主要关注如何从合格性标准中抽取出时间信息；Goryachev et al.（2006）、Y. Huang and Lowe（2007）和 Enger et al.（2017）主要关注如何抽取出否定表达式。此外，还有一些关于合格性标准分类的研究，即利用语义模式识别或者机器学习技术，将合格性标准依据其所表达的信息种类划分为不同的语义类（Weng et al., 2011; Luo et al., 2011; Bhattacharya and Cantor, 2013; Chondrogiannis et al., 2017）。这些研究有助于识别临床试验合格性标准所表达的最为显著的信息种类。

6.2 合格性标准形式化方法

本节基于第 4 章所提出的形式化方法来实现临床试验合格性标准的形式化，系统结构如图 6.2 所示。整个形式化的过程分为三个步骤：（1）构建合格性标准的认知语义表示；（2）将合格性标准转换为认知语义表示；（3）将认知语义表示转换为形式表达式。本节将从这三个方面出发来展开说明合格性标准的形式化过程。

6.2.1 合格性标准认知语义表示的构建

合格性标准是在临床试验筛选病人场景下所使用的自然语言，认知语义表示是借助认知模型产生的，而认知模型的形成源于人类对认知经验的加工。因此，构建认知语义表示本质上是构建对临床试验筛选病人场景的认

图 6.2　合格性标准形式化系统结构图

知模型。作为非医学研究者，我们没有关于临床试验的直接经验。因此，只能通过分析大量的临床试验合格性标准来获取间接经验，然后再通过范畴化形成关于这些标准的抽象认知。我们首先通过对随机选取的一些实例的分析，获得了关于临床试验筛选病人的标准的基本认知经验。然后通过对经验的范畴化和抽象化过程，逐渐形成了关于合格性标准的认知模型，该模型主要包括如下元素：年龄（age）、性别（gender）、临床诊断（diagnoses）、用药情况（medications）、手术情况（procedures）、测量指标（measurements）等。

上述关于合格性标准的认知模型是基于我们对合格性标准的认知经验获得的。由于认知模型源自人类的认知经验，认知经验不同会导致所产生的认知模型不同，因此，不同的人可能会产生不同的认知模型。为确保所构建的认知模型具有一般性，需要参考其他学者关于合格性标准的研究。通过对比发现，本章所提出的认知模型和 Weng et al.（2011）、Luo et al.（2011）、Bhattacharya and Cantor（2013）及 Chondrogiannis et al.（2017）的分析结果高度一致[①]。这些研究运用模式匹配或者机器学习将合格性标准划分为不同的语义范畴，上文所列出的信息都在显著语义类列表上，并且排名非常靠前，这从某种程度上论证了本章所提出的认知模型的合理性。

上文所列出的信息是对合格性标准形成的整体认知，因此，需要进一步确定认知语义表示中具体的语义角色。语义角色的确定还需要考虑能否在合格性标准中找到确定的对应成分。我们采用 SNOMED CT 中的概念范畴作为语义角色，SNOMED CT 中包括了 19 个一级范畴和超过 350 个二级概

---

① 合格性标准语义分类的研究参见附录 E.1 节。

念范畴①。我们从中抽取出了 8 个与上述信息相对应的概念范畴来作为语义角色，分别是临床所见（clinical finding）、可观测实体（observable entity）、药物（product）、物质（substance）、程序（procedure）、单位（unit）、家族病史（family medical history）和人物（person）。值得说明的是，这些语义角色和 SNOMED CT 中的概念范畴并非完全对应，需要在 SNOMED CT 的二级以及更低层级的概念范畴中寻求和语义角色的对应关系，具体参见附录 E.2 节。

　　上述 8 种语义角色并未涵盖合格性标准中的所有的语言成分，例如，并未考虑像 "severe" "known" "isolated" 这样的限定值（qualifier values）。之所以未考虑限定值角色，一方面是由于这些限定值充当的是修饰性成分，可能不出现在电子病历中，若在查询中引入这些成分，可能导致无法正确查询出合格病人；另一方面，这些限定值可能与其他概念组合在一起形成一个特殊概念，单独分离出来可能会破坏概念的组合性。例如："严重急性呼吸系统综合征"（severe acute respiratory syndrome, SARS）表达的是一个概念，不能将 "severe" 从中分离出来，作为单独的成分来进行处理。

　　通过对语义范畴的限定，可以限制合格性标准中单词或者词组的歧义问题。例如：合格性标准中出现的 "female" 一词在 SNOMED CT 中对应两个概念，一个是身体结构（body structure）概念范畴下的女性结构（female structure）概念；另一个是临床所见概念范畴下的女性（female）概念。同样地，"scar" 一词同样对应 SNOMED CT 中的两个概念，这两个概念分属临床所见和形态异常（morphologic abnormality）概念范畴。由于身体结构和形态异常不属于上述 8 种概念范畴，因此，自动排除了这两个范畴下的概念，从而确定了两个词所对应的 SNOMED CT 概念。

　　第 4 章所提出的方法本质上是运用一些抽象的概念范畴，即语义角色，将自然语言表达式中的成分进行范畴化，然后再通过对这些抽象概念范畴的分析，来生成形式表达式。上文所述的 8 种语义角色并不能涵盖所有的合格性标准中的成分，还需要以下 7 种语义角色：年龄（age）、时间（time）、

---

① SNOMED CT 的相关介绍参见第 2.4.1 节。

表 6.1　合格性标准认知语义表示

语义角色	实例	表示方法
年龄	age 18–70	[lower, upper]
时间	within 5 years	[start, end]
比较符	greater than	$> \mid \geq \mid \leq \mid <$
部分否定	other than	$\wedge \neg$
全局否定	no history of	$\neg$
数字	one, two, three, ...	Arabic numerals
联结词	and, or, defined by	$\wedge, \vee$
SNOMED CT 中的语义角色（例如：临床所见）	lung disease	Concept name

数字（number）、比较符（comparison sign）、部分否定（partial negation）、全局否定（main negation）、联结词（conjunction）。合格性标准的认知语义表示如表 6.1 所示。

在形式化过程中，认知语义表示使得我们能够对某种语义角色统一引入某个谓词。例如：合格性标准 6.1 被翻译为公式 6.2，然而，公式 6.2 中的谓词 diagnosedWith 并未出现在 6.1 中。因此，要正确地形式化此合格性标准，需要对临床所见的描述引入谓词 diagnosedWith。例 6.1 对应的认知语义表示如图 6.3 所示，其中包括两个语义角色：时间和临床所见。从这一认知语义表示出发，临床所见角色的值 *lung disease other than asthma* 被翻译为公式 $\mathsf{DisorderOfLung}(y) \wedge \neg\mathsf{Asthma}(y)$。由于其所对应的语义角色为临床所见，因此，对这类语义角色统一引入谓词 diagnosedWith，便可得到公式 $\exists y(\mathsf{diagnosedWith}(x, y) \wedge \mathsf{DisorderOfLung}(y) \wedge \neg\mathsf{Asthma}(y))$。最后，再将其与时间角色对应的形式表达式结合在一起，便得到了形式表达式 6.2。

$$
\begin{bmatrix}
\text{时间:} & (-\infty, 0] \\
\text{临床所见:} & \textit{lung disease other than asthma} \\
\cdots &
\end{bmatrix}
$$

图 6.3　例 6.1 的认知语义表示 1

6.2.2　从合格性标准到认知语义表示

　　将合格性标准转换为认知语义表示实质上是从合格性标准中抽取出相应的语义角色。在确定句子成分对应的语义角色前，首先要确定句子中的基本构式单元，这些基本构式单元被当作最小的语义单位进行处理。例如：合格性标准 6.1 的构式分析树如图 6.4 所示。图中带方框的构式为基本构式单元，每一个基本构式单元都对应一个语义角色。

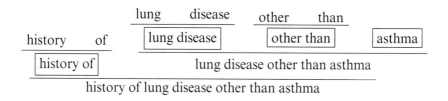

图 6.4　合格性标准构式分析实例

　　值得注意的是，"lung disease"和"asthma"之所以被视为基本构式单元，是因为这两个构式对应于 SNOMED CT 中临床所见概念范畴下的两个概念。尽管"lung"和"disease"分别对应 SNOMED CT 中的概念 *lung structure* 和 *disease*，但机器无法利用这两个概念组合出 *lung disease* 概念。因此，当面对这种重叠的情况时，需要采取最长匹配策略，即选择较大的构式单位作为基本构式单元。

　　由于每个基本构式单元都对应一个语义角色，因此，要确定基本构式单元，只需要对每一种语义角色列出所有可能对应的构式即可。如果能够构建一个"语义角色—构式"的对应列表，那么便可以使用这一列表确定合格性标准中的基本构式单元，同时确定基本构式单元的语义角色。对于年龄、时间、比较符、部分否定、全局否定、数字、联结词语义角色而言，这些语义角色所对应的基本构式单元的数量基本上是相对有限的，因此，可以人工收集这些角色所对应的构式。例如：在合格性标准中，表达比较符角色的基本构式单元有 "greater than" "more than" "less than" "larger than" "smaller than" 等。类似地，在处理数字、联结词角色时，也可以通过分析合格性标准，来收集这些角色所对应的基本构式单元。

语言学家将表达否定的构式分为如下三种类型：（1）显性否定（explicit negation）：如 "not" "except" "other than" "with the exception of" 等；（2）构词否定（morphological negation）：如 "non-pregnant" "non-healed" "non-smoker" 等；（3）隐性否定（implicit negation）：如 "lack of" "rule out" "free from" 等。此处只考虑了两种类型的显性否定，全局否定和部分否定。由于像 "non-pregnant" 这样的构式对应 SNOMED CT 中的一个概念，而非两个概念的组合，因此，此处并不考虑构词否定；对于隐性否定而言，处理难度较大，较难建立起这类表达式与全局否定和部分否定之间的对应关系，因此，暂不处理。对于表达年龄、时间角色的基本构式单元的处理则相对复杂一些，由于表达方式较多，因此，需要从中总结出一些模式来确定基本构式单元，目前主要采用正则表达式来识别这两类语义角色。

本章要处理的难点和重点是合格性标准中医学概念的识别，每一个医学概念都对应一个基本构式单元。由于在电子病例形式化的过程中，使用了 SNOMED CT 来识别电子病历中的概念，因此，为了概念的统一，在形式化合格性标准时，也必须同样采用 SNOMED CT 来识别合格性标准中的概念。本章借助 MetaMap Tagger 工具来识别合格性标准中的医学概念[1]。给定一个医学文本，MetaMap Tagger 能够自动地识别其中的医学概念，这其中就包括 SNOMED CT 中的概念。但是 MetaMap Tagger 并不能建立词组和概念间的精确对应。例如：在例 6.1 中，词组 "lung disease other than asthma" 对应三个概念：*Disorder of lung*（*disorder*）、*Lung structure* (*body structure*) 和 *Asthma* (*disorder*)，括号内为概念所属的上位概念。然而，我们需要的是一种严格对应，即 "lung disease" 对应概念 *Disorder of lung*

---

[1] https://metamap.nlm.nih.gov/，附录 E.3 节对 MetaMap Tagger 进行了简要介绍。

（ *disorder* ），"asthma" 对应概念 *Asthma* (*disorder*)。

　　本章利用语义相似度计算来建立起词组和概念间的精确对应关系①。在上面的例子中，MetaMap Tagger 返回了三个概念，其中 *Lung structure* 属于身体结构概念范畴，然而该范畴并不在所选定的 8 种语义范畴内②，因此，首先将此概念排除在外。剩下的便是如何将概念 *Disorder of lung* 和 *Asthma* 对应到相应的语词上。值得说明的是，由于一个概念对应多个表达式，MetaMap Tagger 返回的概念描述和合格性标准中的概念描述往往是不同的。对于人类而言，概念和语词间的对应关系几乎是显然的，但对于机器而言并非如此。

　　要构建词组和概念间的一一对应，首先对词组中的每一个子词组（ sub-phrase ）③，计算该子词组和 MetaMap Tagger 返回的所有概念之间的语义相似度，然后将具有最高语义相似度的概念确定为最佳匹配概念；经此处理后，每一个子词组仅对应一个概念。但是，此时可能存在多个子词组对应同一个概念的情况。此时，对于每一个概念，再比较该概念和所有子词组的相似度，选择语义相似度最高的子词组作为该概念的最佳匹配子词组。由此，便确定了词组和概念间的一一对应关系。

　　下面使用一个实例来具体解释词组和概念一一对应关系的构建过程，如表 6.2 所示。表中的第一列是词组 "lung disease other than asthma" 中的所有的子词组，MetaMap Tagger 返回的概念有两个，即 *Disorder of lung* 和 *Asthma*④。首先计算每一个子词组和这两个概念的语义相似度，并选取语义相似度高者作为最佳匹配概念。从表上可以看出，"lung disease""lung"和"disease"的最佳匹配概念都是 *Disorder of lung*；"asthma"的最佳匹配概念只有 *Asthma*。值得注意的是，"other"和"than"并没有最佳匹配概念，这是由于为了避免一些错配，对最佳匹配概念的语义相似度设置了阈值 0.66，如果子词组和最佳匹配概念间的语义相似度低于阈值，则默认无最佳匹配

---

① 附录 E.4 节对语义相似度的计算方法进行了简要介绍。

② 由于 *disorder* 范畴包括在临床所见范畴内，因此，属于所选定的 8 种语义范畴。

③ 此处的子词组可以是一个词组，也可以是一个单词。

④ 如上文所述，由于 *Lung structure* 概念不在选定的概念范畴内，因此，将其排除在外。

概念。由于概念 *Disorder of lung* 有三个匹配的子词组，因此，通过比较它们的语义相似度，最终确定了"lung disease"是最佳匹配子词组，由此，便建立了子词组和概念间的一一对应关系。

表 6.2　子词组和概念一一对应关系的构建实例

子词组	最佳匹配概念	语义相似度
lung disease	*Disorder of lung*	0.91
lung	*Disorder of lung*	0.81
disease	*Disorder of lung*	0.89
other	—	< 0.66
than	—	< 0.66
asthma	*Asthma*	1.0

值得注意的是，SNOMED CT 中的同一个概念往往有多种表达方式。例如：概念非典型性肺炎有如下三种表达方式："SARS""SARS-CoV infection""Severe acute respiratory syndrome"。因此，在计算子词组和概念间的对应关系时，需要计算子词组和所有概念表达式间的语义相似度，并取最高值作为最终的语义相似度。例如：在上面的例子中，并非只计算"lung disease"和"Disorder of lung"的语义相似度。由于概念 *Disorder of lung* 还有其他两种表达方式，即"Lung disorder""Pulmonary disease"，因此，需要分别计算"lung disease"和这三种表达间的语义相似度，然后取最高值作为"lung disease"和概念 *Disorder of lung* 间的语义相似度。这一实例也可以解释为何要采取语义相似度计算，而非单词或词组直接比较的方法，来建立子词组和概念的对应关系。实例中出现的"lung disease"并未收录入 SNOMED CT 作为概念 *Disorder of lung* 的表达式，如果采用直接比较的方法则找不到"lung disease"所对应的概念。

至此，我们已经完成了基本构式单元的识别。下面要考虑如何确定这些基本构式单元的语义角色。此处主要是使用的第 4 章所提出的基于分类模型和基于特定构式的语义角色抽取方法。对于年龄、时间、比较符、部分否定、全局否定、数字、联结词角色，在基本构式单元确定过程中，实际上已经构建起了这些角色和特定构式间的对应关系。除了这些语义角色外，还需要利用 SNOMED CT 来确定了医学相关的 8 种语义角色。对于这些语义角色的抽取，只需要利用 SNOMED CT 确定医学概念的上位概念即可。例如："lung disease" 对应的概念 *Disorder of lung* 属于临床所见概念范畴，因此，"lung disease" 对应的语义角色是临床所见。至此，便得到了合格性标准 6.1 的认知语义表示，如图 6.5 所示①。

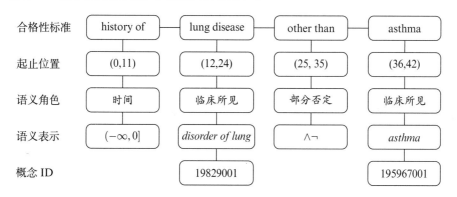

图 6.5　例 6.1 的认知语义表示 2

6.2.3　从认知语义表示到形式语言

将认知语义表示转换为形式表达式的过程本质上是通过分析语义角色的属性和语义角色间的关系，来构建认知语义表示和形式表达式之间的翻译模板。首先来分析临床所见、程序和药物这三种语义角色对应的形式表达式。临床所见表示病人被诊断为患有这种临床所见。因此，需要对其引入谓词 diagnosedWith，其对应的翻译模板为 $\exists y(\text{diagnosedWith}(x,y) \wedge$ 临床所见$(y))$。类似地，对于程序和药物角色，需要分别引入谓词 undergoes 和 takes，其所对应的翻译模板分别为 $\exists y(\text{undergoes}(x,y) \wedge$ 程序$(y))$ 和 $\exists y(\text{takes}(x,y) \wedge$ 药物$(y))$。将语义角色的值代入翻译模板后便可得到形

---

①这种表示方法本质上也可以转换为框架表示方法，只是语义角色对应的值是一个复杂结构，其中不仅包含了概念信息，也包括了起止位置、概念 ID 等。此处的起止位置指构式单元在句中的起止位置。

式表达式。

值得注意的是，上述三种语义角色对应的值并不总是简单概念，往往是一些复合概念。例 6.1 的认知语义表示中的 *lung disease other than asthma* 便是一个复合概念，其中"other than"对应的是部分否定角色，此角色对应的是一个复合联结词 ∧¬，因此，这一复合概念可以表示为 DisorderOfLung ∧ ¬Asthma。代入到模板中便得到公式 6.3。这一形式表达式并非 MTNCQ，因为其中出现了概念联结词 ∧¬。因此在实际的处理中，需要将此复合概念翻译为 DisorderOfLung(y) ∧ ¬Asthma(y)，再在前面引入 ∃y diagnosedWith(x, y)，便得到了期望的形式表达式 6.4。

$$\exists y(\text{diagnosedWith}(x, y) \wedge (\text{DisorderOfLung} \wedge \neg\text{Asthma})(y)) \tag{6.3}$$

$$\exists y(\text{diagnosedWith}(x, y) \wedge \text{DisorderOfLung}(y) \wedge \neg\text{Asthma}(y)) \tag{6.4}$$

在英语中，复合概念更多的是通过联结词"and"和"or"组合起来的，但是二者并不分别对应于逻辑表达式中的合取和析取。例如：在"...including cyclosporine, systemic itraconazole or ketoconazole, erythromycin or clarithromycin, nefazodone, verapamil and human immunodeficiency virus protease inhibitors"(NCT02452502) 中，"and"和"or"有着相同意义，都表示的是概念间的析取。由于英语中的连词（conjunction）和逻辑联结词之间没有明显的对应关系，因此，我们采取将英语中的"and"和"or"都翻译为析取的策略。之所以采取此策略，有以下两点原因：一方面，合格性标准的大部分情况都应该翻译为析取；另一方面，倘若误将合取翻译为析取，只会筛选出更多的病人，而若将析取误翻译为合取，则会排除掉大部分的合格病人，两弊相权取其轻。

在制定筛选病人的合格性标准时，上述三种类型的标准中往往还包含了时间限制，例如，在过去六个月被诊断为糖尿病等。因此，也需要对时间描述进行形式化，形式化之后要将其引入上述表达式中。例 6.1 中的"history of"对应的形式表达式是 ◇$_{(-\infty,0]}$，将其与形式表达式 6.4 组合在一起，便得到了最终的形式表达式 6.2。

下面来分析年龄和人物角色。年龄角色实际上包括年龄上限和年龄下限两个角色，二者描述的是对合格病人年龄的限定。我们使用函数 ageof(x) 表示病人 x 的年龄，因此，年龄角色对应的形式表达式分别为 ageOf(x) ≥ 年龄下限 $\wedge$ ageOf(x) ≤ 年龄上限。人物角色描述的是病人的性别信息，因此，直接将其处理为一元谓词，对应的形式表达式为 人物(x)。

表 6.3　合格性标准翻译规则列表

语义角色	翻译规则
年龄	ageOf(x) ≥ 年龄下限 $\wedge$ ageOf(x) ≤ 年龄上限
时间	$\Diamond_{[\text{start,end}]}$
人物	人物(x)
临床所见	$\exists y$(diagnosedWith(x, y) $\wedge$ 临床所见(y))
药物	$\exists y$(takes(x, y) $\wedge$ 药物(y))
程序	$\exists y$(undergoes(x, y) $\wedge$ 程序(y))
测量值构式：	物质/可观测实体—比较符—数字—单位
形式表达式：	物质/可观测实体(x) ($>$ | $\geq$ | $\leq$ | $<$) 数字 单位
组合构式：	临床所见—临床所见—...
形式表达式：	临床所见(y) $\vee$ 临床所见(y) $\vee$ ...
否定构式：	临床所见—部分否定—临床所见
形式表达式：	临床所见(y) $\wedge$ ¬临床所见(y)

合格性标准中还有一类对于测量值限制的描述。例如："Bicarbonate <= 15 mEq/L" (NCT03717896) 是一条合格性标准，其对应的语义表示如 6.5 所示。该合格性标准对应的是一种由语义角色构成的语义构式图式，即物质—比较符—数字—单位。对于此类表示，可以通过翻译模板 6.6 构建起和形式表达式的对应。因此，按照这一模板，该实例被翻译为 6.7[①]。类似地，我们使用同样的方法来处理满足可观测实体—比较符—数字—单位模式的合

[①] 按照一阶语言的标准写法，此形式表达式可以重写为 <= (Bicarbonateof(x), 15, mEq/L)。

格性标准。

$$[_{物质} \text{Bicarbonate}] [_{比较符} <=][_{数字} 15][_{单位} \text{mEq/L}] \tag{6.5}$$

$$物质 \text{of}(x) 比较符—数字—单位 \tag{6.6}$$

$$\text{Bicarbonateof}(x) <= 15\text{mEq/L} \tag{6.7}$$

上文介绍了每一种语义角色所对应的形式表达式。为了对本节内容有更为直观和全面的认识，我们将系统所使用的翻译规则进行了整理，如表 6.3 所示。有时同一条合格性标准中可能会出现多种类型的角色，将这些角色所对应的形式表达式按如下规则组合在一起，便可以生成最终的形式表达式。

- 时间角色对应的形式表达式只和临床所见、程序、药物对应的形式表达式组合。
- 年龄角色对应的形式表达式与其他形式表达式是合取关系。
- 人物角色对应的形式表达式与其他形式表达式也是合取关系。
- 其他语义角色对应的形式表达式间是析取关系。

例如：一条合格性标准中描述了如下信息：年龄 18 岁以上的女性，患有非典（SARS）或者新型冠状病毒肺炎（SARS-CoV-2）。按照上述组合规则，可以被翻译为公式 $\text{ageof}(x) \geqslant 18 \wedge \text{Female}(x) \wedge \exists y(\text{diagnosedWith}(x, y) \wedge (\text{SARS}(y) \vee \text{SARS-CoV-2}(y)))$。

6.3 系统实现

本节主要介绍如何依据上节的方法设计实现一个合格性标准的自动形式化系统[1]。我们使用 Python 工具开发了一个合格性标准的自动形式化系统——ATEC 系统（automated translation system of eligibility criteria）[2]。系

① 系统开发所使用的数据集见 https://github.com/chaoxu95/phd-thesis-code/blob/master/criteria-code/paper%20data/criteria.

② 系统代码见 https://github.com/chaoxu95/phd-thesis-code/tree/master/criteria-code.

统处理流程如图 6.6 所示，给定一条合格性标准，整个的处理过程如下所示：

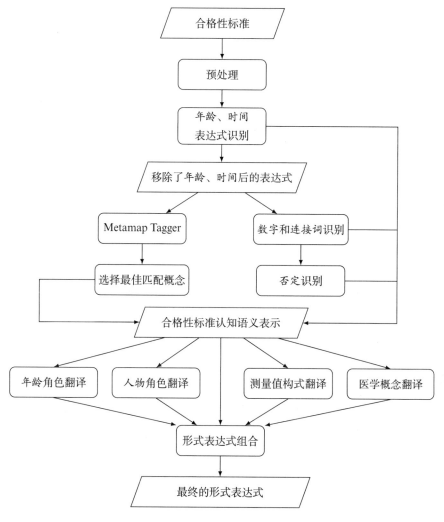

图 6.6　合格性标准自动形式化系统流程图

(1) **预处理**：为了便于计算机处理数字、比较符，首先将英语单词表示的数字和比较符分别转换为阿拉伯数字和符号表示。例如：将"greater than"转换为符号 ⩾。

(2) **年龄、时间识别**：识别合格性标准中的年龄和时间角色，并在识别之后将这两类表达式移除。由于这两类表达式语义完整，且移除它们后并不影响句子的整体结构，因此，不会对其他语义角色的识别造成影响。

(3) **Metamap Tagger**：移除年龄和时间表达式后，将剩余部分输入 Metamap Tagger，获得合格性标准中短语和概念间的粗略对应关系。

(4) **选择最佳匹配概念**：首先，移除 Metamap Tagger 返回的概念中不属于预先设定的 8 种概念范畴的概念；其次，将合格性标准的语词和 Metamap Tagger 返回的概念建立起精确的对应；最后，利用 SNOMED CT 获得这些概念所对应的语义角色。

(5) **数字、联结词识别**：主要采取关键词匹配的方式识别。

(6) **否定词识别**：否定词包括全局否定和部分否定，同样是采用关键词匹配的方式识别。

(7) **年龄角色翻译**：利用表 6.3 中的翻译规则，将其翻译为形式表达式。

(8) **人物角色翻译**：利用表 6.3 中的翻译规则，将其翻译为形式表达式。

(9) **测量值构式翻译**：主要处理描述测量值的合格性标准，利用表 6.3 中的翻译规则，将其翻译为形式表达式。

(10) **医学概念翻译**：主要处理临床所见、程序、药物、时间语义角色以及一些概念组合构式图式的翻译，利用表 6.3 中的翻译规则，将其翻译为形式表达式。

(11) **形式表达式组合**：利用不同角色对应形式表达式的组合规则，将子公式组合为最终的形式表达式。

表 6.4 使用实例 6.1（history of lung disease other than asthma）对系统处理的相关细节进行说明。

表 6.4　例 6.1 翻译过程列表

处理过程	输出
最初合格性标准	history of lung disease other than asthma
年龄、时间表达式识别	history of → 时间，$(-\infty, 0]$
移除年龄、时间	lung disease other than asthma
MetaMap Tagger 处理	lung disease other than asthma → *Disorder of lung (disorder), Lung structure (body structure), Asthma (disorder)*
语义范畴限制	lung disease other than asthma → *Disorder of lung, Asthma*
获得最佳匹配	lung disease → *Disorder of lung*, asthma → *Asthma*
认知语义表示	[时间 history of] [临床所见 lung disease][部分否定 other than][临床所见 asthma]
时间角色翻译	$\Diamond_{(-\infty,0]}$
否定构式图式翻译	lung disease other than asthma → DisorderOfLung(y) ∧ ¬Asthma(y)
临床所见翻译	$\exists y$(diagnosedWith(x, y) ∧ DisorderOfLung(y)∧ ¬Asthma(y))
形式表达式组合	$\Diamond_{(-\infty,0]}\exists y$(diagnosedWith($x, y$) ∧ DisorderOfLung($y$) ∧¬Asthma($y$))

6.4　系统测试

由于目前并未有关于合格性标准的测试集，因此，我们从美国临床试验数据库网站[①]上收集了一些合格性标准来测试此系统。

---

① https://clinicaltrials.gov/

6.4.1 数据集和测试结果

在系统的开发阶段，我们随机选取了 24 个临床试验，并从中选择了约 300 条合格性标准来对原型系统进行优化，以使得其能够覆盖尽可能多的合格性标准。在测试阶段，我们从 clinicaltrials.gov 网站上随机选取了 401 条合格性标准对系统进行测试。

我们首先将这 401 条合格性标准划分为可回答的（answerable）和不可回答的（unanswerable）两类。可回答的合格性标准是指能够被自动筛选病人系统所回答的标准。一般情况下，可回答的合格性标准满足如下三个条件：（1）可回答合格性标准描述的内容能够被表 6.1 中所示的语义角色所覆盖，且对于人而言，可以将其翻译为一个 MTNCQ；（2）可回答合格性标准中所出现的概念都出现在 SNOMED CT 中；（3）理论上，这些合格性标准可以通过查看病人的电子病历判断该病人是否合格。例 6.1 便是一个可回答的合格性标准。而像 "Provided written informed consent and is willing to comply with study follow-up visits"（NCT02844283）这样的合格性标准则不可回答，因为这是对病人主观态度的描述。由于这些信息并不包含在病人的电子病例中，因此无法进行回答。对于这类合格性标准，我们直接将其排除在外。不可回答的标准主要包括三种类型：（1）包含对病人主观态度相关的描述；（2）描述中包含关于未来的信息；（3）其他不在电子病历中描述的信息。

测试集中合格性标准的可回答和不可回答标注结果如表 6.5 所示。从标注结果来看，不同评测员的标注标准存在着较大差异，特别是评估员 1 和评估员 3。原因之一是可回答和不可回答并非绝对清晰的，在一条合格性标准中，有部分信息能够被回答，有部分信息不能够被回答，对这类信息的标注往往带有主观性。例如：如果合格性标准中出现 "severe diabetes"，对于 "diabetes" 所表达的信息是可回答的，但是 "severe" 信息不可回答。评估员 1 采取的是严格策略，即有部分信息不可回答，则认为整个标准不可回答；而评估员 3 采取的是宽松策略，即有部分信息能被回答，则认为整个标准可回答的。从标注结果上看有 60% 以上的合格性标准无法回答。

表6.5　可回答与不可回答合格性标准标注结果

	不可回答	可回答
评估员 1	282(70.3%)	119(29.7%)
评估员 2	254(63.3%)	147(36.7%)
评估员 3	237(59.1%)	164(40.9%)
平均值	258(64.2%)	143(35.7%)

在测试集中，有 93 条合格性标准被三个评估员标注为可回答，因此，我们仅使用这些可回答的合格性标准进行对形式化的结果进行评测。翻译的结果被分为三类：正确、部分正确和错误。如果形式表达式包含所有的必要信息，并且翻译正确，则被认为是翻译正确；如果形式表达式包含部分信息，则认为是部分正确；如果形式表达式中包括错误信息或者无法翻译，则认为是错误。评测结果如表 6.6 所示。结果显示，有超过 60% 的合格性标准翻译正确，只有 11% 左右的翻译错误。

表6.6　合格性标准形式化测试结果

	正确	部分正确	错误
评估员 1	54(58.1%)	29(31.2%)	10(10.7%)
评估员 2	56(60.2%)	27(29.0%)	10(10.7%)
评估员 3	65(69.9%)	18(19.4%)	10(10.7%)
平均值	58(62.4%)	25(26.9%)	10(10.7%)

表 6.7 列出了一些正确、部分正确和错误翻译的实例。其中实例 1 为正确的翻译；实例 2 由于括号中的内容未翻译出来，而且其他部分翻译正确，因此被判定为部分正确；实例 3 中时间信息、否定信息识别错误，因此，判定为错误的翻译。

表 6.7　正确、部分正确和错误形式化实例

---

1. Has a history of diabetic ketoacidosis in the last 6 months. (NCT02269735)

$\Diamond_{[-6,0]}\exists y(\text{diagnosedWith}(x, y) \wedge \text{KetoacidosisInDiabetesMellitus}(y))$

---

2. History of, diagnosed or suspected genital or other malignancy (excluding treated squamous cell carcinoma of the skin), and untreated cervical dysplasia. (NCT01397097)

$\Diamond_{(-\infty,0]}\exists y(\text{diagnosedWith}(x, y) \wedge \text{MalignantNeoplasticDisease}(y)$
$\vee \text{DysplasiaOfCervix}(y))$

---

3. Primary tumors developed 5 years previous to the inclusion, except in situ cervix carcinoma or skin basocellular cancer properly treated. (NCT01303029)

$\Diamond_{(-\infty,0]}\exists y(\text{diagnosedWith}(x, y) \wedge \text{CarcinomaInSituOfUterineCervix}(y)$
$\vee \text{SkinCancer}(y))$

6.4.2　结果分析

表 6.5 显示只有不到 40% 的合格性标准能够被第 6.1 节介绍的理论框架所回答。表 6.8 总结了不可回答合格性标准的类型及一些实例。系统设计的目标是让机器能够模拟人来筛选病人，如果人类也无法依据合格性标准筛选出病人，那么机器显然也是无法实现的。表达病人主观态度和包含未来信息的合格性标准，即便对于人而言，也无法通过阅读电子病例筛选出合格病人，因此，这类合格性标准本质上是无法被回答的。但还有一些合格性标准，由于其中有些概念不出现在 SNOMED CT 或预先定义的语义范畴中而导致不可回答。对于此类合格性标准，可以通过增加相应的语义角色，或者引入其他的医学本体，来让这些合格性标准变为可回答的标准。

表 6.9 列出了可回答合格性标准中翻译错误的实例。由于我们只是基于有限的合格性标准实例总结了语义角色对应的构式或构式图式，因此，不可能收集所有的年龄、时间、否定、比较符、联结词等角色所对应的构式或构式图式。但是，可以预期，通过对这些错误实例的分析和修正，系统的覆

盖率和准确率会逐步提升。

表 6.8　不可回答合格性标准实例

类型	实例
未来信息 时间信息接近临床 试验日期	<u>Planned</u> primary unilateral THA or TKA (NCT02405104)
	Recent tooth extraction or major dental procedure <u>within 3 weeks of study entry</u> (NCT00102908)
主观态度	Female patients of childbearing potential <u>unwilling to use a medically acceptable form of contraception</u> (NCT00891683)
	Known hypersensitivity to any of the <u>study drugs or excipients</u> (NCT02923739)
不完整或不清晰 概念	Having a history of <u>diseases stimulated by heat</u> (NCT01362192)
	Cardiac arrhythmia <u>requiring</u> medical therapy (NCT00343525)
概念未出现在 SNOMED CT	Any other <u>hormone treatment contraindications</u> (NCT01057511)
无语义角色对应	<u>Severe</u> diabetes (NCT00521053)
概念无法被 Matemap 识别	<u>Ejection fraction</u> is required if the patient is > 50 years of age, or history of cardiac disease or anthracycline exposure (NCT00040846)
过分详细的描述	Prior Therapy - Patients are eligible if they have been treated with clofarabine, mitoxantrone, or a combination of both in the past. However, the maximal lifetime cumulative previous anthracycline dose should not exceed doxorubicin dose equivalent of 450 mg/m2 (see Table（1）.··· (NCT01842672)

表 6.9 可回答标准形式化错误分析

原因	实例
年龄未识别	patients aged under 18 years (NCT02710877)
时间未识别	12 months of spontaneous amenorrhea (NCT02865538)
否定未识别	Participant has a transplanted organ, excluding corneal transplant, performed > 3 months prior to the first dose of trial medication(NCT01651936)
比较符未识别	Calcium serum values below 7.0 mg/dl or above 10.0 mg/dl (NCT01815021)
联结词识别错误	Disease and/or medical conditions accompanied by hypercalcaemia and/or hypercalciuria (NCT01480869)

6.5 结语

由于自然语言和形式语言间存在着巨大差异，合格性标准的自动形式化研究是一项极具挑战性的工作。相较于其他类型的翻译任务，合格性标准的形式化最为困难的地方在于，形式表达式中有的成分并未出现在自然语言中，需要根据实际情况引入不同类型的谓词。因此，此类任务的翻译必须建立在对自然语言某种程度的"理解"之上。本章首先从认知和语言分析两个角度出发，构建了临床试验筛选病人场景的认知语义表示；然后利用认知语义表示中的语义角色对合格性标准中的各个成分进行了标注；最后通过对语义角色及其组合关系的分析，构建了从认知语义表示到形式表达式的翻译。我们基于这一方法构建了一个原型系统——ATEC 系统，并对其进行了测试，目前翻译的准确率超过了 60%，且该系统具有很大的改进空间。

此系统还可以通过以下方式进一步优化。首先，可以通过引用其他专业文献中关于否定和时间表达式识别的方法（参见第 6.1.2 节），来进一步提升系统对这两类语义角色识别的覆盖率和准确率；其次，由于很多语义角色对应特定的构式，因此，可以通过对大量实例的分析，来扩充构

式库，以进一步提升语义角色的识别率。最后，目前系统只包含了最重要
的语义角色，还可以进一步引入其他类型的语义角色。比如，病人使用的
医疗器械、病人所经历的事件、临床所见的严重程度，这些角色分别对应
SNOMED CT 中的器械（devices）、事件（events）、严重程度（severity）范
畴。例如：标准"severe aortic stenosis"（NCT01951950）可以被翻译为公式
$\exists y \exists z(\text{diagnosedWith}(x, y) \wedge \text{AorticStenosis}(y) \wedge \text{severity}(y, z) \wedge \text{Severe}(z))$。
这些语义角色的引入，一方面将提升可回答标准的比例；另一方面也会提
升翻译的精细度。

　　值得注意的是，有许多的合格性标准由于其结构复杂导致难以翻译。虽
然对于人而言，可以对一些复杂结构进行理解并翻译为形式表达式，但目
前机器对语言结构的理解仍存在的诸多问题。因此，我们提出了一些临床
试验合格性标准的书写规范，以提升可回答标准的比例和翻译的准确率。

(1) 如第 6.2.3 节所述，自然语言中的"and"和"or"和形式语言中的合取
　　和析取联结词没有对应关系，我们采用了一种实用主义策略，将合格
　　性标准中的联结词都默认为析取关系。但有时，合格性标准中的联结词
　　表示的是合取关系，对此，我们建议将其写为两条合格性标准。例如：
　　将"diagnosed with diabetes and hypertension"写为："diagnosed with
　　diabetes"和"diagnosed with hypertension"。

(2) 必须保证每一条合格性标准的语义完整性，即其理解不依赖于其他的
　　合格性标准或者背景知识。例如："Known hypersensitivity to any of the
　　study drugs or excipients"（NCT01935492），该标准语义不完整，因为其
　　中"study drugs"的理解要依赖于背景知识。

(3) 避免使用不连续的词组来表达概念。例如："… dermatologic, neurologic,
　　or psychiatric disease"（NCT00960570），如此书写会给概念识别造成较大
　　困难，建议写成"dermatologic disease, neurologic disease, or psychiatric
　　disease"。

　　受上面想法的启发，我们可以设计一种受限自然语言（Kuhn, 2014），
要求医学专家使用特定的词汇和语法来书写合格性标准。使用受限自然语
言的优势在于：首先受限自然语言是自然语言的子集，因此，书写难度上

并不比使用自由形式文本困难；其次使用受限自然语言将大大降低翻译的难度，并且提升翻译的准确率。此外，还可以依据文中的认知语义表示，设计一种表格模板，这种表格模板和认知语义表示间有着很好的对应，因此也很容易翻译为 MTNCQ 语言。

第 7 章

总结与展望

本章对全书的研究工作进行总结回顾，并通过分析本研究的贡献与不足来提出下一步的研究计划。

7.1 总结

本节将对全书内容进行系统概括总结，从选题缘起到研究路径，再到人类语言生成和理解模型的提出，再到通用形式化方法的提出，再到形式化方法的应用，最后总结本研究的创新点。

选题缘起

本书缘起于对人工智能领域逻辑主义方法的反思。从 1956 年人工智能学科产生，一直到 20 世纪 90 年代，逻辑主义方法一直占据着主流地位。近年来，随着机器学习特别是深度学习技术的飞速发展，人工智能迎来了第三次的发展热潮。在这新一轮人工智能热潮中，相较于逻辑主义方法，机器学习方法几乎在所有的评测任务上都具有碾压性的优势，逻辑主义方法则日渐式微。

　　尽管机器学习方法在评测任务上表现优异，但是由于其本质上是基于大数据统计学习的方法，因此，具有不可解释性[①]。除此之外，机器学习技术目前只能处理简单的推理任务，而无法处理复杂的推理任务（LeCun et al., 2015）。以常识推理为例，尽管机器学习方法在常识推理评测任务上取得了优异的表现，但并非一种真正的解决方案。例如：基于语言模型的方法在 Winograd 模式挑战上的准确率超过了 90%，然而这种方法将常识推理问题转化为了句子概率计算问题，本质上并非一种基于理解的解决方案。（参见第 1.1.1 节）

　　人工智能的目标是让机器模拟人类智能。人类智能分为高阶智能和低阶智能，其中语言理解和推理相关的能力属于高阶智能，图像识别、感知运动能力属于低阶智能。一般而言，机器学习方法更擅长让机器模拟人类的低阶智能；而逻辑方法则更擅长让机器模拟人类的高阶智能。近年来，已经有很多学者意识到机器学习方法在处理复杂推理问题时的不足。例如：Levesque（2017）呼吁要发展有效老式人工智能（GOFAI），GOFAI 是指20 世纪六七十年代，由 McCarthy 和 Minsky 等人工智能奠基人所提出的研究范式，是一种基于常识的研究方法。这也是 Levesque 等人发起 Winograd 模式挑战的初衷，事与愿违，目前基于逻辑方法的系统在该任务上并未取得良好表现。

　　向有效老式人工智能的回归不仅仅是句口号，这需要我们重新审视有效老式人工智能所面临的问题。20 世纪 80 年代末，人工智能学者已经意识到了逻辑主义路线所存在的问题。例如：逻辑主义路线预设了人类的推理是演绎的或者近似演绎的，McDermott（1987）指出很多人类推理本质上并非演绎的，而且如果我们更加细致地分析人类推理过程，越会发现人类推理本质上是非演绎的。演绎推理是单调的，而人类推理往往是非单调的，同时人类推理并不遵循经典的演绎推理模式。逻辑学家也在尝试提出

　　[①] 可解释性一般是指人类能够理解机器的决策过程，并能够对模型的决策做出预测。机器学习方法的本质决定了其黑箱本质，当前人工智能学界正在尝试对机器学习模型进行解释，并探索发展可解释的人工智能（Guidotti et al., 2018; Adadi and Berrada, 2018; Roscher et al., 2020）。就目前的研究现状而言，一般认为机器学习技术仍然不具有可解释性（陈小平，2020）。

一些更加符合人类推理的逻辑，例如，非单调逻辑（McDermott and Doyle, 1980; Reiter, 1980; McCarthy, 1980）、概称句逻辑（周北海，2004、2008）等。尽管逻辑方法存在着诸多不足，但是要真正地让机器模拟人类的推理能力，逻辑方法仍然是可行的研究路径之一。

基于逻辑方法的人工智能系统一般包括三个部分：（1）自然语言形式化系统；（2）逻辑推理机；（3）知识库。由于人工智能系统是对人类智能的模拟，且人类使用自然语言进行日常的思考、判断、推理和解决问题，而逻辑推理机只能处理使用逻辑语言表达的命题，因此，无论是基于逻辑方法来构造常识推理系统，还是专家系统，都需要让机器能够自动地将自然语言翻译为形式语言。自动形式化问题的研究对于推动逻辑方法在人工智能领域的应用具有重要意义。（参见第 1.1.4 节）

自然语言自动形式化是指让机器能够自动地将自然语言翻译为形式语言。作为源语言的自然语言是自然演化而形成的语言，例如汉语、英语、德语等。作为目标语言的形式语言则是为了某种特定目的所设计的语言，最常使用的有一阶语言、高阶语言、Lambda 语言、SQL 语言、SPARQL 语言、时态逻辑语言、描述语言、代数表示、编程语言、数学语言等。按照形式语言的描述粒度，形式语言可以分为命题层面的表示和谓词层面的表示。对于相同的自然语言表达式，按照应用场景的不同，可能需要翻译为不同的形式表达式。对于相同的自然语言和形式语言，也有可能定义不同的自动形式化任务。按照所覆盖的自然语言范围的不同，自动形式化任务可以划分为两大类：通用的自动形式化任务和面向具体应用场景的自动形式化任务。前者的目标是将所有的自然语言表达式自动地翻译为形式语言；后者的目标是依据场景任务的要求，将具体应用场景下使用的自然语言翻译为形式语言。（参见第 1.2 节）本书将研究范围局限在面向具体应用场景的自动形式化任务。（参见第 1.4 节）

研究路径

从研究进路上看，当前已有的形式化方法大致可以分为以下八类：基于规则的方法、基于句法分析的方法、基于实例的方法、基于归纳逻辑编程的方法、基于统计机器学习的方法、基于深度学习的方法、基于语言模型的方法以及基于语义分析的方法。当前基于统计机器学习和深度学习的方法逐渐成为自动形式化研究的主流方法。（参见第 1.3 节）

基于机器学习的自动形式化方法的实现依赖于标注数据集，当前主要的数据集都来自数据库查询领域，且数据集中的自然语言都是疑问句（参见附录 A.1 节）。此外，由于数据集的构建费时费力，而且机器学习具有不可解释性，因此，这种方法在其他领域的应用效果有待进一步验证。当前已有的自动形式化方法本质上都是技术驱动的形式化方法，即直接面向形式化任务，利用已有的技术手段来构建形式化系统。人之所以能够将不同场景下的自然语言翻译为形式语言，是由于人能够真正地理解不同场景下所使用的自然语言，并且能够使用形式语言来表达自然语言的语义。因此，通过模拟人类形式化的过程可以为自然语言形式化问题提供一种认知路径的解决方案，这种解决方案能够适用于不同场景下的形式化任务。（参见第 1.5 节）

直观上，人在理解了自然语言表达式之后，会在思维中产生一种语义表示，我们将其称为认知语义表示，以区别于传统的语义表示。要以人的形式化思维过程为摹本来设计形式化系统，首先需要回答如下三个问题：（1）认知语义是什么，应该如何表示；（2）人是如何将自然语言识解为认知语义表示的；（3）人是如何使用形式语言来表达认知语义的。这些问题的回答涉及人类的语言生成和理解机制问题。

人类语言生成和理解模型

尽管目前对于人类语言处理机制尚不清楚，然而认知科学在过去几十年中发展出了一大批的理论模型。语言学家、心理学家、神经科学家和人工智能学家从不同的学科角度提出了一些理论模型，来解释人类语言的生成和理解机制。为解释人类语言生成和理解机制，本书在已有理论的基础上提出了四种理论假设：心理意象假设、概念层次假设、概念系统假设以及符号模型假设。（参见第 3.2 节）

基于以上四种理论假设，我们构造了一种人类语言生成和理解模型——LGCCS 模型。LGCCS 模型包括五个部分：场景感知、概念化、自然语言生成、自然语言理解和意象化。此模型的构建一方面参考了人类认知的相关研究，使其具有认知上的合理性；另一方面，也同时兼顾了人工智能实践的需求，使其具有实践上的可行性。（参见第 3.3 节）

　　LGCCS 模型使用概念系统、语言形式模型和符号模型来解释人类语言生成和理解过程。概念系统是由不同类型的认知模型组成的，这些认知模型来源于对人类认知经验的范畴化和概念化。语言形式模型中包含各种类型的语言知识。符号模型将概念系统和语言形式模型联系起来。在自然语言的生成过程中，人类首先借助认知模型对世界中的场景进行识解，并在思维中产生关于场景的概念表示。然后利用符号模型中认知模型和构式图式间的对应关系，将这种概念表示转换为自然语言表达式。在自然语言理解过程中，首先利用语言形式模型中的构式库将自然语言表达式划分为基本构式单元；其次利用符号模型中基本构式单元和概念间的对应关系，激活相应的概念；最后概念会激活概念系统中的认知模型，由此产生完整的概念表示。

　　借助 LGCCS 模型可以对上文提到的三个问题给出回答。认知语义表示和概念表示为同一层次的表示，且认知语义表示是概念表示的一个子集。由于概念表示是借助认知模型产生的，因此，认知语义表示也是借助认知模型产生的。由此，认知语义表示以一种系统化的方式将语义与认知范畴和认知过程联系起来。（参见第 3.4 节）自然语言理解过程和形式语言生成过程都是借助语言形式模型、概念系统以及符号模型来实现的。基于 LGCCS 模型，我们构造了人类语言理解模型 CogNLU 和形式语言生成模型 CogFLG 来刻画人类形式化的思维过程，并以此作为形式化方法的理论基础。（参见第 3.5 节）

一种通用的形式化方法

　　模拟人类的形式化思维过程，当面对一个具体场景的形式化任务时，形式化系统的设计包括如下三个步骤：（1）构建认知语义表示；（2）构建从自然语言到认知语义表示的转换机制；（3）构建从认知语义表示到形式语言的转换机制。

由于认知语义表示是借由认知模型产生的，因此，构建认知语义表示本质上是构建此类场景的认知模型。传统语义表示的构建往往是从语言出发，未能以一种系统化的方式来考虑人类认知。因此，本书提出了认知和语言分析相结合的方法来构建认知语义表示。该方法具有如下两方面的优势：一方面，该方法构建的认知语义表示更加系统化，更符合人类的认知；另一方面，该方法在实践中也具有较强的可行性。（参见第 3.5.1 和第 4.3 节）

将自然语言转换为认知语义表示的过程实际上是语义角色抽取的过程。本书基于构式语法理论来对自然语言表达式进行分析，并提出了基本构式单元概念，基本构式单元一般对应于场景认知的基本元素。确定语义角色的过程，实际上是将基本构式单元所表达的概念划分为不同语义范畴的过程。基于 CogNLU 模型，本书提出了四种语义角色抽取的方法：（1）基于分类模型的语义角色抽取方法；（2）基于语法—语义对应原则的语义角色抽取方法；（3）基于词义分析的语义角色抽取方法；（4）基于特定构式的语义角色抽取方法。（参见第 3.5.2 和第 4.4 节）

依据 CogFLG 模型，要将认知语义表示转换为形式表达式，只需要构造认知语义表示所对应的构式图式，这些构式图式相当于翻译规则。通过分析语义角色之间的组合关系可以构建认知语义表示所对应的翻译规则，将语义角色的值代入后便得到形式表达式。本书提出两种类型的翻译方法：标准翻译方法和基于事件语义学的翻译方法。对于事件类型的认知语义表示，可以基于事件语义学的基本思想来将其翻译为形式表达式。对于非事件类型的认知语义表示，则需要根据具体任务要求，来确定相应的翻译规则。（参见第 3.5.3 和第 4.5 节）

形式化方法应用实例

本书的第 5 章和第 6 章利用第 4 章所提出的方法，实现了空间语言和临床试验合格性标准的自动形式化。这两个实例是来自不同领域且面向不同场景的形式化任务，这在一定程度上说明了本书所提出的理论和方法的通用性。空间语言形式化任务来自常识推理领域，而合格性标准形式化任务来自专家系统领域；空间语言是对空间场景的描述，而合格性标准是在临床试验筛选病人的场景下所使用的自然语言。

尽管这两个实例存在着较大差异，但从整体上看，二者采用了相同的形式化方法，只在具体细节上存在差异。首先，认知语义表示的构建都采用第 4.3 节所提出的认知和语言分析相结合的方法。在空间语言形式化任务中，构建的是关于空间场景的认知语义表示；在合格性标准形式化任务中，构建的是临床试验筛选病人场景的认知语义表示。其次，自然语言理解过程都以构式语法理论为基础，来确定表达式的基本构式单元和构式图式，然后利用符号模型分析语词、概念、语义角色间的对应关系来抽取语义角色。二者的不同在于：（1）所处理的表达式不同，导致使用的构式不同；（2）语义角色抽取时，空间语言形式化任务采用基于语法—语义对应原则和词义分析的语义角色抽取方法，而合格性标准形式化任务采用的是基于分类模型和特殊构式的语义角色抽取方法。最后，形式语言生成过程都是通过分析语义角色之间的关系，来构建从认知语义表示到形式表达式的翻译规则。

本书所提出的方法的通用性，还体现在此方法并不限定于某种具体的语言。虽然本书所给出的两个实例所处理的都是英语，但这种方法可以推广到其他语言。首先，认知语义表示是借助认知模型产生的，而认知模型来源于人类对自身经验的抽象，本质上是与语言无关的。例如：虽然世界上存在着上千种语言，但人类的空间认知模型却几乎是一致的。其次，在自然语言理解的过程中，主要是利用符号模型来对自然语言表达式进行语义分析。虽然符号模型是语言相关的，不同的语言对应于不同的语言形式模型。但是，符号模型的内在结构却是一致的，因此仍然可以利用第 4.4.3 节所提出的四种方法来进行语义分析。其中的差别在于，不同语言形式模型中的构式和构式图式不同。例如：在第 5.5 节简单探讨了如何将此方法推广到德语、法语、汉语等语言，其中最为关键的是确定不同语言的构式和构式图式，以及概念词汇化的方式。

本书创新

本书最为核心的创新点在于为自然语言形式化问题提供了一种新的基于认知的研究路径。这一研究路径是一种理论驱动的研究方法，通过构建人类语言认知相关的理论来指导自然语言形式化的实现。与此同时，本书采用跨学科的研究方法，综合逻辑、语言、认知与计算相关的理论来解决自然语言形式化问题，作者希望能够为跨学科的研究提供一个范例。具体的创新之处有如下几个方面：

- 基于认知科学的相关理论明确提出了四种基本假设：心理意象假设、概念层次假设、概念系统假设以及符号模型假设。在此基础上提出了一种面向人工智能的人类语言生成和理解模型——LGCCS 模型。基于 LGCCS 模型进一步提出了模拟人类形式化思维过程的 CogNLU 模型和 CogFLG 模型，这些模型为形式化方法的提出奠定了理论基础。
- 围绕着自然语言形式化问题，提出了一种基于认知语义表示的自然语言形式化方法，其中包括认知语义表示构建方法、语义角色抽取方法、认知语义表示到形式语言的翻译方法。此方法以人类的语言生成和理解机制为基础，更加系统地从人类认知出发来构建从自然语言到形式语言的翻译。相较于传统的形式化方法，此方法具有更强的适用性，能够解决不同场景下的形式化任务。
- 提出了一种空间语言的认知语义表示方法，并设计实现了空间语言自动形式化系统——ASSA 系统。
- 提出了一种临床试验合格性标准的认知语义表示方法，并设计实现了合格性标准自动形式化系统——ATEC 系统。

7.2　展望

针对自然语言的自动形式化问题，本书提出了一种人类语言生成和理解模型 LGCCS，并在此基础上提出了一种相对通用的形式化方法，能够将具体场景下的自然语言自动翻译为形式表达式。目前此工作尚存在进一步改进的空间。

- 本书所提出的 LGCCS 模型主要关注语言的生成理解过程，并没有包括意图产生、音位表示、发音器官等相关部分。此外，LGCCS 模型中的生成和理解过程是分离的，而自然语言的生成过程往往包含有语言理解的部分。未来可以考虑增加这些部分，并对此模型进一步完善。

- 本书利用所提出的通用方法实现了空间语言和临床试验合格性标准的自动形式化，这两个实例都属于简单场景下的形式化任务，并未验证对复杂场景下的形式化任务的适用性。对于简单场景，可以相对容易地构建其认知语义表示，即只用相对有限的语义角色便可以覆盖大部分的自然语言表达式。然而对于复杂场景的认知语义表示的构建则相对困难，与此同时，由于复杂场景涉及的语义角色过多，从而增加语义角色抽取的难度。因此，此方法的通用性有待于进一步验证。

- 本书提出了从认知和语言分析的角度来构建认知语义表示的方法，这种构建方法一方面源自对自身经验的内省；另一方面来自对语言实例的分析。未来可以考虑采用无监督聚类技术，来对语言表达式中的成分进行聚类，以辅助认知语义表示的构建。

- 本书基于构式语法理论来对自然语言表达式进行分析。在构式分析的过程中，需要通过对语言实例的分析来总结归纳一些构式图式。由于个人所能考察的实例有限，对语言构式图式的总结难免会有诸多疏漏。未来可以考虑利用大数据统计学习技术，让机器能够自动从语言实例中归纳总结出构式图式，以提升系统构式分析的可靠性和准确性。例如：高懿（2015）利用语言、认知与计算多学科的知识提出了一种基于概念库的构式自动学习方法。

- 本书的两个应用实例都是针对英语的自动形式化任务，未来可以进一步考察非英语语言自动形式化实现的可能性，例如，汉语的自动形式化研究。当前尚未见有关于汉语自动形式化的相关研究，汉语自动形式化研究需要考虑汉语语义表示方法、汉语标注数据库的构建方法以及自动形式化的实现方法。

- 本书主要解决的是具体场景下的形式化任务，未来可以考虑通用场景下的自动形式化实现的可能性。

- 自动非形式化（automated informalization）研究。形式化研究是指将自然语言翻译为形式语言；非形式化研究则是指将形式语言翻译为自然语言。此类研究可以用于人机互动领域的应用，同时可以借用自动形式化领域的研究技术进行反向研究。除此之外，此研究还可用于构建自然语言标注数据集。

■ 采用第 1.3 节介绍的统计机器学习方法和深度学习方法来实现本书的两个应用实例，并综合对比分析两种方法的优劣。

自然语言形式化研究的初衷之一是尝试推动常识推理问题的解决，然而，自然语言形式化仅仅是解决常识推理问题的第一步。常识推理还面临着常识知识表示和常识知识库构建的问题，并且能够依据不同场景引入不同的常识知识。当前学界已经构建了诸多的常识知识库，诸如 WordNet、ConceptNet、FrameNet、VerbNet、DBpedia、YAGO 以及谷歌知识图谱等。这些知识库是基于不同的理论基础构建的，并且包括了海量的常识知识。然而，在解决实际的常识推理问题时，会发现这些知识库中所存储的常识知识并不足以用来解决常识推理问题。即便知识库中已经包含了解决常识推理问题所需的常识，如何以一种系统化的方式自动调用相关知识参与推理也是常识推理面临的一大挑战。未来可以考虑如何从"类人"或认知的角度来研究常识知识表示、知识库的构建以及常识知识的调用问题。

常识推理所面临的另一个挑战是当前已有的逻辑并不是对人类推理的刻画。Gabbay and J. Woods（2001）、周北海（2004）、Rott（2008）、Benthem（2008）和蔡曙山（2009）等逻辑学家已经意识这一问题，并提出逻辑学的研究应该更加关注人类推理，使得日常推理成为逻辑学研究的一般主题。到目前为止，关于人类推理的研究尚未有成熟的研究范式。Lakoff（1987: 365–366）认为认知语义研究的目标之一是必须能够为人类推理提供充足的经验解释。本书对认知语义的相关理论进行了考察，并在此基础上提出了一种基于概念系统的人类语言生成和理解模型。在未来，我们将考虑如何基于这一理论模型来直接实现自然语言的推理。对这种类型推理的研究本质上是通过考察思维中概念及概念组织关系来让机器模拟人类的推理能力。这一研究同样涉及逻辑、语言、认知与计算多个学科的知识。在认知科学和多学科交叉融合的今天，关于人类推理的研究或许会成为未来逻辑学研究的一个重要研究方向。

附录 A

常用数据集及其构建

A.1　常用数据集

数据集在自动形式化系统的开发和测试过程中起着重要作用，特别是对于基于实例、归纳逻辑编程、统计机器学习以及深度学习的自动形式化方法。本节对当前自动形式化任务中最常用的数据集进行简要介绍。

GEO 数据集：GEO 是美国地理信息系统，GEO 数据集是关于此系统的查询问句的数据集，其中包括自然语言的查询问句以及其所对应的形式表达式。数据集包含多个版本：GEO250（Zelle and Mooney, 1996）、GEO700（Popescu et al., 2003）、GEO880（Zettlemoyer and Collins, 2005; Iyer et al., 2017）和 GEO1000（Tang and Mooney, 2001），这些数据集分别包含 250、700、880 和 1000 个查询问句。目前应用最为广泛的是 GEO880 数据集，此数据集有两个版本，一个版本的形式语言为高阶逻辑语言；另一个版本的形式语言为 SQL 语言，二者都是将其中 600 条数据作为训练集，280 条数据作为测试集。

JOBS 数据集：JOBS 是计算机相关工作职位的查询系统，JOBS 数据集中包含 640 条数据，其中 400 条是由人工构建的简单语法生成的查询问句；

240 条是通过交互界面收集的来自实际用户的查询问句（Tang and Mooney, 2001）。JOBS 最初采用 Prolog 式的标注方式，后 Zettlemoyer and Collins （2005）人工标注其对应的 Lambda 表达式，640 条数据中 500 条作为训练集，140 条数据作为测试集。

ATIS 数据集：ATIS 是航空信息服务系统（Price, 1990），ATIS 数据集是利用 ATIS-3 语料库（Dahl et al., 1994）中的查询问句所构建的数据集，其中包括自然语言的查询问句及其对应的 Lambda 表达式。ATIS 数据集中共包括 5426 条数据，其中 4500 条数据作为训练集；478 条数据作为开发集；448 条数据作为测试集（Zettlemoyer and Collins, 2007）。

CLANG 数据集：CLANG 是机器人足球领域所使用一种教练语言，运用 CLANG 语言可以给机器人下达执行相关策略或行为的指令（Mao Chen et al., 2003; G. Kuhlmann et al., 2004）。Kate et al.（2005）从 2003 年机器人世界杯竞赛的日志文件中随机选取了 300 条 CLANG 语言指令，然后由四个标注者将其翻译为英语。

Free917 数据集：Q. Cai and Yates（2013a）收集了 917 个可以通过 Freebase 数据库给出答案的问题，这些问题由两个英语母语者创建。每个问题描述都标注了其对应的 Lambda 表达式，同时，创建了一个对齐数据集，其中标注了 Freebase 中关系和问句中单词或词组的对应关系。Free917 数据集涉及 81 个论域以及 635 个 Freebase 中的关系。

WebQuestions 数据集：Berant et al.（2013）利用 Google 建议 API 收集了一些只包含一个实体且以 wh-单词开头的问句，然后通过众包平台让用户使用 Freebase 网页来回答这些问题。在提交的 10 万个问句中，至少有两个用户回答一致的问题有 6642 个，这样便得到了问题—答案对的集合。通过筛选 5810 条数据构建了 WebQuestions 数据集，其中 3778 条数据作为训练集；2032 条数据作为测试集。WebQuestions 数据集中包含了 12000 个左右不同的二元谓词。

SPADES 数据集：Reddy et al.（2014）从 CLUEWEB09 数据集（Gabrilovich et al., 2013）中抽取出了包含两个实体间关系的陈述句，且

实体间的关系能够对应到 Freebase 数据库中的关系上。通过随机移除陈述句中的实体，可以将陈述句转换为问句，然后依据 Freebase 的数据库结构将这些问句转换为 Lambda 表达式。Bisk et al.（2016）从 Reddy 等人的数据集中筛选了 93319 条数据构成了 SPADES 数据集，其中训练集包括 79247 条数据；开发集包括 4763 条数据；测试集包括 9309 条数据。

IFTTT 数据集：C. Quirk et al.（2015）从 IFTTT 网站上收集了 114408 个表达式，每个表达式描述了一个触发器和其对应的动作，当触发器条件被激活时，则执行相应的动作。IFTTT 数据集中的每个自然语言描述都标注了其对应的触发器和动作。通过对 114408 条数据进行预处理和标注，最终筛选了 86960 条数据，其中 77495 条数据作为训练集；5171 条数据作为开发集；4294 条数据作为测试集。

OVERNIGHT 数据集：Y. Wang et al.（2015）采用重述和众包技术构建了一个覆盖 8 个论域的形式化数据集。OVERNIGHT 数据集中包含针对这 8 个论域数据库的查询问句，并对每个查询问句自动标注其对应的 Lambda 依存组合语义（dependency-based compositional semantics, DCS）表示。OVERNIGHT 数据集中包括 13682 条数据，其中 8751 条数据作为训练集；2191 条数据作为开发集；2740 条数据作为测试集。

DJANGO 数据集：DJANGO 数据集是利用 Django 库中的 Python 代码，通过人工标注其对应的自然语言表达式构建的（Oda et al., 2015）。数据集中共包含 18805 条数据，其中训练集中包含 16000 条数据；开发集中包含 1000 条数据；测试集中包含 1805 条数据。

SimpleQuestions 数据集：为了解决问答数据集数据量不足的问题，Bordes et al.（2015）构建了一个大规模的数据集 SimpleQuestions。此数据集包括 108442 个人工书写的问题，其中每个问句都对应 Freebase 数据库中的一个事实，这一事实为问题提供答案和解释。数据集中 75910 条数据作为训练集；10845 条数据作为验证集；21687 条数据作为测试集。

WebQuestionsSP 数据集：由于 WebQuestions 数据集中并未标注自然语言问句所对应的形式表达式，Yih et al.（2016）对 WebQuestions 数据

集中的问句标注了其所对应的 SPARQL 表达式，SPARQL 查询语句可以对 Freebase 进行查询。在对 WebQuestions 数据集中的 5810 条数据进行标注的过程中，有 1073 条数据标注的 SPARQL 语句无法正确查询到答案。因此，WebQuestionsSP 数据集中共包括 4737 条数据，其中 3098 条数据作为训练集；1639 条数据作为测试集。

HearthStone 数据集：HearthStone 是一种纸牌游戏，每张纸牌上都有相应的操作说明。在电子游戏中，每张纸牌的描述都对应一段代码。Ling et al.（2016）从 HearthStone 电子游戏的 Python 代码中抽取出了纸牌描述所对应的类，并构建了纸牌的自然语言描述和 Python 类之间的对应。Hearth-Stone 数据集中共包括 665 条数据，其中训练集包括 533 条数据；验证集和测试集各包括 66 条数据。

GraphQuestions 数据集：此数据集设计的初衷是用于问题回答系统的评测。Su et al.（2016）首先利用 Freebase 知识库生成图结构的逻辑表达式，然后人工将其翻译为自然语言问句，最后对自然语言问句进行重述，得到多个自然语言问句。因此，数据集中的一个逻辑表达式对应多个自然语言问句；同时数据集中还包括查询问句所对应的答案。GraphQuestions 数据集中共包括 500 个图查询语句；5166 个自然语言问句，其中 2558 条数据作为训练集；2608 条数据作为测试集。

WikiSQL 数据集：Zhong et al.（2017）首先利用从 Wikipedia 中抽取出的表（Bhagavatula et al., 2013）生成 SQL 查询语句，然后利用模板大致生成一个粗略的自然语言问句，然后利用众包的方式对生成的自然语言语句进行重述，最后经过检验得到 SQL 语句所对应的自然语言表达式。Wik-iSQL 数据集中包含 87726 个自然语言问题和 SQL 对应实例，这些实例覆盖了 Wikipedia 的 24241 个表，其中训练集包括 61297 条数据；开发集包括 9145 条数据；测试集包括 17284 条数据。

CNLVR 数据集：CNLVR 是康奈尔大学自然语言处理组发布的视觉推理语料库（Suhr et al., 2017），语料库中包括图片以及图片的数据库描述。目标是对于给定的自然语言描述，判定其是否与图片内容相符。如果不考虑图片，仅使用图片的数据库描述，这一语料库可以视为基于数据库的问

表 A.1　常用数据集总结

数据集	源语言	目标语言	数据量	训练集	开发集	测试集	数据库	句子类型	答案	构建方式
GEO880	英语	高阶语言, SQL	880	600	—	280	GEO	疑问句	否	专家
JOBS	英语	Prolog, λ-语言	640	500	—	140	JOBS	疑问句	否	专家
ATIS	英语	λ-语言	5426	4500	478	448	ATIS	疑问句	否	专家
CLANG	英语	CLANG	300	—	—	—	—	陈述句	否	专家
Free917	英语	—	917	—	—	—	Freebase	疑问句	是	人工
WebQues-tions	英语	—	5810	3778	—	2032	Freebase	疑问句	是	众包
SPADES	英语	λ-语言	93319	79247	4763	9309	Freebase	陈述句	否	自动
IFTTT	英语	触发器和动作标注	86960	77495	5171	4294	—	陈述句	否	众包
OVERNI-GHT	英语	λ-DCS	13682	8751	2191	2740	是	疑问句	否	专家
DJANGO	英语	Python	18805	16000	1000	1805	—	陈述句	否	人工

表 A.1（续表）

数据集	源语言	目标语言	数据量	训练集	开发集	测试集	数据库	句子类型	答案	构建方式
Simple-Questions	英语	—	108442	75910	10845	21687	Freebase	疑问句	是	人工
WebQues-tionsSP	英语	SPARQL	4737	3098	—	1639	Freebase	疑问句	是	专家众包
Hearth-Stone	英语	Python	665	533	66	66	—	陈述句	否	专家
GraphQue-stions	英语	λ-语言	5166	2558	—	2608	Freebase	疑问句	是	专家众包
WikiSQL	英语	SQL	87726	61297	9145	17284	Wikipedia	疑问句	否	专家众包
CNLVR	英语	—	3962	3163	267	532	CNLVR	陈述句	是	专家众包
miniF2F	英语	Metamath, Lean, Is-abelle,HOL	488	—	—	—	—	陈述句	否	专家

答数据集。Goldman 等（2018）通过将自然语言翻译为一种可执行的编程语言，可以通过查询数据库中数据自动判定其描述是否正确。CNLVR 数据集中共包含 3962 条数据，其中训练集包括 3163 条数据；开发集包括 267 条数据；测试集包括 532 条数据。

miniF2F 数据集：为了评估神经定理证明器（neural theorem prover）的数学推理能力，Zheng et al.（2022）构造了 miniF2F 数据集。miniF2F 数据集中共包含 488 个数学问题，每个问题包含其自然语言、Metamath、Lean、Isabelle 以及 HOL Light 语言描述。这些数学问题来自国际奥林匹克数学竞赛（IMO）、参加国际奥林匹克数学竞赛选拔赛（AIME、AMC）以及高中和大学数学课程。Wu et al.（2022）从 miniF2F 数据集中选取了 140 个代数问题和 120 个数论问题来评测不同语言模型的自动形式化能力。

表 A.1 展示了当前自动形式化研究中常用的数据集。从数据集上可以看出自动形式化任务的源语言几乎都是英语，而且大部分都是疑问句；目标语言一般采用逻辑语言、数据库查询语言、编程语言以及数学语言。当前自动形式化任务大部分都来自数据库查询领域，其中半数是面向 Freebase 数据库的查询任务构建的。从构建方式上看，大部分数据集的构建都有专家的参与，大型数据集的构建主要采用众包的方式。值得注意的是，有些数据集并未标注目标语言，但这些数据集都提供了问题—回答对，可以采用弱监督的方式来构建自动形式化系统。

A.2　数据集的构建

面对一个新的自动形式化任务，要使用机器学习方法，一般需要根据任务的要求构建一个标注数据集。形式语言作为一种人工语言，一般而言，需要熟悉这种语言的专家才能够创建，因此构建成本非常高。Y. Wang et al.（2015）提出了一种快速构建数据集的方法。此方法首先依据自动形式化的需求定义一种混合语法，其中既包括形式语言的生成规则，也包括自然语言的生成规则；然后利用此语法和初始词汇表便可以生成一些形式表达式以及其所对应的典范表达（canonical utterance），典范表达是一种自然语言描述，形式表达式和典范表达式之间是一种一一对应关系；最后通过众包的方式让用户对典范表达式进行重述，由此得到形式表达式所对应的自然语言表达式。

此方法由于只需要用户重述自然语言表达式，不需要用户具备形式语言的知识，因此，构造成本较低。此方法的关键在于混合语法的构建，这要求构建者需要对语义分析器功能有全面的认识，同时出现在形式表达式中的谓词和论元种类要相对有限。因此，此方法目前仅适用于构建针对某个领域数据库的查询语句的标注数据集。例如：针对出版物数据库的查询语句，查询语句的种类非常有限，同时出现在查询语句中的要素也非常有限，因此，很容易构建一个语法和初始词汇表来生成形式表达式和典范表达式的实例。

当已经构建了某个领域的标注数据集，可以借助基于 Seq2Seq 模型的重述模型自动标注其他领域的数据（Su and Yan, 2017）。假设已经构建了 A 领域的标注数据，数据集中包括自然语言表达式、典范表达式以及形式表达式。要构建 B 领域的数据集，可以先利用混合语法生成形式表达式及其对应的典范表达式；然后利用 A 领域中自然语言表达式和典范表达式训练一个重述模型；最后利用重述模型和 B 领域的典范表达式生成其所对应的自然语言表达式。

语言生成模型也可以用来辅助构建标注数据集（Guo et al., 2018）。在数据库问题回答领域一般使用结构化查询语言（SQL）来查询数据库内容，因此，要构建的数据集中包括自然语言问句和 SQL 对。由于数据库表的内容是有限的，因此可以利用基于模板的 SQL 取样器生成 SQL 查询语句。然后利用少量的 SQL-自然语言问句来训练一个语言生成模型，输入 SQL 语句可以生成自然语言问句。除此之外，当前一些精度较高的语义分析器可以用来辅助构建数据集。

A.3 缺少数据的处理

由于不同的任务所使用的目标语言不同，导致当面临一个新的自动形式化任务时，已有的标注数据可能无法直接应用，需要重新标注数据。基于机器学习，特别是深度学习的自动形式化系统构建依赖于大量的标注数据，而大规模数据集的构造是非常困难的，因此便会出现缺少数据的情况。学界目前主要使用弱监督学习（weakly supervised learning）、非监督学习（unsupervised learning）以及对偶学习（dual learning）来解决数据不足的问题。

弱监督学习是指通过较弱的监督信号来构建预测模型。在无形式语言标注数据的情况下，无法采用自然语言语句对应的形式表达式作为监督信号，但可以采用其他间接的方式来监督模型的生成。监督信号有多种类型，在问题回答领域，如果一个自然语言查询问句能够被正确翻译，那么形式查询问句可以查询出正确的答案，因此问题回答的正确与否可以作为监督信号（Clarke et al., 2010; Krishnamurthy and Mitchell, 2012; Berant et al., 2013; P. Liang et al., 2013; Kwiatkowski et al., 2013; Krishnamurthy et al., 2017; Goldman et al., 2018）；在机器人会话领域，如果翻译后的形式表达式与会话的上下文信息相匹配，也可以作为翻译正确的监督信号（Artzi and Zettlemoyer, 2011）；在地图导航领域，如果执行翻译后的形式指令能够到达预期的位置，那么可以视为翻译正确（Artzi and Zettlemoyer, 2013）；在代码生成领域，要将自然语言语句翻译为编程语言，可以将翻译后的程序的执行结果作为监督信号（C. Liang et al., 2017）。

Poon and Domingos（2009）提出了一种非监督的语义分析方法，此方法首先采用一种确定性程序将自然语言表达式的依存语法树转换为一种Lambda 形式的准逻辑表达式（QLF）；然后对 QLF 中的原子公式进行聚类，并递归地对由原子公式组成的复杂公式聚类；然后得到 Lambda 形式及其组合的概率分布。通过聚类抽象掉了具有相同意义在句法表达层面的差异。这种方法是一种非奠基的方法，即未将归纳的聚类奠基到本体上。Poon（2013）在此基础上进一步提出了一种奠基的非监督语义分析方法，利用给定一个自然语言表达式和数据库可以来学习语义分析器，数据库模式可以用来限制搜索空间。Goldwasser et al.（2011）提出了一种基于置信度估计的非监督语义分析方法。此方法定义了两种决策：一阶决策指将自然语言的字符编码为形式语言中的谓词；二阶决策指将两个谓词组合为一个复合谓词，以及将自然语言字符串编码为复合谓词的过程。通过定义一元和二元语言模型来分别估计这两种决策的置信度，同时结合对自然语言和形式语言中谓词的结构比例的分析，来评估语义分析器翻译的准确度。通过迭代训练获得最高置信度来生成最优的语义分析模型。

为了更有效地利用训练数据，Cao et al.（2019）采用对偶学习的方法来训练语义分析器。对偶学习框架包括主模型和对偶模型，主模型将自然语言转换为形式表达式；对偶模型将形式表达式转换为自然语言。这两个模型都采用的 Seq2Seq 模型，二者表示两个主体，通过强化学习过程来教彼此。为了生成完整且合语法的形式表达式，通过检查主模型在表层和语义层面的输出来作为有效性奖励。此方法在 ATIS 任务上达到同期最优表现，并在 OVERNIGHT 任务上达到接近最优的表现。

附录 B

基本概念与基本理论

由于本书涉及多个学科的相关理论知识，本附录主要就文中所涉及的相关的理论和术语进行简要的补充说明。

B.1 概念理论

本书多次使用"原型"一词，这一术语来自原型论概念理论，原型论概念理论与经典论概念理论有着本质不同。经典论是逻辑学理论的基础，而原型论是认知语言学的基础。

B.1.1 经典论

经典概念理论最早可以追溯到苏格拉底对虔诚（piety）、正义（justice）和爱（love）等概念清晰性的追求，之后，亚里士多德所提出的种加属差的定义方式一直沿用至今。经典论主要有以下三点主张（Murphy, 2004: 15）：（1）概念在心理上被表示为一种定义（definition），定义提供了成为这个范畴成员的充分必要条件；（2）一个对象要么属于这个范畴，要么不属于这个范畴，没有中间状态；（3）范畴成员间无差异。

　　经典论经久不衰的一个重要原因是它符合科学理论研究的需要。在进行理论研究时，常常需要对新的概念进行定义，而一个好的定义能够使得读者根据定义判断一个对象是否满足这一定义。这也就要求在定义中给出成为范畴成员的充分必要条件。另一个原因是它一直作为逻辑学研究的基础，无论是亚里士多所开创的三段论逻辑（syllogistic logic）还是弗雷格所开创的现代逻辑（modern logic）。现代逻辑使用集合论方法来刻画逻辑的语义模型，元素和集合间的属于关系与经典论中的第（2）和（3）点要求相一致，即一个元素要么属于一个集合，要么不属于这个集合，没有中间状态，且集合中的元素是无差异的。

　　经典论的优势在于对理论概念的定义，但当面对日常概念时，经典论却面临诸多质疑。其中最著名的反驳是维特根斯坦提出的游戏概念的例子（Wittgenstein, 1953: 31–36）。当人们尝试给游戏下定义时，会发现很难找到它的充分必要条件，因为对于游戏而言，不存在这样的一般性和本质（江怡，1990）。维特根斯坦在反思传统概念理论的同时，提出了"家族相似论"（family resemblance theory）。他认为范畴成员不必具备该范畴的所有属性，一个范畴成员与其他的范畴成员间至少共有一个相同的属性。但这种"家族相似论"并不适合用于刻画理论概念，特别是数学概念。

　　经典论面临的另一方面的挑战来自与人类经验的冲突。在日常生活中，人们常常有这样的经验，即对某种个体似乎很难说它属于或不属于某个范畴。例如：西红柿属于水果还是蔬菜，不同的人往往会有不同的回答。范畴内的成员之间的地位在人类的认知中往往并不相同。例如：麻雀和企鹅都属于鸟的范畴，但是，前者相较于后者更具有认知上的优势。

B.1.2　原型论

　　20 世纪 70 年代，随着心理学领域对人类概念认知的研究，逐渐颠覆了传统的概念理论，并逐步发展出了基于原型概念的概念理论。心理学领域将分类的心理过程称为范畴化，范畴化的结果是产生认知范畴（Ungerer and Schmid, 2013: 8）。温度和颜色的例子都无法在经典概念理论下得到解释，因此，心理学家尝试从对这些现象的研究出发探寻人类范畴化的机制。

其中最为有名的是关于焦点色（focus color）的研究（Berlin and Kay, 1991; Rosch, 1971; Rosch and Olivier, 1972; Rosch, 1972）。

1969 年，Berlin 和 Kay 提出人类对于颜色的范畴化并非任意的，而是依赖于焦点色进行范畴化（Berlin and Kay, 1991）。Berlin 和 Kay 准备了 329 种色卡，这其中包括了 40 种颜色，每种颜色有 8 种亮度，还包括 9 种由黑、白和不同程度的灰色构成的颜色。他们收集了 20 种语言中表达颜色的词汇，然后给出一个表达颜色的词汇，让被试选出最典型的色卡，或在任何条件下都被认为是这种颜色的色卡。出人意料的是，对于同一种颜色，被试所选的最典型的色卡几乎一致，这种颜色也就被称为焦点色。

到 20 世纪 70 年代，Rosch 尝试探寻焦点色背后的心理机制，最初的目标是探究焦点色是根植于语言中的，还是一种前语言认知（pre-linguistic cognition）。她找了两类被试，一类是学龄前儿童（Rosch, 1971），一类是丹尼人（the Dani）。在丹尼人的语言中，只有表达黑白两色的词汇，没有表达红、黄、蓝等颜色的词汇。通过实验，Rosch 发现焦点色是一种前语言认知，具有认知上的显著性，更容易吸引人的注意力，且更容易被人记忆（Ungerer and Schmid, 2013）。这一结果使得 Rosch 逐步将焦点（foci）概念拓展成为原型概念。原型是指范畴中的最佳实例（best example）[①]。后续 Rosch（1973、1975）又做了诸如形状（shape）、家具（furniture）等方面的范畴化实验，逐步发展出了"原型和基本层次范畴理论"，原型后来也被她称为"认知参考点"（cognitive reference points）。

Hampton（1979）、E. E. Smith and Medin（1981）在 Rosch 工作的基础上，逐步发展出了概要表示理论（summary representation theory）。按照概要表示理论，概念被表示为一个范畴成员的特征集，且这些特征间的重要程度不同。例如：对苹果这一范畴而言，"能吃"和"红色"都属于这个特征集，但很明显"能吃"的重要性要高于"红色"。与经典论不同，特征

[①] 原型是指范畴中的最佳实例，因此许多人推测 Rosch 会使用原型或最佳实例来代表范畴。然而事实并非如此，Rosch 本人多次否认这并非她本人的想法（Murphy, 2004: 41–42）。倘若只用一个最佳实例来表示一个范畴，那么会产生如下两个问题：一是如何根据这个实例来确定其他实例是否属于这个范畴；二是如何仅用一个实例来刻画不同成员间的差异。

集中的特征只要求被部分范畴成员满足，并不要求被所有的成员满足。而且特征集中的特征还可以是矛盾的。例如："红色"和"青色"这两个特征都属于苹果的特征集，但二者是矛盾的。

原型论后续又发展出了多种的表示理论，诸如特征组合理论（feature combination theory）和图式理论（schemata theory）（B. Hayes-Roth and F. Hayes-Roth, 1977; Rumelhart and Ortony, 2017）。与经典论相比，原型论在解释力方面有如下三点优势：（1）经典论的定义是成为该范畴成员的充分必要条件，给定一个对象可以依据该定义判定其是否属于该范畴，经典论无法对像游戏这样的概念给出定义；但原型论并无此要求，范畴被描述为范畴成员所具有特征的集合。（2）经典论要求一个对象要么属于一个范畴，要么不属于它，不能很好地解释有些对象处在范畴边界的现象；但原型论可以很好地解释这一现象，如果一个对象只具有该范畴不太重要的一些特征，那么该对象将处于该范畴的边界上。（3）由于经典论认为范畴成员间无法差异，因此，无法解释有的范畴成员比另外的范畴成员更容易被识别的现象；但原型论可以根据范畴成员是否具有权重高的特征来判定一个对象是否更容易被识别。

B.2　语言学理论

本书涉及诸多的语言学理论，包括 Chomsky 语言学理论、认知语言学理论、Fillmore 的语言学理论以及形式语义学理论。本节主要从总体上对这些语言学理论进行简要的介绍，同时对一些术语的使用进行澄清。

B.2.1　Chomsky 语言学

Chomsky 在 20 世纪 50 年代提出转换生成语法后，引起了世界语言学史上的一场革命，如今已成为语言学界的主流学派之一。当前语言学界和计算语言学界所提出的很多语法理论都是基于 Chomsky 语言学的思想发展起来的，例如，广义短语结构语法（generalized phrase structure grammar,

GPSG；Gazdar et al., 1985）、中心词驱动的短语结构语法、词汇功能语法
（lexical functional grammar，LFG；R. M. Kaplan and Bresnan, 1982）等。
甚至是作为认知语法的构式语法也借鉴吸收了 Chomsky 语言学的思想。学
界通常将 Chomsky 语言学的发展划分为五个阶段，如表 B.1 所示（Cook
and Newson, 2007: 2–4）。

　　Chomsky 提出的语法理论又称为"普遍语法"（universal grammar,
UG），他认为任何关于"什么是语言"这一问题的好的理论，都可以称
为普遍语法（Chomsky and McGilvray, 2012: 41）。Chomsky 语言学理论
在计算语言学领域有着重要的应用，其中影响最大的是他早期提出的短语
结构语法或者上下文无关文法[①]。例如：Stanford 句法分析器和 Berkeley 句
法分析器[②]所使用的概率上下文无关文法（probabilistic CFG, PCFG），便
是从 CFG 基础上发展而来。本书在第 1.3.2 节提到的 HPSG 语法（Pollard
and Sag, 1994）和 FG-TAG 语法（Joshi, 1985），也都是在 PSG 的基础上
发展而来的。除此之外，还有诸如词汇功能语法、广义短语结构语法等也
都是在 PSG 基础上构建的。值得说明的是，这些语法的共同特点是：（1）
均放弃了转换规则，仅采用类似 PSG 的生成规则；（2）使用复杂特征取代
单一的句法范畴特征。

　　伴随着句法理论的不断发展，Chomsky 的语义观也不断发生变化。在
TGG 阶段, Chomsky（1957: 108）强调句法研究是独立于语义的, 且句法分
析对于语义分析具有重要作用, 但语义分析对于句法分析影响不大。此时,
Chomsky 并未具体言明句法和语义的关系是什么。在 ST 阶段，Chomsky
（1965: 14–15）将生成语法分为三个部分：句法、语音（phonology）和语义,
句子的深层结构决定了句子的语义解释（semantic interpretation），而句子
的表层结构决定了句子的语音解释（phonetic interpretation）。在 EST 阶段，
一些语言学家对于深层结构决定语义解释提出了质疑，Kuroda（1965）指
出像"even"和"only"这样的单词在表层结构中出现的位置会导致语义的

　　[①] 第 2.3.1 节对短语结构语法进行了简要介绍，除短语结构语法之外，Chomsky 所提出的语音相关
理论、管约理论、X-阶标理论等在计算语言学也都有很大影响。

　　[②] http://nlp.cs.berkeley.edu/software.shtml.

表 B.1　Chomsky 语言学发展历程[①]

时间	理论模型	简介
1957	转换生成语法（Transformational Generative Grammar, TGG）	TGG 主要由短语结构规则和转换规则构成，由短语结构规则生成的语句称为核心句，其余句子是核心句经由转换规则生成。
1965	标准理论（Standard Theory, ST）	区分了句子的深层结构和表层结构，这两个结构间是通过转换规则连接的，其中深层结构取代了 TGG 中的核心句。同时区分了语言能力与语言运用，前者是指语言使用者的理想化的能力；后者是指运用语言能力说出具体的话语。
1970	扩展标准理论（Extended Standard Theory, EST）	EST 是对 ST 理论的扩充，在其基础上进一步丰富和完善了 ST 的规则，并提出了一些新的理论和概念。例如：X-阶标理论、移动 α 规则、踪迹理论（trace theory）、限制原则（constrain principles）和过滤原则（filter principles）等。
1981	管辖约束理论（Government and Binding, GB）	提出了原则（principle）和参数（parameter）概念。人类所有的语言遵循一些普遍原则，参数用以对普遍语法进行有限调整。同时，对 EST 阶段提出的理论进行了整合，并提出了题元理论、格理论对语义进行解释，提出了约束理论来解释指称语、照应语和代词现象。
1993	最简方案（Minimalist Program, MP）	取消了 GB 理论中的大部分的装置（apparatus），仅保留最小的操作集，这么做的目的是为语音和认知系统提供一种完美的接口。

---

① 此表参考 Cook and Newson（2007: 4）中的图 1.1 绘制。

不同；Jackendoff（1969）认为量词和否定词需要在表层结构中得到解释。此时，Chomsky（1972: 106）认为如果要对标准理论进行修正，需要考虑到表层结构的许多方面都会决定句子的语义解释。在 GB 阶段，Chomsky（1981: 22）提出使用逻辑形式（logical form, LF）来表示句子的语义，例如，"who Bill saw" 所对应的 LF 表示是 "for which person x, Bill saw x"①，并且提出了 θ-理论用以解释逻辑形式和题元角色（thematic roles）间的对应关系（Chomsky, 1981: 5）。

Chomsky 前期的理论更多地关注在句法方面，对于语义的讨论相对较少，一些语言学家在 Chomsky 句法理论基础上发展出了一些语义理论。例如：Katz and Fodor（1963）提出使用语义关系（semantic relation）来描述句子语素间的关系；Gruber（1965）提出使用题元关系来表示句子的语义属性②；Fillmore（1967）提出使用格来刻画动词的深层结构。这三种理论也引出了三个不同的术语"题元角色"、"语义角色"和"格"。尽管这三个术语的理论来源不同，但是都可以看作对句子成分语义属性的一种表示。从学界对于"题元角色"和"语义角色"的使用来看，并未对二者进行严格区分，二者是可以相互替换的。

Chomsky 语言学理论的基本假设可以总结为以下几点：

- 语言天赋观：人的语言能力是先天的，是由遗传基因决定的③（Chomsky and McGilvray, 2012: 24）。
- 普遍观：普遍语法是人类所共有的，人类的所有语言都遵循一些普遍的规则（Cook and Newson, 2007: 3）。
- 自治观：首先是语言能力是独立于人类的其他能力的；其次，语法是独立于意义的（Chomsky, 1957: 17）。
- 模块观：Chomsky 将语言系统划分为语音、句法和语义三个模块（Chomsky, 1965: 14）。

---

① 存在一个人 x，Bill 看见了 x，其逻辑表达式为 $\exists x(\text{Person}(x) \land \text{Saw}(\text{Bill}, x))$.

② 后续经 Jackendoff（1972）的介绍为人所熟知。

③ 语言天赋观并不是指像汉语、英语这样具体语言是先天的，而是指语言能力是先天的（Chomsky, 2000）。

值得说明的是，Chomsky （2014: 153）将语言系统和概念系统以及语用能力系统（system of pragmatic competence）区分开来，而语义的部分是归属语言系统。因此，Chomsky 语言学派的语义研究一般都对语义和语用进行区分。

B.2.2 认知语言学

本书引用了大量认知语言学领域的相关研究，主要有 Langacker 的认知语法理论（Langacker, 1987a,b）、Lakoff 的范畴与认知模型理论（Lakoff, 1987）、Talmy 的认知语义理论（Talmy, 2000a,b）、Lakoff 和 Johnson 的隐喻转喻理论（Lakoff and Johnson, 1980）、Jackendoff 的概念结构理论（Jackendoff, 1983）、Johnson 的意象图式理论（Johnson, 1987）等。这些理论之间虽然存在交叉，但也存在着较大的差异，所使用的术语也不尽相同。因此，认知语言学不被视为一种理论，而是在共同的指导原则、假设以及视角下的一种研究方法（V. Evans and Green, 2006: 3）。

Lakoff （1990）提出了认知语言学的两大承诺：普遍性承诺（generalization commitment）和认知承诺（cognitive commitment）。前者是指认知语言学旨在描述适用于人类语言所有层面的普遍原则；后者是指认知语言学所提出的语言的一般原则要与其他学科中关于心智和大脑的研究成果相符合。由于遵守普遍性承诺，与 Chomsky 语言学不同，认知语言学并不将语言系统划分为语音、句法和语义，而是将其作为一个整体来考察其所具有的一般性规则。认知语言学除了拒斥将语言系统划分为不同模块，还拒绝承认语言系统是认知系统中的一个独立的部分（V. Evans and Green, 2006: 41）。由此来看，认知语言学不接受 Chomsky 语言学所提出的自治观和模块观的理论假设。

认知语言学中所使用的语义概念和 Chomsky 语言学是不同的，Lakoff 认为认知语义研究要能够为人类的推理机制提供经验解释。Chomsky 语言学中对语义和语用进行了区分，语义指的是"所言"（what is said），而语用指的是"所含"（what is implied）。显然，认知语义研究的目标中既包括所言，又包括所含。

从普遍语法的角度看，认知语法也是一种普遍语法，因为其旨在探寻人类语言的一般原则。但二者在基本理论观点方面存在巨大差异。首先，Chomsky 语言学中，句法是独立于语义的，因此句法研究是可以独立于语义研究的；但在认知语言学中，语法研究是以语义研究为基础的，认知语法研究要预设认知语义的存在。其次，Chomsky 语言学中，与语义相对应的是句法（syntax），二者都是语法（grammar）的组成部分；而在认知语言学中，语义相对应的是语法（grammar）而非句法。最后，Chomsky 语言学中，语言的基本单位是单词、词组、子句等[①]，而在认知语法中，一些认知语言学家主张将构式作为基本单位。

值得说明的是，尽管按照普遍性承诺，认知语言学不接受模块观，但是同时承认句法和语义的划分有时是一种非常好的表述方式，因此，在诸多认知语言学的著作中，我们还能经常看到认知语言学家在使用句法、语音和语义这样的划分。特别是在构式语法中，认知语言学家借鉴了 Chomsky 语言学中的诸多理论。

B.2.3　Fillmore 语言学理论

Fillmore 在语言学领域的贡献主要可以归结为格语法、框架语义学和构式语法三个方面，本书分别在第 2.2.2 节和第 2.3.3 节对这三种理论进行了简要介绍。本节主要介绍 Fillmore 的语言学理论和 Chomsky 语言学及认知语言学的关系。

Fillmore（1967）认为格语法是对转换生成语法的一种本质上的修正。格语法接受了 Chomsky 标准理论中深层结构和表层结构的划分，但是他使用一种具有普遍意义的格体系来表示深层结构（参见第 2.2.2 节）。深层结构表示的是命题（proposition），命题中的每一个短语都以一种格关系和命题中的动词联系起来（菲尔墨，2012: 22）。从深层结构向表层结构的转换有多种不同的方式，诸如加词缀、加前置词或后置词、主语化、宾语化等

---

① Jackendoff（1972）早年研究的是生成语法的语义解释，后来 Jackendoff（1983）试图从人类认知的角度去考察概念结构和语义的关系，虽然体现了认知倾向，但其中诸多描述仍然遵循了 Chomsky 语言学的传统。例如：将语言系统分为句法、语音和语义三部分。

方式（菲尔墨，2012: 36）。因此，格语法可以视为一种区别于转换生成语法的普遍语法，二者的区别在于，在转换生成语法中，句子的生成过程与语义无关，而在格语法中，语义参与到句子的生成过程中。

框架语义学产生自经验语义的研究传统而非形式语义研究传统，因此，框架语义学一般被认为属于认知语言学。在一般的认知语言学教材中都会提到 Fillmore 的框架语义学（V. Evans and Green, 2006; Ungerer and Schmid, 2013）。由于框架是对人类关于某类场景的一系列经验的抽象，因此，Lakoff（1987: 68-69）将其视为概念一种理想认知模型。

Fillmore 所提出的构式语法一般都被认为是属于认知语言学的范畴（V. Evans and Green, 2006; T. Hoffmann and Trousdale, 2013）。但是，Fillmore 在构建构式语法时，借鉴了许多 Chomsky 语言学的理论。例如：他使用特征结构表示取代 Chomsky 语言学中的 X-阶标理论。由此，也有语言学家对其是否属于认知语言学阵营提出质疑。例如：Langacker 不认为 Fillmore 所提出的构式语法属于认知语言学阵营，因为他认为 Fillmore 主张运用形式主义、生成理论框架来论述构式，注重追求构式背后的规则，而不追求构式背后的理据性（motivation）（王寅, 2011: 237-238）。

B.2.4 形式语义学

形式语义学是用逻辑学的形式方法来研究语言表达式意义的理论。形式语义学为自然语言的精确解释提供了一种方法（Cann, 1993: 2）。20 世纪 60 年代末 70 年代初，美国逻辑学家、哲学家 Montague 开创性地将形式方法推广到自然语言，由此，产生了形式语义学。

Montague（1970）认为自然语言和逻辑学家所使用的人工语言之间没有重要的理论差异，因此，他推测这两种类型的语言的句法和语义都可以在一个单一、自然且数学上精确的理论中得以理解。形式语义学产生的标志是 Montague 的三篇文章：

- "English as a Formal Language"（《作为一种形式语言的英语》; Montague, 1974）

- "Universal Grammar"（《普遍语法》；Montague, 1970）
- "The Proper Treatment of Quantification in Ordinary English"（《普通英语量化的恰当处理》；Montague, 1973）

　　形式语义学的整体思想是将自然语言转换为逻辑语言，然后再使用真值条件语义来对逻辑语言进行解释。真值条件语义采用的符合论的真概念，即一个陈述为真当且仅当它与它所表达的事态（state-of-affairs）相符合（Cann, 1993: 15）。基于这种真概念的意义理论本质上是与人的理解无关的，因此，真值条件语义和经验主义的语义（框架语义、认知语义）有着本质的不同。这两种语义理论来源于两种不同的哲学传统，真值条件语义采用的是客观主义立场，而框架语义和认知语义采用的是经验主义立场①。

---

　　① Lakoff and Johnson（1980: 195–209）在《我们赖以生存的隐喻》（*Metaphors We Live By*）一书中对这两种哲学立场和语义理论进行了对比分析；Fillmore（1985）中对这两种语义理论进行了对比。

附录 C

语义分析研究现状

语义分析（semantic analysis）是自然语言处理领域的一项重要任务，到目前为止人工智能界已经设置了多项语义分析的评测任务。如第 1.3.8 节所述，除了逻辑语义表示方法外，还有另外四种语义表示方法：谓词—论元表示方法、DRS 表示方法、框架语义表示方法以及基于图的语义表示方法。按照所采用语义表示方法的不同，学界设置了不同类型的语义评测任务。本节将以语义评测任务为主线介绍当前语义分析的研究现状。

C.1 谓词—论元表示研究

谓词—论元表示方法主要采用 PropBank 中的论元标签来对语义信息进行标注，论元标签与语义角色间的对应关系如表 1.2 所示。典型的评测任务是由计算自然语言学习会议（Conference on Computational Natural Language Learning, CoNLL）举办的 CoNLL-2004 共享任务（Carreras and Màrquez, 2004）、CoNLL-2005 共享任务（Carreras and Màrquez, 2005）、CoNLL-2008 共享任务（Surdeanu et al., 2008），CoNLL-2009 共享任务（Hajič et al., 2009）以及 CoNLL-2012 共享任务（Pradhan et al., 2012）。其

中 CoNLL-2004 和 CoNLL-2005 任务的数据来自宾州树库（Taylor et al., 2003）和 PropBank（Palmer et al., 2005）；CoNLL-2008 和 CoNLL-2009 任务的数据除来自宾州树库和 PropBank 外，还来自 NomBank（Meyers et al., 2004）及其他语言语料库①。CoNLL-2012 任务的数据来自 OntoNotes②（Hovy et al., 2006; Pradhan et al., 2007）。

参与评测任务的系统都是基于机器学习方法构造的，这些方法本质上是将语义角色标注任务转换为分类任务。给定一个句子，首先利用句法分析将其划分为多个成分，每个语义角色便对应一个类，标注任务是将这些句子成分划分到预先定义好的语义角色类里（Palmer et al., 2010）。参加评测的系统所使用的机器学习模型有最大熵模型（Maximum Entropy, ME）、基于转换的错误驱动学习模型（transformation-based error-driven learning, TBL）、基于记忆的学习模型（memory-based learning, MBL）、多核支持向量机（support vector machines, SVM）、投票感知器（voted perceptrons）、最大期望（expectation maximum, EM）分类算法等（Carreras and Màrquez, 2004、2005; Surdeanu et al., 2008; Hajič et al., 2009）。

目前传统的机器学习方法在 CoNLL-2005 任务上的综合 F_1-值③达到了 77.92%（Koomen et al., 2005）；在 CoNLL-2012 任务上的综合 F_1 值 70.13%（Pradhan et al., 2005、2012）。语义角色标注系统设计的关键是确定句子成分的哪些特征对于确定其语义角色是有帮助的。这些特征大致分为四类（Carreras and Màrquez, 2004、2005）：

■ 基本特征，包括词、词性、语块、子句标签、命名实体等。

---

① CoNLL-2009 任务是一个多语言的评测任务，除英语外还包括汉语、德语、日语、加泰罗尼亚语、捷克语和西班牙语。

② OntoNotes 在宾州树库和 PropBank 基础上提供了一种更为全面的语义标注，除了句法结构和语义角色外，还包括词义辨析、命名实体识别、共指标注以及本体标注。OntoNotes 是一个多语种语料库，包括英语、汉语和阿拉伯语。

③ CoNLL-2005 任务设置了两个测试集：（1）基于华尔街日报语料库（WSJ）构建的测试集；（2）基于 Brown 语料库构建的测试集。由于训练集使用的是华尔街日报语料库的标注数据，因此，很明显在测试集（1）上的表现要优于在测试集（2）上的表现。此处，综合 F_1-值指的是在两个测试集的综合表现的结果。

- 论元的内在结构，包括句法范畴、句法结构、中心词等。
- 动词谓语的属性，包括动词的语态、最常使用的论元结构等。
- 刻画动词谓语和句子成分关系的特征，从动词到该成分的线性距离或在句法分析树上的距离。

近年来随着深度学习技术的不断发展，一些深度学习的模型开始逐步应用在语义标注任务中，并取得了非常好的表现。Collobert et al.（2011）基于卷积神经网络模型构建的模型，在 CoNLL-2005 任务上的综合 F_1 值达到了 74.15%。J. Zhou and W. Xu（2015）利用长短时记忆模型（long short-term memory, LSTM）模型构造的系统在该任务上的综合 F_1 值达到了 81.07%，超过了之前传统的机器学习方法。Y. Zhang et al.（2021）提出一种将语义角色标注任务规约为依存语法分析任务的方法，在 CoNLL-2005 共享任务和 CoNLL-2012 共享任务上的 F_1 值分别达到了 89.63% 和 88.32%。

基于神经网络模型的系统的优势在于不需要引入任何的语言知识，诸如词性、句法结构等，是一种端到端（end-to-end）的处理方法[①]。但这并意味着它们不可以引入一些其他特征，例如，J. Zhou and W. Xu（2015）所提出的方法中便引入了谓词、谓词上下文、区域标识[②]等特征。

C.2　DRS 语义表示研究

语篇表示理论（discoures representation theory, DRT）最早由 Kamp（1984）提出，后来 Asher（1993）在此基础上提出了分段语篇表示理论（segmented discourse representation theory, SDRT）。相较于 DRT 理论，

---

① 端到端的处理方式指的是输入是原始数据，输出是最后的结果。传统的机器学习方法并不是端到端处理方式，因为输入的数据不是自然语言表达式，而是从这些表达式中提取出来的各种语法或语义特征。

② 区域标识的值为 0 或 1，1 代表论元出现在谓词上下文中，0 代表论元不出现在谓词上下文中，该系统把句子中出现的每一个词包括标点符号都视为论元。

SDRT 理论能够更好地解释和处理自然语言中的各种语言现象和难以处理的问题，如代词指涉（pronoun anaphora）、动词短语省略（VP ellipsis）、时序关系（temporal relation）确定、预设（presupposition）呈现、隐意（implicature）明晰、词义消歧等（Asher and Lascarides, 2003）。DRT 和 SDRT 所使用的语义表示分别被称为语篇表示结构和分段语篇表示结构（segmented discourse representation structure，SDRS）。人工智能界一般并不对二者作严格区分，统一称其为 DRS。

2019 年计算语义国际会议（International Conference on Computational Semantics, IWCS）设置了面向 DRS 语义分析的共享任务。此任务的数据来自平行意义库①（parallel meaning bank, PMB），是在平行语料库的基础上标注了形式意义表示（Abzianidze et al., 2017）。在这次评测任务上，J. Liu et al.（2019）所提交的系统采用转换器模型（transformer model）获得了最优表现，F_1 值达到 87.1%。后续，Noord et al.（2020）采用带注意力机制的序列到序列模型（sequence-to-sequence, Seq2Seq），并将字符级（character-level）表示作为输入，进一步提升了 DRS 分析器在此任务上的表现，F_1 值达到 88.3%。

C.3　框架语义表示研究

框架语义表示方法采用的是 FrameNet 中语义角色，典型的评测任务有 SENSEVAL-3 任务（Litkowski, 2004）、SemEval-2007 任务 19（C. F. Baker et al., 2007）和 SemEval-2010 任务 10。FrameNet 中的框架是面向不同场景建立起来的，其中包括 1200 多个框架，以及超过 20 万条手工标注的语句②。FrameNet 的语义角色标注包括两个步骤：首先确定句子的框架，然后依据框架元素标注句子中各个成分的角色。

---

① 此处"平行"是指包含两种或多种语言文本间的对应关系。

② https://framenet.icsi.berkeley.edu/fndrupal/

SENSEVAL-3 任务的数据集来自 FrameNet，其中测试集包含了 40 个框架中的 8002 个句子，每个框架至少包含 370 个标注信息（Litkowski，2004）。任务的目标是给定一个句子、目标词和它所在的框架，来标注句中成分所对应的框架元素。此任务设置了两种形式的评测标准，一种是非限制情况，即可以运用 FrameNet 中框架元素的边界信息；一种是限制情况，即不允许运用框架元素的边界信息。很显然，由于非限制情况已将句子划分为了不同的部分，只需要将这些部分划分为不同语义角色即可，因此，其实现更为容易，评测的结果也就更好。参赛的系统都采用传统的机器学习方法，在非限制情况下的平均精确率（precision）超过 80%，召回率（recall）也超过 70%。此任务由于指定了被测试句子所在的框架，因此，并不是一个完全的框架语义标注任务，这种情况下和用一个框架下的句子进行测试，并无本质上的差异。

SemEval-2007 任务 19 的训练集数据来自 FrameNet 以及从美国国家语料库[①]（American National Corpus，ANC）下载的三个文件。测试集包括三个文本，一个来自 ANC，另外两个来自 NTI[②]（Nuclear Threat Initiative，NTI）。此任务包括两个部分，一是识别句子的框架，二是识别句子中的框架元素。参赛系统在框架识别任务上的精确率在 63% 到 85% 之间；F_1 值在 49% 到 75% 之间，而在框架元素识别任务上的 F_1 值几乎全部低于 50%。

显然，如果仅从数据上来看，SemEval-2007 任务 19 的各个参赛系统的表现要差于 SENSEVAL-3 任务的参赛系统。造成这种情况的原因是 SemEval-2007 任务 19 的标注难度要远高于 SENSEVAL-3 任务。相较于 SENSEVAL-3 任务，SemEval-2007 任务 19 对于被测试的句子未指定具体的框架，系统需要判断句子所归属的框架（可能不止一个），框架的备选项有 800 多个。而且，用于测试的数据不再采用 FrameNet 中的句子，而是采用了三个从未出现过的测试文本，这些测试文本由 FrameNet 的工作人员进行标注。

SENSEVAL-3 和 SemEval-2007 任务都是对单个句子进行标注其框架和框架元素；SemEval-2010 任务 10 是一种语篇标注任务，其数据集来自

----

① https://anc.org/

② https://www.nti.org/

Arthur Conan Doyle 的两部小说。训练集和测试集数据分别来自小说 *The Adventure of Wisteria Lodge* 和 *The Hound of the Baskervilles*。之所以选择小说而非新闻作为数据集，是由于小说中可能包含了更多需要利用上下文信息进行推断的语义角色。

SemEval-2010 任务 10 设置的初衷是希望机器能够依据上下文信息识别框架中的空实例化（null instantiation，NI）元素，即句子中未显式地表达出来的角色，此任务称为 NI 识别任务。然而这一任务难度过大，而设置了框架和框架元素识别的任务。在语义角色识别任务上，SEMAFOR 系统获得了最优表现，但其 F_1 值仅有 54.5%，在 NI 识别任务上的 F_1 值也在 50% 左右。

后来，D. Das and N. A. Smith（2011）基于 FrameNet1.5 构建了一个新的框架语义角色评测任务，此任务和 SemEval-2007 共享任务是当前应用最为广泛的 FrameNet 语义角色标注的评测方法（D. Das et al., 2014）。后续又有诸多研究者参与到该任务的研究中，在各项任务上的综合表现均有较大提升。Swayamdipta et al.（2017）开发的 Open-SESAME 系统①在 FrameNet1.5 测试集上的框架和框架元素标注的精确率达到 71.2%，召回率达到 70.5%。区别于之前采用的支持向量机模型或对数线性模型，此系统采用分段循环神经网络（segmental recurrent neural network, SegRNN），此方法并不需要引入语法特征就能得到非常好的标注结果，但是当引入了语法特征后标注结果会进一步提升。

C.4　基于图的语义表示研究

基于图的语义表示仍然采用表 1.2 所示的论元标签对句子成分进行标注。这种方法本质上也可以视为一种谓词—论元表示方法，不同之处在于，一方面论元是由单词而非词组来表达；另一方面这种表示方法对于谓词—

---

① https://framenet.icsi.berkeley.edu/fndrupal/ASRL.

论元关系的刻画更为精细，不仅将动词视为谓词，将名词、介词、形容词、副词等也都视为谓词。例如：在"Her gift of a great book to John"中没有动词，名词"gift"的 Arg0、Arg1 和 Arg2 论元分别为"her""a book"和"John"；介词"to"的 Arg1 和 Arg2 论元分别为"gift"和"John"；形容词"great"的 Arg1 论元为"book"[①]。

近年来，基于图的语义表示逐渐成为语义分析评测的主流任务，主要的评测任务有 SemEval-2014 任务 8（Oepen et al., 2014）、SemEval-2015 任务 18（Pustejovsky et al., 2015）、SemEval-2016 任务 8（May, 2016）、SemEval-2017 任务 9（May and Priyadarshi, 2017）、SemEval-2019 任务 1（Hershcovich et al., 2019）、CoNLL-2019 共享任务（Oepen et al., 2019）、CoNLL-2020 共享任务（Oepen et al., 2020）等。这些评测任务的设置依赖于大规模标注的语义图库，不同的语义图库中语言记号和图中节点的对应关系不同。评测任务中常用的数据集有 DM、PAS、PSD、EDS、AMR 和 UCCA 等。Koller et al.（2019）对基于图的语义表示方法和语义分析技术进行了综述。

早期的系统主要采用的是传统的机器学习方法（Oepen et al., 2014; Pustejovsky et al., 2015），后来随着深度学习技术的发展，逐渐成为语义分析的主流。Lindemann et al.（2019）提出了一种跨语义图库的语义分析方法，该方法在 Groschwitz et al.（2018）的方法的基础上，引入了预训练的 BERT（bidirectional encoder representations from transformers）词向量模型和多任务学习模型，不仅使系统适用于多种类型的分析任务，而且提升了语义分析的精确率。此系统在各个任务上都有着非常优异的表现，其评测结果如表 C.1 所示。其中 id F 和 ood F 分别表示域内（in-domain）和域外（out-of-domain）测试的综合表现，Smatch 是 S. Cai and K. Knight（2013）提出的一种语义特征结构评测标准。结果中的第一行结果为仅引入预训练的 BERT 词向量模型的结果，第二行为同时引入预训练的 BERT 词向量模型和多任务学习模型的结果。

[①] http://amparser.coli.uni-saarland.de:8080/

表 C.1 Lindemann et al.（2019）系统评测结果

	DM		PAS		PSD	
	id F	ood F	id F	ood F	id F	ood F
BERT	93.9	90.3	94.5	92.5	82.0	81.5
多任务学习	94.1	90.5	94.7	92.8	82.1	81.6

	EDS		AMR−2015	AMR−2017
	Smatch F	EDM	Smatch F	Smatch F
BERT	90.1	84.9	74.3	75.3
多任务学习	90.4	85.2	74.5	75.3

CoNLL-2020 任务是一项跨框架（cross-framework）和跨语言（cross-language）的评测任务。此任务采用了四种类型的数据集：PTG（Prague tectogrammatical graph）、UCCA、AMR 和 DRG（discourse representation graph）；并且覆盖了四种语言：英语、汉语、德语、捷克语。Ozaki et al.（2020）和 Samuel and Straka（2020）提交的系统取得了最优的表现。

C.5 评测指标

机器学习领域一般使用精确率（precision）、召回率（recall）和 F_1 来评测系统的表现（Goutte and Gaussier, 2005）。评测的数据集中包括正例（postive example）和反例（negative example），一般称其为实际正例和实际反例；待评测的系统可以对测试集中的实例给出预测，将其标注为正例或反例，一般称为预测正例和预测反例。由此，就有四种不同的组合方式，被系统正确标注的正例（true positives，TP）；被系统正确标注的反例（truth negatives，TN）；被系统错误标注的正例（false positives，FP）；被系统错误标注的反例（false negatives，FN）。这四个参数组成混淆矩阵（confusion matrix），如图 C.2 所示。

表 C.2　混淆矩阵及实例

	实际正例	实际反例		实际正例	实际反例
预测正例	TP	FP	预测正例	40	20
预测反例	FN	TN	预测反例	10	30

精确率衡量的是在所有的预测正例中，有多少正例是被正确标注的；召回率衡量的是在所有的实际正例中，有多少正例是被正确标注的。二者的计算公式如 C.1 和 C.2 所示。由于精确率和召回率是对系统不同方面的衡量，有的系统精确率高，但召回率低，而有的系统精确率低，但召回率高。因此，F_1 是对系统这两方面综合表现的评价指标，计算公式为 C.3。举例来说，假设样本库中共包括 100 条标注的数据，评测结果如表 C.2 所示，那么系统的精确率为 $40/(40 + 20) = 66.7\%$，召回率为 $40/(40 + 10) = 80\%$，F_1 为 $(2 \times 66.7\% \times 80\%)/(66.7\% + 80\%) = 72.7\%$。准确率（accuracy）区别于精确率，表示在所有实例中，预测正确的实例数，其计算公式如 C.4 所示。在上例中，准确率为 $(40+30)/(40+30+20+10)=70\%$。

$$精确率 = \frac{预测正确的正例数量 (TP)}{预测正例数量 (TP+FP)} \tag{C.1}$$

$$召回率 = \frac{预测正确的正例数量 (TP)}{实际正例数量 (TP+FN)} \tag{C.2}$$

$$F_1 = \frac{2 \times 精确率 \times 召回率}{精确率 + 召回率} \tag{C.3}$$

$$准确率 = \frac{预测正确的实例数量 (TP+TN)}{所有实例数量 (TP+TN+FP+FN)} \tag{C.4}$$

C.6　小结

随着机器学习技术的发展，特别是深度学习的发展，自动语义分析领域取得了重大进展，不仅语义表示的种类齐全，而且在各项语义评测任务上的表现也令人惊艳。从整体上看，深度学习技术已全面取代传统的机器学习方法成为语义分析的主流方法。值得注意的是，由于评测的标准是以标注内容为基本单位，而非以整句作为基本单位，一般而言，整句的精确率要低于评测值。

附录 D

ASSA 系统实现细节

本附录主要就第 5 章的内容进行补充说明，主要包括空间认知的相关研究、空间构式图式的获取方法、系统实验的相关细节以及常识推理的应用分析。

D.1 空间认知语义表示相关研究

本书在第 4.3 节提出了基于认知和语言分析的认知语义表示构建方法。在构建空间认知语义表示时，一方面是通过对个人经验和 WSC 实例的分析来对构建空间认知模型；另一方面也参考认知语言学家所构建的空间认知模型。本节主要介绍当前学界已有的空间认知模型或空间语义表示。

Talmy 的空间构型

Talmy（1983）所提出的空间构型是一种非常完备的空间认知模型，涉及空间认知的各个方面。空间构型共包括 20 个参数，如表 D.1 所示。本书所使用的认知语义表示借用了此模型中的图形和背景两个概念，但是这一模型并不适用于作为空间语言的语义表示。表中的参数 2、3、4、5、6、7、8 都属于是背景知识，空间语言中并不直接表达这些内容。参数 14、15、16

中所提到的次要参照对象，往往并不会显式地出现在空间语言中，需要依据语境信息进行推断。这一模型可以作为空间语言理解的一个目标，如果机器在接收到空间语言后识解出这一模型中的所有信息，并且能依据这些信息进行空间推理，那我们就可以认为机器在某种程度上"理解"了空间语言。

表 D.1　Talmy（1983）空间构型

序号	参数
1	空间构型划分为图形和背景
2	图形对象的基本几何结构
3	背景对象的基本几何结构
4	每个几何结构：对称的或有偏向的（biased）[①]
5	有偏向的几何结构：基于一个对象的部分或它的有向性[②]
6	每个几何结构的维度数
7	每个几何结构的边界条件
8	每个几何结构：连续的（continuous）或复合体（composite）
9	图形相对于背景的朝向
10	图形相较于背景的相对距离或者相对大小
11	是否接触
12	图形相较于背景的分布[③]
13	图形—背景构型中是否出现自我指涉（self-referentiality）
14	其他参照对象的出现
15	次要参照对象（secondary reference point）几何形状的外部投射（external projection）

[①] 亦可理解为非对称的（asymmetric）。

[②] 举例来说，对于一个足球而言，它是对称的，无法区分前后左右上下；而对于一个房子或一个人而言，是有偏向的或非对称的，因为它的前后、左右、上下三个维度上都不同。

[③] 主要指图形为某种物质（substance）的情况。

序号	参数
16	将偏向（biasing）强加于主要参照对象（primary reference object）①
17	图形或背景相对于地球、说话者或其他次要参照对象的朝向
18	一个图形—背景空间构型嵌入到另一个空间构型，或者一个空间构型置于另一个空间构型之上。
19	这一空间构型的观察点
20	图形或者观察点位置随时间的变化

Jackendoff 的空间语义表示

Jackendoff（1983: 161–187）提出了一种空间语义表示方法。他将空间介词短语所表达的语义划分为两类：[PLACE]（地点）和 [PATH]（路径）。[PLACE] 描述的是事件或状态所处的位置，通常出现在句子的开始或结尾处②。从句法树上看，[PLACE] 比其他的子范畴论元在树上的位置要高。[PATH] 在描述事件或者状态时，有着更为丰富的结构。通过以下两个例子可以看出二者的差别：在句子 "John is doing his homework in the room" 中，介词短语 "in the room" 表达的是 [PLACE]，描述 "做作业" 这个事件发生的地点；而在句子 "John run into the house" 中，介词短语 "into the house" 表达的是 [PATH]，描述 "跑" 这个动作的路径。

Jackendoff 将 [PATH] 信息分为如下三类：（1）封闭路径（bounded paths）：参照物出现在路径的起点或终点，例如，在句子 "John run to the house" 中，参照物 "the house" 出现在路径的终点；（2）方向（directions）：参照物并不出现在路径上，可以无限延伸的，无终点，例如，在句子 "John

---

① 主要指将次要参照对象的偏向强加于主要参照对象。例如：当一个人站在天安门广场上，朝向天安门，并且说 "车子停在天安门的左侧"，此时 "天安门" 是主要参照对象，说话人所在的位置是次要参照对象，但是这句话中的 "左侧" 有可能是次要参照对象强加给主要参照对象的。

② 可能仅限于英语。

run away from the house"中，参照物"the house"不出现在路径；（3）路线
（route）：参照物作为路径上的点，例如，在句子"John passed by the house"
中，参照物"the house"是路径上的点。从这三类路径中，可以抽象出 TO
（终点）、FROM（起点）、TOWARD（面向）、AWAY-FROM（远离）、VIA
（路线）语义角色用以表示路径信息。本书所提出的空间认知语义表示包含
了上述五种路径信息，其中初始位置和目标位置角色等同于 TO 和 FROM；
朝向等同于 TOWARD 和 AWAY-FROM；经过位置等同于 VIA。

Zlatev 的空间语义表示

　　Zlatev（2007）通过对前人空间语义研究的分析，提出了如下 7 种语义
元素来表示空间语义：

- 射体：位置需要被确定的实体。
- 界标：参照实体，用以确定射体的位置。
- 参照系（frame of reference）和视点（viewpoint）：参照系分为三种类
  型：（1）内在参照系：主要参照点与界标相一致，坐标轴和角度都是基
  于界标的几何结构确定；（2）相对参照系：一个真实或者想象中的视点
  来作为参照点，坐标以视点为基础确定；（3）绝对参照系：以地球为参
  照点的参照系。
- 区域：相当于上文 Jackendoff 所使用的 [PLACE]，以区别于界标。
- 路径：通常意义上指射体相对于界标的一种真实或想象中的运动；狭义
  上的路径仅指起点、中间位置、终点。
- 方向：射体的运动方向。
- 运动：广义上指实际运动、抽象运动、虚拟运动（fictive motion）①；狭
  义上指是否发生了运动。

　　本书所使用的图形和背景相当于此处的射体和界标。参照系和视点有
时能够从空间语言中推断出来，有时则不能。绝对参照系一般是可以推出
来的，但是内在参照系和相对参照系往往需要在具体语境中才能确定。使

---

　　① 例如：在"This fence goes from the plateau to the valley"（这道围栏一直从高原绵延到山谷）中
（Talmy, 2000a: 99），围栏并未发生位移，而是从人的视角将其视为一种虚拟位移。

用"东南西北"这种绝对方位词的表达式都是采用的绝对参照系，例如，"北京在中国北部"使用的是绝对参照系。当人们听到"车子停在天安门左侧"时，依据所选择的参照系的不同会产生不同的理解。若选择内在参照系，由于天安门是有前后之分的，此时将天安门假想成为一个人，这个人的前方和后方和天安门的前方和后方是一致的，此时这个人的左侧，便是天安门的左侧。若选择相对参照系，如果一个人面对的天安门的前面，那么此时的"天安门左侧"，实际上是上述内在参照系中的"右侧"。因此，在语义分析阶段，尚不能引入参照系或者视点来对实体的空间信息进行推断。对于像"John is doing his homework in the room"这样的表述，虽然含有空间信息，但是更主要表达的是事件发生的地点。本书研究的对象是表达空间运动事件或空间位置的空间语言，换言之，本书主要研究表达路径信息的空间语言。因此，本书并未将此类实例归入研究的范畴。本书所使用的朝向相当于此处的方向。

小结

除了上述的三种空间认知模型，我们还考察了空间意象图式（Johnson，1987），Herskovits（1987）所提出的空间认知模型，以及 FrameNet 中空间运动事件的框架认知模型（参见第 2.2.2 节）。这些理论模型都可以视为空间认知模型，虽然这些模型对空间认知的描述方式不同，但是表达的内容基本上是一致的。与语言学家的目标不同，本书的目标是要构造空间语言的自动形式化系统，这要求系统能自动地从空间语言中抽取出相应的信息，这意味着在语义角色选取时，要考虑这些角色的在语言的编码情况，或者词汇化的模式，看其是否能以一种统一化的方式将其抽取出来。

D.2　构式图式的获取

表 5.3 列出了十种空间语言的构式图式，这些构式图式是从空间相关的 WSC 实例中抽象出来的。构建构式图式本质上是要构建语义角色和构式成分间的对应关系，由于空间信息主要编码在空间介词中，因此，构式图式主

要用于确定施事、图形、方式和背景角色。下面通过表 D.2 所示的四个实例简要说明构式图式的构建过程。

表 D.2　空间构式图式构建实例

---

11. The delivery truck zoomed by the school bus because it was going so fast.

[图形 The delivery truck] [方式 zoomed] [路径 by] [背景 the school bus]

主语/NP$_F$ - 谓语/MV$_M$ - Spatial Prep - NP$_G$

---

55. There is a gap in the wall.

[There Be There is] [图形 a gap] [路径 in] [背景 the wall]

There be - 主语/NP$_F$ - Spatial Prep - NP$_G$

---

193. When I pulled the pin out, it left a hole.

[施事 I] [方式 pulled] [背景 the pin] [路径 out]

主语/NP$_A$ - 谓语/CMV$_M$ - 宾语/NP$_F$ - Spatial Prep

---

227. Bill passed the half-empty plate to John because he was full.

[施事 Bill] [方式 passed] [图形 the half-empty plate] [路径 to] [背景 John]

主语/NP$_A$ - 谓语/CMV$_M$ - 宾语/NP$_F$ - Spatial Prep - NP$_G$

在构式图式的构造过程中，首先将句子划分为基本构式单元；然后使用语法范畴和预先定义的语义角色对基本构式单元进行标注；最后再对各个标注成分进行范畴化，总结出构式图式。从构式图式可以看出，路径信息一般编码在空间介词中，当然还有一些路径信息被编码在动词或副词中，此处仅考虑编码在空间介词的典型情况。方式信息一般编码在动词中，按照所处的构式种类的不同，我们将空间动词划分为三类：致使位移动词、运动动词和静态动词。其他的成分使用句法范畴来表示它们。由此，便得到了语言实例所对应的构式图式。

D.3　空间动词与 VerbNet 词类对应表

我们使用 VerbNet 中的词类来确定三类空间动词，即致使运动动词、运动动词和静态动词，词类对应关系如表 D.3 所示。值得说明的是这种对应关系并不严格，严格的做法是找英语母语者对每个动词标注其所属的词类。

表 D.3　空间运动动词与 VerbNet 词类对应表

动词类别	VerbNet 词类
致使运动动词	put-9.1, put_spatial-9.2, funnel-9.3, put_direction-9.4, pour-9.5, coil-9.6, spray-9.7, fill-9.8, butter-9.9, pocket-9.10, remove-10.1, banish-10.2, clear-10.3, wipe_manner-10.4.1, wipe_inst-10.4.2, steal-10.5, cheat-10.6, pit-10.7, debone-10.8, mine-10.9, fire-10.10, resign-10.11, send-11.1, slide-11.2, bring-11.3, carry-11.4, drive-11.5, push-12, concealment-16, throw-17.1, pelt-17.2, hit-18.1, swat-18.2, spank-18.3, bump-18.4, poke-19, escape-51.1, leave-51.2, roll-51.3.1, rush-53.2
运动动词	escape-51.1, leave-51.2, roll-51.3.1, run-51.3.2, vehicle-51.4.1, nonvehicle-51.4.2, waltz-51.5, chase-51.6, accompany-51.7, reach-51.8, linger-53.1, rush-53.2
静态动词	assuming_position-50, spatial_configuration-47.6

D.4 模糊匹配模式

为了识别句子的构式图式，我们设计了一些模糊匹配模式用以识别表 5.3 中的构式图式，如表 D.4 所示。模糊匹配模式采用 Stanford 依存语法分析器中的句法范畴标记，具体解释见目录后的符号使用体例。由于构式图式 S-4 和 S-6 区别在于前者的谓语为 be 动词，后者的谓语为静态动词，因此，我们使用了同一个模糊匹配模式来识别二者。构式图式 S-7 是为了满足 CLEF-2017 空间角色标注任务评测的需要而临时增加的一种构式图式。值得说明的是，在系统具体实现时并未区分致使位移动词和运动动词，将其统一标记为 [motion]，一方面是由于运动动词也可以充当致使位移动词，另一方面是由于 VerbNet 中的词类和这三类空间动词的对应并不完善，会出现一些运动动词被误标记为致使位移动词的情况。

表 D.4 模糊匹配模式列表

构式编号	模糊匹配模式
D-1	[[NN, NNS, NNP, NNPS, PRP], [3], [motion], [2], [RP], [2], [NN, NNS, NNP, NNPS, PRP]]
D-2	[[NN, NNS, NNP, NNPS, PRP], [3], [motion], [2], [RP]]
D-3	[[NN, NNS, NNP, NNPS, PRP, WP], [3], [motion], [3], [NN, NNS, NNP, NNPS, PRP], [3], [RP]]
D-4	[[NN, NNS, NNP, NNPS, PRP, WP], [3], [motion], [3], [NN, NNS, NNP, NNPS, PRP], [3], [RP], [2], [NN, NNS, NNP, NNPS, PRP]]
S-1	[[EX], [BE], [2], [NN, NNS, NNP, NNPS, PRP], [2], [RP], [2], [NN, NNS, NNP, NNPS, PRP]]

表 D.4（续表）

构式编号	模糊匹配模式
S-2	[[NN, NNS, NNP, NNPS, PRP], [4], [RP], [2], [NN, NNS, NNP, NNPS, PRP]]
S-3	[[NN, NNS, NNP, NNPS, PRP, WP], [BE], [2], [RP], [2], [NN, NNS, NNP, NNPS, PRP]]
S-4	[[RP], [2], [NN, NNS, NNP, NNPS, PRP], [2], [stative,BE], [2], [NN, NNS, NNP, NNPS, PRP, WP]]
S-5	[[NN, NNS, NNP, NNPS, PRP, WP], [2], [stative], [2], [RP], [2], [NN, NNS, NNP, NNPS, PRP]]
S-6	[[RP], [2], [NN, NNS, NNP, NNPS, PRP], [2], [stative,BE], [2], [NN, NNS, NNP, NNPS, PRP, WP]]
S-7	[[NN, NNS, NNP, NNPS, PRP], [2], [on the left, on the right]]

D.5　测试数据标注示例

CLEF-2017 空间角色标注任务的数据集来自模式识别国际协会（International Association of Pattern Recognition, IAPR）发布的一个数据集，其中包括 20000 张图片以及图片描述，此数据集被用于视觉信息系统的评测（Grubinger et al., 2006）。CLEF-2017 空间角色标注任务从 IAPR 数据集中选取了 1213 个句子，其中 600 个句子作为训练集，613 个句子作为测试集。标注格式如下所示，其中，数据集以 SCENE（场景）为基本单位，每个场景对应一张图片，一张图片可以有多个句子描述。start 和 end 表示句子或者句子成分的起止位置；SPATIALINDICATOR、LANDMARK、TRAJECTOR 分别表示空间指示词、界标和射体；RELATION 指由上述三者所形成的三元关系。数据集中还包括了像 general_type、specific_type、RCC8_value 这样的属性，由于本书采用不同的语义表示方法，因此，并未使用这些标注内容进行测试。

```
1   <SCENE>
2       <DOCNO>annotations/01/1060.eng</DOCNO>
3       <IMAGE>images/01/1060.jpg</IMAGE>
4       <SENTENCE id="s601" start="0" end="88">
5           <TEXT>behind it a bar with chairs and two people , and a bench
            with one person lying on it .</TEXT>
6           <SPATIALINDICATOR id="S1" start="0" end="6" text="behind"/>
7           <SPATIALINDICATOR id="S2" start="79" end="81" text="on"/>
8           <SPATIALINDICATOR id="S1_1" start="0" end="6" text="behind"/>
9           <LANDMARK id="L1" start="7" end="9" text="it"/>
10          <LANDMARK id="L2" start="82" end="84" text="it"/>
11          <TRAJECTOR id="T1" start="10" end="15" text="a bar"/>
12          <TRAJECTOR id="T2" start="49" end="56" text="a bench"/>
13          <TRAJECTOR id="T3" start="62" end="72" text="one person"/>
14          <RELATION id="SR1" trajector_id="T1" landmark_id="L1"
            spatial_indicator_id="S1_1" general_type="DIRECTION"
            specific_type="RELATIVE" RCC8_value="BEHIND" FoR="INTRINSIC"/>
15          <RELATION id="SR2" trajector_id="T2" landmark_id="L1"
            spatial_indicator_id="S1" general_type="DIRECTION" specific_type=
            "RELATIVE" RCC8_value="BEHIND" FoR="INTRINSIC"/>
16          <RELATION id="SR3" trajector_id="T3" landmark_id="L2"
            spatial_indicator_id="S2" general_type="REGION" specific_type="
            RCC8" RCC8_value="EC" FoR="INTRINSIC"/>
17      </SENTENCE>
18      <SENTENCE id="s602" start="88" end="130">
19          <TEXT>upper level with doors and a blue rail .</TEXT>
20      </SENTENCE>
21  </SCENE>
```

D.6　构式识别统计列表

ASSA 系统能够对测试集中句子的构式图式识别情况进行统计，统计结果如表 D.5 所示。从统计结果可以看出，有超过 96% 空间表达式被识别为静态图式，且其中超过 60% 为 "NP$_F$ - Spatial Prep - NP$_G$" 构式；仅有不到 4% 的空间表达式被识别为动态图式。

表 D.5　CLEF-2017 空间角色标注任务数据集统计

构式图式	数量	构式图式	数量	构式图式	数量
D-1	13	D-2	1	D-3	1
D-4	13	S-1	79	S-2	427
S-3	0	S-4	0	S-5	19
S-6	0	S-7	167	总计	720

D.7　常识推理应用

本书研究空间语言形式化的初衷是推动常识推理问题的解决，本节以 Winograd 模式问题为例，从直观上分析如何利用空间语义分析解决这些问题。表 D.6 列出了四个 Winograd 模式问题实例，下面对其逐个进行分析。

对于实例 1 而言，"the trophy"（奖杯）被识别为图形，"the brown suitcase"（棕色公文包）被识别为背景。通过对 "into" 所对应的意象图式 INTO 的分析，公文包被识解为一个容器，此容器由边界、入口、外部和内部组成。当图形无法进入（into）背景时，一般情况下意味着图形的尺寸要大于入口的尺寸或者容器整体的大小。由此，当 "it" 的属性为 "大" 时，其指称的是图形；相反，当 "it" 的属性为 "小" 时，其指称的是背景。

对于实例 2 而言，"the delivery truck"（运货卡车）被识别为图形，"the school bus"（校车）被识别为背景。通过对 "by" 所对应的意象图式 BY 的分析，图形和背景被识解为两个点。一般而言，"图形—MV—by—背景" 表达的是图形相对于背景是向前运动的，因此，图形相对于背景的速度更大。由此，可以确定 "it" 在这两句话中的指称分别为运货卡车和校车。

表 D.6　Winograd 模式问题实例

实例 1	The trophy doesn't fit into <u>the brown suitcase</u> because <u>it</u> is too large. The trophy doesn't fit into <u>the brown suitcase</u> because <u>it</u> is too small.
实例 2	<u>The delivery truck</u> zoomed by <u>the school bus</u> because <u>it</u> was going so fast. <u>The delivery truck</u> zoomed by <u>the school bus</u> because <u>it</u> was going so slow.
实例 3	<u>The large ball</u> crashed right through <u>the table</u> because <u>it</u> was made of steel. <u>The large ball</u> crashed right through <u>the table</u> because <u>it</u> was made of styrofoam.
实例 4	<u>Tom</u> threw his schoolbag down to <u>Ray</u> after <u>he</u> reached the top of the stairs. <u>Tom</u> threw his schoolbag down to <u>Ray</u> after <u>he</u> reached the bottom of the stairs.

对于实例 3 而言,"the large ball"(大球)被识解为图形,"the table"(桌子)被识解为背景。通过对 "through" 所对应的意象图式 THROUGH 的分析,图形的初始位置为背景的一侧,目标位置为背景的另一侧。如果背景是固体且没有入口,那么如果图形要从背景的一侧移动到另一侧,需要创造一个入口。此时,要求图形的硬度要比背景高,由此可以推理出,大球比桌子的硬度高。进而推理出 "it" 在这两句话中的指称分别为大球和桌子。

对于实例 4 而言,通过对 "down" 和 "to" 所对应的意象图式 DOWN 和 TO 的分析,可以确定 "the school bag"(书包)的初始位置位置为一个较高的位置,目标位置为 Ray 所在的位置和一个较低的位置。由此,可以推出 Ray 处在一个较低的位置。通过对 "throw" 的分析,可以进一步确定书包的初始位置位置为 Tom 所在的位置。由此，可以推出 Tom 处在一个较高的位置。通过对 "reach" 的分析①，可以确定，"he" 在这两种情形下的目标位置分别为楼梯顶部（the top of the stairs）和楼梯底部（the bottom of the stairs）。由此，可以确定 "he" 在这两句话中的指称分别为 Tom 和 Ray。

通过对以上四个 Winograd 模式问题的分析可以看出，本书所提出的空间语义分析方法在一定程度上有助于空间相关的常识推理问题的解决。首先，对于实例 4 而言，通过语义相似度计算的方式便可以确定 "he" 的指称。具体来说，由于确定了 Tom 和 Ray 的位置分别为 "较高的位置" 和 "较低的位置"，可以计算其与 "楼梯顶部" 和 "楼梯底部" 的语义相似度来进一步确定 "he" 的指称。其次，对于前三个实例而言，虽然都需要引入不同的常识知识，但是这些常识知识的引入基本上是围绕着对意象图式的分析展开的。比如，其中涉及的知识有尺寸、速度、硬度、是否是固体、是否有入口，以及朴素物理学（naive physics）的知识。这为空间相关的常识知识的统一化表示提供了一种可能性。最后，图形和背景两个角色本身带有一些属性信息，诸如尺寸、可移动性等（参见表 2.5），这些信息可以进一步参与到相关的推理过程中。在未来，可以考虑运用本书所提出的空间语义认知表示来进一步解决空间相关的常识推理问题。

---

① "reach" 是一个特殊动词，其中编码了路径信息，相当于 "get to"，具体分析参见第 2.5.2 节。

附录 E

ATEC 系统实现细节

本附录主要就第 6 章的内容进行补充说明，主要包括合格性标准的语义分类、系统开发过程中所使用的技术工具以及一些技术细节。

E.1 合格性标准的语义分类

本书在构建合格性标准的认知语义表示时，首先是基于个人的经验来对合格性标准进行分类，并确定了其所对应的语义种类。但是，基于个人经验来构建关于合格性标准的认知模型，可能带来的问题是所构建的认知模型具有主观性，因此，我们参考了学界其他研究者对合格性标准的语义分类。学界关于合格性标准有诸多讨论，此处我们选择两个典型研究进行补充说明。

Chondrogiannis et al.（2017）提出了一种新的合格性标准的语义表示方法。此方法首先从 https://clinicaltrials.gov/ 网站上收集了 19.5 万份 XML 文档；然后从中抽取出了约 200 万条合格性标准，之后又从中随机选取了 2 万条合格性标准；然后由软件工程师从其中选出了约 2000 条合格性标准；最后由八名临床医学的专家来对这些合格性标准进行分析。最终确定了合格性标准的语义种类，如表 E.1 所示。这八名医学专家来自心脏病学、内分泌学、精神病学、药理学等不同领域。

表 E.1   Chondrogiannis et al.（2017）提出的合格性标准语义分类

语义分类	属性
人口统计资料	年龄或年龄组、性别、种族、人种、宗教、语言能力、教育水平、婚姻状况、就业情况、住房情况
诊断或身体状况	诊断代码、阶段或严重程度、发作日期、临床确认日期、病因、症状
药物	药品代码、成分代码、服用剂量、服用形式、给药途径、给药时长、剂量频率、给药原因
实验室检查	检查代码、检查结果、检查日期
烟草消费	消费状态、使用规律、开始日期、烟草用量、剂量单位频率
怀孕、更年期	怀孕测试结果、受孕日期、更年期进入代码、更年期开始时间

Luo et al.（2011）借助分级聚类技术对合格性标准进行了分类。具体来说，首先从 https://clinicaltrials.gov/ 网站上抽取了 5000 个句子，并从中排除了 179 个非合格性标准的句子，剩下 4821 条合格性标准句子；然后通过分级聚类（hierarchical clustering）技术得到 41 个聚类（clusters）；最后从这些聚类中，人为归纳出了 27 个语义类，如表 E.2 所示。

对于这两种语义表示而言，尽管所采用的方法不同，但所得到的语义分类结果却是高度一致的。Chondrogiannis et al.（2017）的方法本质上是基于专家的个人认知建立的关于合格性标准的认知模型；Luo et al.（2011）的方法虽然采用了分层聚类技术产生合格性标准的聚类，但是从聚类归纳

表 E.2 Luo et al.（2011）提出的合格性标准语义分类

范畴	语义分类及其所占比例
健康状态	疾病、体征、症状 (29.21%)、怀孕 (5.17%)、肿瘤状态 (3.67%)、过敏 (2.15%)、器官或组织状态 (0.73%)、预期寿命 (0.59%)
治疗或护理	药物 (12.84%)、治疗或手术 (7.61%)、医疗设备 (0.29%)
诊断或实验室检测	诊断或实验室结果 (14.63%)、受体状态 (0.22%)
人口统计资料	年龄 (5.91%)、特殊的病人特征 (1.18%)、读写能力 (0.65%)、性别 (0.41%)、地址 (0.35%)、种族 (0.29%)
伦理考量	同意 (2.76%)、注册其他试验 (2.38%)、能力 (1.5%)、偏好 (1.38%)、遵守协议 (0.5%)
生活方式	成瘾行为 (2.09%)、就寝时间 (0.47%)、运动 (0.44%)、饮食 (0.38%)

出语义类的过程还要依靠人的认知来完成[①]。本书在构造认知语义表示时，首先对约 240 条合格性标准进行分析，然后依据我们的认知经验，确定了一些基本的语义类。尽管我们并不是医学专家，但是我们所确定的语义类和上述语义分类方法具有高度一致性。这也从某种程度上印证了，由于人类享有相似的范畴化和概念化机制，使得人类能就某一具体场景形成相同或相似的认知模型。

相较于上文所示的两种语义表示方法，本书所构建的认知语义表示则精简很多。这是由于本书构建认知语义表示的目的是将合格性标准翻译为形式表达式，进而能够从电子病历库中筛选出合格病人。因此，认知语义

[①] 目前机器尚不具备自动归纳并将归纳类打上标签的能力，这反映了机器能在一定程度上模拟人的范畴化能力，尚不具备概念化的能力。

表示中不应包括任何电子病历库中没有的信息。例如：伦理考量以及生活方式范畴下的合格性标准都一般不存在于电子病历库中，因此，我们并不考量这两大范畴下的合格性标准。本书所提出的认知语义表示囊括了上文所述的语义表示中的主要的语义类，诸如：年龄、性别、怀孕、疾病、体征、症状、怀孕、过敏、药物、治疗或手术等。按照 Luo et al.（2011）的统计数据来计算，本书所构建的认知语义表示覆盖了超过 70% 的合格性标准，剩余的合格性标准大部分都不包含在病人电子病历库中。

E.2　语义角色与 SNOMED CT 概念的对应关系

在构建认知语义表示时，我们选取了部分的 SNOMED CT 中的一级概念范畴来作为语义角色，例如，临床所见、程序等，并在将这些语义角色翻译为形式表达式时为其引入 diagnosedWith、undergoes 这样的谓词。其中临床所见角色表示病人的病症、疾病或体征情况，程序角色表示病人接受过什么治疗。然而这两个概念范畴下的许多子概念并不符合这两个语义角色的定义。例如：程序范畴下的入院程序、血库程序、社区卫生程序、环境保护程序等概念范畴都与病人无关。因此，需要对这些角色所对应的概念范畴在二级或者更低层级的概念范畴上作了进一步限定。语义角色所对应的概念范畴参见 https://github.com/chaoxu95/phd-thesis-code/blob/master/criteria-code/param/concept_scope。

E.3　MetaMap Tagger 简介

本书使用 MetaMap Tagger 来识别合格性标准中的医学概念。MetaMap 是由 Alan Aronson 博士开发的一个辅助工具，用以识别统一医学语言系统

（unified medical language system，UMLS）中的概念[①]。MetaMap 的匹配策略大致如下（Aronson, 2006）：

- 给定一段医学文本，首先将其拆解为多个名词词组。
- 对于每一个名词词组（我们将其称为原始词组），按照一定的规则生成出此词组衍生词组集。生成规则包括拼写变化、简写、首字母缩写、同义词、屈折形式变化、派生词，以及这些变化的有意义的组合。例如：给定词组 "ocular complications"，对于其中的单词 "ocular"，可以得到衍生词组集 {oculus, eye, eyepiece, optic, optical, optically, ophthalmic, opthalmia, ophthalmiac}。其中 "oculus" 是由 "ocular" 利用派生规则得到；"eye" 和 "eyepiece" 分别是 "oculus" 和 "ocular" 的同义词；由 "eye" 的同义词得到 "optic" 和 "ophthalmic"；再由二者派生出剩下的四个单词。
- 利用衍生词组集和 UMLS 词表中的词进行对比，由此得到一个候选集（candidate set）。例如："ocular complications" 得到的候选集 {861 Complications, 638 Eye, 611 Optic, 588 Ophthalmia}。
- 对于候选集中的每一个选项，构建其到原始词组的映射，并对此映射的力度（strength）进行评估。
- 候选集中的每个选项可能仅对应于原始词组的部分，因此，需要将部分映射组合起来重新计算整体的映射力度，由此确定原始词组所对应的最佳的 UMLS 概念集。

通过以上介绍可以看出，MetaMap 识别概念的过程并非一种精确的识别。因此，文中使用语义相似度计算方法来构建词组和概念间的精确对应。

[①] 为实现不同计算机系统间的互操作（interoperability），美国国立医学图书馆开发了 UMLS 系统，此系统中包含了健康和生物医学相关的术语与标准。具体内容参见 https://www.nlm.nih.gov/research/umls/index.html。

E.4　语义相似度计算

　　由于合格性标准中所使用的概念表达式和 SNOMED CT 中的概念表达式可能不一致。例如："History of lung disease other than asthma"（NCT02548598）中所使用的 "lung disease" 对应 SNOMED CT 中的概念 *Disorder of Lung*，然而在 SNOMED CT 没有 "lung disease" 这样的描述方式。因此，需要使用语义相似度计算的方式，来构建语言表达式和 SNOMED CT 中概念的对应。

　　学界目前关于语义相似度计算主要有以下几种方法（Chandrasekaran and Mago, 2020）。基于词典的语义相似度计算方法、基于上下文向量的语义相似度计算方法、基于显示语义分析（explict semantic analysis, ESA）的语义相似度计算方法（Gabrilovich and Markovitch, 2007）、基于潜在语义分析（latent semantic analysis, LSA）的语义相似度计算方法（Landauer and Dumais, 1997）、基于词嵌入（word embedding）的语义相似度计算方法等（Mikolov et al., 2013）。

　　本书采用的是基于词嵌入的语义相似度计算方法，具体来说，首先使用 Word2Vec 模型将单词转换为词向量，然后再计算词向量间的余弦相似度（cosine similarity）。本书要计算的是医学术语间的语义相似度，对医学词汇的覆盖率有一定的要求，因此选择了学界广泛使用的 Word2Vec 模型，同时在 Python 中有 gensim 包可以直接调用此模型。Word2Vec 模型可以将单词转换为一个 300 维的向量表示，由于需要计算词组间的语义相似度，因此，我们将词向量表示相加得到词组的向量表示。然后再计算两个向量的余弦相似度，并将其作为词组间的语义相似度。

参考文献

中外文献分类排版，中文文献在前，外文文献在后；同类型文献，按照作者姓名、出版年份、文献标题的优先顺序排列；同作者文献，适当省略部分文献作者姓名并以短横线替代。

中文文献

安托尼·阿尔诺、克洛德·朗斯诺, 2001. 《普遍唯理语法》. 张学斌和姚小平 译. 商务印书馆.

蔡曙山, 2009. 《认知科学框架下心理学、逻辑学的交叉融合与发展》. 《中国社会科学》, (2): 25–38.

蔡自兴、徐光祐, 2004. 《人工智能及其应用》. 清华大学出版社.

陈小平, 2020. 《人工智能伦理建设的目标、任务与路径: 六个议题及其依据》. 《哲学研究》, 9: 79–87.

方琰, 2019. 《试论汉语的话题主位》. 《当代修辞学》, 212(2): 15–31.

菲尔墨, C. J., 2012. 《"格"辨》. 胡明杨 译. 商务印书馆.

费尔迪南·德·索绪尔, 1980. 《普通语言学教程》. 高名凯 译. 商务印书馆.

弗里德里希·温格瑞尔、汉斯-尤格·施密特, 2009. 《认知语言学导论》. 彭利贞、许国萍、赵微 译. 第 2 版. 复旦大学出版社.

高懿, 2015. 《基于概念知识库的问答系统构建方法研究》[博士学位论文]. 北京大学.

郭锐, 2008.《语义结构和汉语虚词语义分析》.《世界汉语教学》, (4): 5–15.

江怡, 1990.《维特根斯坦的"游戏"概念》.《思想战线》, (4): 14–16.

李戈, 2021.《自然语言文本到 PPTL 公式的转换方法研究》. 西安电子科技大学.

刘开瑛, 2011.《汉语框架语义网构建及其应用技术研究》.《中文信息学报》, 25(6): 46–53.

史忠植, 2008.《认知科学》. 中国科学技术大学出版社.

王文斌, 2014.《论理想化认知模型的本质、结构类型及其内在关系》.《外语教学理论与实践》, (3): 9–15.

王寅, 1993.《主位、主语和话题的思辨: 兼谈英汉核心句型》.《外语研究》, 61(3): 59–82.

——, 2011.《构式语法研究: 理论思索》. 上海外语教育出版社.

吴平、郝向丽, 2017.《事件语义学》. 知识产权出版社.

邢滔滔, 2008.《数理逻辑》. 北京大学出版社.

叶峰, 1994.《一阶逻辑与一阶理论》. 中国社会科学出版社.

詹卫东, 2000.《面向中文信息处理的现代汉语短语结构规则研究》. 清华大学出版社.

——, 2013.《现代汉语构式知识库的构建与应用: 以表量构式为例》. 日本中国语学会 2013 年年会报告. 日本东京外国语大学. 2013 年 10 月 26–27 日.

——, 2017.《从短语到构式: 构式知识库建设的若干理论问题探析》.《中文信息学报》, 31(1): 230–238.

周北海, 1997.《模态逻辑导论》. 北京大学出版社.

——, 2004.《概称句本质与概念》.《北京大学学报·哲学社会科学版》, 41(4): 20–29.

——, 2008.《涵义语义与关于概称句推理的词项逻辑》.《逻辑学研究》, 1(1): 38–49.

外文文献

Abend, Omri and Rappoport, Ari, 2013. Universal conceptual cognitive annotation (UCCA). In: *Proceedings of the 51st Annual Meeting of the Association for Computational Linguistics.* 228–238.

——, 2017. The state of the art in semantic representation. In: *Proceedings of the 55th Annual Meeting of the Association for Computational Linguistics*. 77–89.

Abzianidze, Lasha, Bjerva, Johannes, Evang, Kilian, Haagsma, Hessel, Noord, Rik van, Ludmann, Pierre, Nguyen, Duc-Duy and Bos, Johan, 2017. The parallel meaning bank: Towards a multilingual corpus of translations annotated with compositional meaning representations. In: *Proceedings of the 15th Conference of the European Chapter of the Association for Computational Linguistics*. 242–247.

Abzianidze, Lasha, Noord, Rik van, Haagsma, Hessel and Bos, Johan, 2019. The first shared task on discourse representation structure parsing. In: *Proceedings of the IWCS Shared Task on Semantic Parsing*.

Adadi, Amina and Berrada, Mohammed, 2018. Peeking inside the black-box: A survey on explainable artificial intelligence (XAI). *IEEE Access*, 6: 52138–52160.

Aho, Alfred V. and Ullman, Jeffrey D., 1972. *The Theory of Parsing, Translation, and Compiling*. Prentice-Hall Englewood Cliffs, NJ.

Aitken, Kenneth John, 2013. It ain't what you do, it's the way that you do it. *Behavioral and Brain Sciences*, 36(4): 347–348.

Allen, James, 1995. *Natural Language Understanding*. Pearson.

Anderson, John R., 2015. *Cognitive Psychology and Its Implications*. Worth Publishers.

Andreas, Jacob, Vlachos, Andreas and Clark, Stephen, 2013. Semantic parsing as machine translation. In: *Proceedings of the 51st Annual Meeting of the Association for Computational Linguistics*. 47–52.

Androutsopoulos, Ion and Malakasiotis, Prodromos, 2010. A survey of paraphrasing and textual entailment methods. *Journal of Artificial Intelligence Research*, 38(1): 135–187.

Aronson, Alan R., 2006. Metamap: Mapping text to the umls metathesaurus. *Bethesda*, 1–26.

Artzi, Yoav and Zettlemoyer, Luke, 2011. Bootstrapping semantic parsers from conversations. In: *Proceedings of the 2011 Conference on Empirical Methods in Natural Language Processing*. 421–432.

——, 2013. Weakly supervised learning of semantic parsers for mapping instructions to actions. *Transactions of the Association for Computational Linguistics*, 1: 49–62.

Asher, Nicholas, 1993. *Reference to Abstract Objects in Discourse*. Springer Science & Business Media.

Asher, Nicholas and Lascarides, Alex, 2003. *Logics of Conversation*. Cambridge University Press.

Baader, Franz, Borgwardt, Stefan and Forkel, Walter, 2018. Patient selection for clinical trials using temporalized ontology-mediated query answering. In: *Proceedings of the 1st International Workshop on Hybrid Question Answering with Structured and Unstructured Knowledge, Companion Volume of WWW'18*. ACM, 1069–1074.

Baader, Franz, Borgwardt, Stefan, Koopmann, Patrick, Ozaki, Ana and Thost, Veronika, 2017. Metric temporal description logics with interval-rigid names. In: *Proceedings of the 11th International Symposium on Frontiers of Combining Systems*. Springer, 60–76.

Baader, Franz, Borgwardt, Stefan and Lippmann, Marcel, 2015. Temporal query entailment in the description logic $\mathcal{SHQ}$. *Journal of Web Semantics*, 33: 71–93.

Baader, Franz, Calvanese, Diego, McGuinness, Deborah, Patel-Schneider, Peter and Nardi, Daniele, 2007. *The Description Logic Handbook: Theory, Implementation, and Applications*. Cambridge University Press.

Baader, Franz and Sattler, Ulrike, 1998. Description logics with concrete domains and aggregation. In: *Proceedings of the 13th European Conference on Artificial Intelligence*. 336–340.

Bache, Richard, Taweel, Adel, Miles, Simon and Delaney, Brendan C., 2015. An eligibility criteria query language for heterogeneous data warehouses. *Methods of Information in Medicine*, 54(01): 41–44.

Bahdanau, Dzmitry, Cho, Kyung Hyun and Bengio, Yoshua, 2015. Neural machine translation by jointly learning to align and translate. In: *Proceedings of the 3rd International Conference on Learning Representations*.

Baker, Collin F., Ellsworth, Michael and Erk, Katrin, 2007. SemEval'07 task 19: Frame semantic structure extraction. In: *Proceedings of the 4th International Workshop on Semantic Evaluations*. 99–104.

Baker, Collin F., Fillmore, Charles J. and Lowe, John B., 1998. The Berkeley FrameNet project. In: *Proceedings of the 17th International Conference on Computational Linguistics*. 86–90.

Banarescu, Laura, Bonial, Claire, Cai, Shu, Georgescu, Madalina, Griffitt, Kira, Herm-jakob, Ulf, Knight, Kevin, Koehn, Philipp, Palmer, Martha and Schneider, Nathan, 2013. Abstract meaning representation for sembanking. In: *Proceedings of the 7th Linguistic Annotation Workshop and Interoperability with Discourse*. 178–186.

Bansal, Naman, 2015. *Translating Natural Language Propositions to First Order Logic* [mathesis]. Indian Institute of Technology Kanpur.

Barendregt, Hendrik P., 1984. *The Lambda Calculus*. North-Holland Amsterdam.

Barker-Plummer, Dave, Cox, Richard and Dale, Robert, 2009. Dimensions of difficulty in translating natural language into first-order logic. In: *Proceedings of the 2nd International Conference on Educational Data Mining*. 220–229.

Barsalou, Lawrence W., 1999. Perceptual symbol systems. *Behavioral and Brain Sciences*, 22(4): 577–660.

Basile, Valerio, Bos, Johan, Evang, Kilian and Venhuizen, Noortje, 2012. Developing a large semantically annotated corpus. In: *Proceedings of the Eighth International Conference on Language Resources and Evaluation*. 3196–3200.

Bender, David, 2015. Establishing a human baseline for the Winograd schema challenge. In: *Proceedings of the 26th Modern AI and Cognitive Science Conference*. 39–45.

Bensley, Jeremy and Hickl, Andrew, 2008. Workshop: Application of LCC's GROUND-HOG System for RTE-4. In: *Proceedings of Text Analysis Conference*. Gaithersburg, MD.

Benthem, Johan van, 2008. Logic and reasoning: Do the facts matter? *Studia Logica*, 88(1): 67–84.

Berant, Jonathan, Chou, Andrew, Frostig, Roy and Liang, Percy, 2013. Semantic parsing on Freebase from question-answer pairs. In: *Proceedings of the 2013 Conference on Empirical Methods in Natural Language Processing*. 1533–1544.

Bergen, Benjamin K. and Chang, Nancy, 2005. Embodied construction grammar in simulation-based language understanding. In: Östman, Jan-Ola and Fried, Mirjam, eds. *Construction Grammars: Cognitive Grounding and Theoretical Extensions*. John Benjamins Publishing Company, 147–190.

——, 2013. Embodied construction grammar. In: Hoffmann, Thomas and Trousdale, Graeme, eds. *The Oxford Handbook of Construction Grammar*. Oxford University Press, 168–190.

Berlin, Brent and Kay, Paul, 1991. *Basic Color Terms: Their Universality and Evolution*. University of California Press.

Berman, David and Lyons, William, 2007. The first modern battle for consciousness: J. B. Watson's rejection of mental images. *Journal of Consciousness Studies*, 14(11): 4–26.

Bhagavatula, Chandra Sekhar, Noraset, Thanapon and Downey, Doug, 2013. Methods for exploring and mining tables on wikipedia. In: *Proceedings of the ACM SIGKDD Workshop on Interactive Data Exploration and Analytics*. 18–26.

Bhattacharya, Sanmitra and Cantor, Michael N., 2013. Analysis of eligibility criteria representation in industry-standard clinical trial protocols. *Journal of Biomedical Informatics*, 46(5): 805–813.

Biederman, Irving, 1981. On the semantics of a glance at a scene. In: Kubovy, M. and Pomerantz, J. R., eds. *Perceptual Organization*. Hillsdale, NJ: Lawrence Erlbaum, 213–253.

Biggins, Christie A., Turetsky, Bruce and Fein, George, 1990. The cerebral laterality of mental image generation in normal subjects. *Psychophysiology*, 27(1): 57–67.

Birnbaum, Larry, 1991. Rigor mortis: A response to Nilsson's "Logic and artificial intelligence". *Artificial Intelligence*, 47(1-3): 57–77.

Birnbaum, Larry, Forbus, Kenneth D., Wagner, Earl, Baker, James and Witbrock, Michael, 2005. Analogy, intelligent IR, and knowledge integration for intelligence analysis: Situation tracking and the whodunit problem. In: *Proceedings of the 2005 International Conference on Intelligence Analysis*.

Bisk, Yonatan, Reddy, Siva, Blitzer, John, Hockenmaier, Julia and Steedman, Mark, 2016. Evaluating induced CCG parsers on grounded semantic parsing. In: *Proceedings of the 2016 Conference on Empirical Methods in Natural Language Processing*. 2022–2027.

Blackburn, Patrick and Bos, Johannes, 2005. *Representation and Inference for Natural Language: A First Course in Computational Semantics*. Center for the Study of Language and Information Amsterdam.

Boguraev, Branimir, Pustejovsky, James, Ando, Rie and Verhagen, Marc, 2007. TimeBank evolution as a community resource for TimeML parsing. *Language Resources and Evaluation*, 41(1): 91–115.

Boguslavsky, I. M., Dikonov, V. G., Frolova, T. I., Iomdin, L. L., Lazursky, A. V., Rygaev, I. P. and Timoshenko, S. P., 2020. Full-fledged semantic analysis as a tool for resolving

Triangle-COPA social scenarios. In: *Computational Linguistics and Intellectual Technologies: Proceedings of the International Conference "Dialogue 2020"*.

Bohnert, Herbert G. and Backer, Paul D., 1966. *Automatic English-To-Logic Translation in a Simplified Model. A Study in the Logic of Grammar* [techreport]. Yorktown Heights, New York.

Boland, Mary Regina, Tu, Samson W., Carini, Simona, Sim, Ida and Weng, Chunhua, 2012. EliXR-TIME: A temporal knowledge representation for clinical research eligibility criteria. In: *AMIA Summits on Translational Science Proceedings*. 71–80.

Bordes, Antoine, Usunier, Nicolas, Chopra, Sumit and Weston, Jason, 2015. Large-scale simple question answering with memory networks. *arXiv preprint arXiv:1506.02075*.

Borges Ruy, Fabiano, Almeida Falbo, Ricardo de, Perini Barcellos, Monalessa, Dornelas Costa, Simone and Guizzardi, Giancarlo, 2016. SEON: A software engineering ontology network. In: *Proceedings of European Knowledge Acquisition Workshop*. 527–542.

Borgwardt, Stefan and Forkel, Walter, 2019. Closed-world semantics for conjunctive queries with negation over $\mathcal{ELH}_\perp$ ontologies. In: *Proceedings of the 16th European Conference on Logics in Artificial Intelligence*. Springer, 371–386.

Borgwardt, Stefan, Forkel, Walter and Kovtunova, Alisa, 2019. Finding new diamonds: Temporal minimal-world query answering over sparse ABoxes. In: *Proceedings of the International Joint Conference on Rules and Reasoning*. 3–18.

Brachman, Ronald J. and Levesque, Hector J., 2004. *Knowledge Representation and Reasoning*. Morgan Kaufmann Publishers.

Brachman, Ronald J., McGuinness, Deborah L., Patel-Schneider, Peter F., Resnick, Lori Alperin and Borgida, Alexander, 1991. Living with CLASSIC: When and how to use a KL-ONE-like language. In: Sowa, John F., ed. *Principles of Semantic Networks*. Elsevier, 401–456.

Brinton, Laurel J. and Traugott, Elizabeth Closs, 2005. *Lexicalization and Language Change*. Cambridge University Press.

Brown, Tom, Mann, Benjamin, Ryder, Nick, Subbiah, Melanie, Kaplan, Jared D., Dhariwal, Prafulla, Neelakantan, Arvind, Shyam, Pranav, Sastry, Girish, Askell, Amanda et al., 2020. Language models are few-shot learners. *Advances in Neural Information Processing Systems*, 33: 1877–1901.

Brunello, Andrea, Montanari, Angelo and Reynolds, Mark, 2019. Synthesis of LTL formulas from natural language texts: State of the art and research directions. In: *Proceedings of the 26th International Symposium on Temporal Representation and Reasoning*. 17:1–17:19.

Buchanan, Bruce G. and Shortliffe, Edward H., 1984. *Rule-Based Expert Systems: The MYCIN Experiments of the Stanford Heuristic Programming Project*. Addison-Wesley Publishing Company.

Cai, Qingqing and Yates, Alexander, 2013a. Large-scale semantic parsing via schema matching and lexicon extension. In: *Proceedings of the 51st Annual Meeting of the Association for Computational Linguistics*. 423–433.

——, 2013b. Semantic parsing Freebase: Towards open-domain semantic parsing. In: *Proceedings of the Second Joint Conference on Lexical and Computational Semantics*. 328–338.

Cai, Shu and Knight, Kevin, 2013. Smatch: An evaluation metric for semantic feature structures. In: *Proceedings of the 51st Annual Meeting of the Association for Computational Linguistics*. 748–752.

Cann, Ronnie, 1993. *Formal Semantics: An Introduction*. Cambridge University Press.

Cao, Ruisheng, Zhu, Su, Liu, Chen, Li, Jieyu and Yu, Kai, 2019. Semantic parsing with dual learning. In: *Proceedings of the 57th Annual Meeting of the Association for Computational Linguistics*. 51–64.

Carreras, Xavier and Màrquez, Lluís, 2004. Introduction to the CoNLL-2004 shared task: Semantic role labeling. In: *Proceedings of the Eighth Conference on Computational Natural Language Learning*. 89–97.

——, 2005. Introduction to the CoNLL-2005 shared task: Semantic role labeling. In: *Proceedings of the Ninth Conference on Computational Natural Language Learning*. 152–164.

Chandrasekaran, Dhivya and Mago, Vijay, 2020. Evolution of semantic similarity – A survey. *arXiv preprint arXiv:2004.13820*.

Chen, Bo, Sun, Le and Han, Xianpei, 2018. Sequence-to-action: End-to-end semantic graph generation for semantic parsing. In: *Proceedings of the 56th Annual Meeting of the Association for Computational Linguistics*. 766–777.

Chen, Danqi and Manning, Christopher D., 2014. A fast and accurate dependency parser using neural networks. In: *Proceedings of the Conference on Empirical Methods in Natural Language Processing*. 740–750.

Chen, David and Mooney, Raymond J., 2011. Learning to interpret natural language navigation instructions from observations. In: *Proceedings of the AAAI Conference on Artificial Intelligence*. 859–865.

Chen, Mao, Foroughi, Ehsan, Heintz, Fredrik, Kapetanakis, Spiros, Kostiadis, Kostas, Kummeneje, Johan, Noda, Itsuki, Obst, Oliver, Riley, Patrick, Steffens, Timo et al., 2003. *Users manual: RoboCup soccer server manual for soccer server version 7.07 and later*. https://github.com/rcsoccersim.

Chen, Mark, Tworek, Jerry, Jun, Heewoo, Yuan, Qiming, Ponde, Henrique and Jared Kaplan, et al., 2021. Evaluating large language models trained on code. *ArXiv*, abs/2107.03374.

Chen, Yufei and Sun, Weiwei, 2020. Parsing into variable-in-situ logico-semantic graphs. In: *Proceedings of the 58th Annual Meeting of the Association for Computational Linguistics*. 6772–6782.

Cheng, Jianpeng, Reddy, Siva, Saraswat, Vijay and Lapata, Mirella, 2017. Learning structured natural language representations for semantic parsing. In: *Proceedings of the 55th Annual Meeting of the Association for Computational Linguistics*. 44–55.

Chklovski, Timothy and Pantel, Patrick, 2004. Verbocean: Mining the web for fine-grained semantic verb relations. In: *Proceedings of the 2004 Conference on Empirical Methods in Natural Language Processing*. 33–40.

Chomsky, Noam, 1956. Three models for the description of language. *IRE Transactions on Information Theory*, 2(3): 113–124.

——, 1957. *Syntactic Structure*. Berlin, New York: Mouton de Gruyter.

——, 1965. *Aspects of the Theory of Syntax*. MIT Press.

——, 1972. *Studies on Semantics in Generative Grammar*. Mouton de Gruyter.

——, 1981. *Lectures on Government and Binding: The Pisa Lectures*. Foris Publications Holland.

——, 2000. *New Horizons in the Study of Language and Mind*. Cambridge University Press.

——, 2014. *The Minimalist Program*. MIT Press.

Chomsky, Noam and McGilvray, James, 2012. *The Science of Language: Interviews with James McGilvray*. Cambridge University Press.

Chondrogiannis, Efthymios, Andronikou, Vassiliki, Tagaris, Anastasios, Karanastasis, Efstathios, Varvarigou, Theodora and Tsuji, Masatsugu, 2017. A novel semantic representation for eligibility criteria in clinical trials. *Journal of Biomedical Informatics*, 69: 10–23.

Chowdhery, Aakanksha, Narang, Sharan, Devlin, Jacob, Bosma, Maarten, Mishra, Gaurav, Roberts, Adam et al., 2022. PaLM: Scaling language modeling with pathways. *arXiv preprint arXiv:2204.02311*.

Clark, Stephen, 2021. Something old, something new: Grammar-based CCG parsing with transformer models. *arXiv preprint arXiv:2109.10044*.

Clark, Stephen and Curran, James R., 2003. Log-linear models for wide-coverage CCG parsing. In: *Proceedings of the 2003 Conference on Empirical Methods in Natural Language Processing*. 97–104.

———, 2007. Wide-coverage efficient statistical parsing with CCG and log-linear models. *Computational Linguistics*, 33(4): 493–552.

Clarke, James, Goldwasser, Dan, Chang, Ming-Wei and Roth, Dan, 2010. Driving semantic parsing from the world's response. In: *Proceedings of the Fourteenth Conference on Computational Natural Language Learning*. 18–27.

Cohn, Anthony G., Bennett, Brandon, Gooday, John and Gotts, Nick, 1997. RCC: A calculus for region based qualitative spatial reasoning. *GeoInformatica*, 1(3): 275–316.

Cohn, Anthony G. and Renz, Jochen, 2008. Qualitative spatial representation and reasoning. *Foundations of Artificial Intelligence*, 3: 551–596.

Collins, Michael, 2003. Head-driven statistical models for natural language parsing. *Computational Linguistics*, 29(4): 589–637.

Collobert, Ronan, Weston, Jason, Bottou, Léon, Karlen, Michael, Kavukcuoglu, Koray and Kuksa, Pavel, 2011. Natural language processing (almost) from scratch. *Journal of Machine Learning Research*, 12: 2493–2537.

Conesa, Jordi, Storey, Veda C. and Sugumaran, Vijayan, 2008. Improving web-query processing through semantic knowledge. *Data & Knowledge Engineering*, 66(1): 18–34.

——, 2010. Usability of upper level ontologies: The case of ResearchCyc. *Data & Knowledge Engineering*, 69(4): 343–356.

Cook, Vivian J. and Newson, Mark, 2007. *Chomsky's Universal Grammar: An Introduction.* Wiley-Blackwell.

Copestake, Ann, Flickinger, Dan, Pollard, Carl and Sag, Ivan A., 2005. Minimal recursion semantics: An introduction. *Research on Language and Computation*, 3(2): 281–332.

Corbetta, Maurizio and Shulman, Gordon L., 2002. Control of goal-directed and stimulus-driven attention in the brain. *Nature Reviews Neuroscience*, 3(3): 201–215.

Coyne, Bob and Sproat, Richard, 2001. WordsEye: An automatic text-to-scene conversion system. In: *Proceedings of the 28th Annual Conference on Computer Graphics and Interactive Techniques*. 487–496.

Croft, William, 2001. *Radical Construction Grammar: Syntactic Theory in Typological Perspective*. Oxford University Press.

Cropper, Andrew, Dumančić, Sebastijan, Evans, Richard and Muggleton, Stephen H., 2022. Inductive logic programming at 30. *Machine Learning*, 111(1): 147–172.

Crowe, Christopher L. and Tao, Cui, 2015. Designing ontology-based patterns for the representation of the time-relevant eligibility criteria of clinical protocols. *AMIA Summits on Translational Science Proceedings*, 173–177.

Curtis, Jon, Matthews, Gavin and Baxter, David, 2005. On the effective use of Cyc in a question answering system. In: *Proceedings of the IJCAI Workshop on Knowledge and Reasoning for Answering Questions*. 61–70.

Dagan, Ido, Dolan, Bill, Magnini, Bernardo and Roth, Dan, 2009. Recognizing textual entailment: Rational, evaluation and approaches. *Natural Language Engineering*, 15(4): i–xvii.

Dagan, Ido, Roth, Dan, Sammons, Mark and Zanzotto, Fabio Massimo, 2013. Recognizing textual entailment: Models and applications. *Synthesis Lectures on Human Language Technologies*, 6(4): 1–220.

Dahl, Deborah A., Bates, Madeleine, Brown, Michael, Fisher, William, Hunicke-Smith, Kate, Pallett, David, Pao, Christine, Rudnicky, Alexander and Shriberg, Elizabeth, 1994. Expanding the Scope of the ATIS Task: The ATIS-3 Corpus. In: *Proceedings of the Workshop on Human Language Technology*. 43–48.

Damonte, Marco, Cohen, Shay B. and Satta, Giorgio, 2017. An incremental parser for abstract meaning representation. In: *Proceedings of the 15th Conference of the European Chapter of the Association for Computational Linguistics*. 536–546.

Darlington, Jared L., 1965. Machine methods for proving logical arguments expressed in English. *Mechanical Translation and Computational Linguistics*, 8(3-4): 41–67.

Das, Dipanjan, Chen, Desai, Martins, André FT, Schneider, Nathan and Smith, Noah A., 2014. Frame-semantic parsing. *Computational Linguistics*, 40(1): 9–56.

Das, Dipanjan and Smith, Noah A., 2011. Semi-supervised frame-semantic parsing for unknown predicates. In: *Proceedings of the 49th Annual Meeting of the Association for Computational Linguistics: Human Language Technologies*. 1435–1444.

Davidson, Donald, 1967. The logical form of action sentences. In: Rescher, Nicholas, ed. *The Logic of Decision and Action*. University of Pittsburgh Press, 81–95.

Davis, Ernest, 2017. Logical formalizations of commonsense reasoning: A survey. *Journal of Artificial Intelligence Research*, 59: 651–723.

Davis, Ernest and Marcus, Gary, 2015. Commonsense reasoning and commonsense knowledge in artificial intelligence. *Communications of the ACM*, 58(9): 92–103.

De Graef, Peter, Christiaens, Dominie and d'Ydewalle, Géry, 1990. Perceptual effects of scene context on object identification. *Psychological Research*, 52(4): 317–329.

Dell, Gary S., 1986. A spreading-activation theory of retrieval in sentence production. *Psychological Review*, 93(3): 283.

Dell, Gary S., Schwartz, Myrna F., Martin, Nadine, Saffran, Eleanor M. and Gagnon, Deborah A., 1997. Lexical access in aphasic and nonaphasic speakers. *Psychological Review*, 104(4): 801–838.

DeNigris, Danielle and Brooks, Patricia J., 2018. The role of language in temporal cognition in 6- to 10-year-old children. *Journal of Cognition and Development*, 19(4): 431–455.

Dennett, Daniel C., 2013. *Intuition Pumps and Other Tools for Thinking*. W. W. Norton & Company.

Dijkstra, Nadine, Bosch, Sander E. and Gerven, Marcel A. J. van, 2019. Shared neural mechanisms of visual perception and imagery. *Trends in Cognitive Sciences*, 23(5): 423–434.

Dittrich, André, Vasardani, Maria, Winter, Stephan, Baldwin, Timothy and Liu, Fei, 2015. A classification schema for fast disambiguation of spatial prepositions. In: *Proceedings of the 6th ACM SIGSPATIAL International Workshop on GeoStreaming.* 78–86.

Dong, Li and Lapata, Mirella, 2016. Language to logical form with neural attention. In: *Proceedings of the 54th Annual Meeting of the Association for Computational Linguistics.* 33–43.

——, 2018. Coarse-to-fine decoding for neural semantic parsing. In: *Proceedings of the 56th Annual Meeting of the Association for Computational Linguistics.* 731–742.

Donnelly, Kevin, 2006. SNOMED-CT: The advanced terminology and coding system for eHealth. *Studies in Health Technology and Informatics,* 121: 279–290.

Dridan, Rebecca and Oepen, Stephan, 2011. Parser evaluation using elementary dependency matching. In: *Proceedings of the 12th International Conference on Parsing Technologies.* 225–230.

Dunn, Jon Michael, 2019. Natural language versus formal language. In: Omori, Hitoshi and Wansing, Heinrich, eds. *New Essays on Belnap-Dunn Logic.* Springer, 13–19.

Dupuy, Sylvain, Egges, Arjan, Legendre, Vincent and Nugues, Pierre, 2001. Generating a 3D simulation of a car accident from a written description in natural language: The Carsim system. In: *Proceedings of the Workshop on Temporal and Spatial Information Processing.* 1–8.

Engelberg, Stefan, 2011. Lexical decomposition: Foundational issues. In: Maienborn, Claudia, Heusinger, Klaus von and Portner, Paul, eds. *Semantics–An International Handbook of Natural Language Meaning.* Mouton de Gruyter, 124–144.

Enger, Martine, Velldal, Erik and Øvrelid, Lilja, 2017. An open-source tool for negation detection: A maximum-margin approach. In: *Proceedings of the Workshop on Computational Semantics Beyond Events and Roles.* 64–69.

Epstein, Russell and Kanwisher, Nancy, 1998. A cortical representation of the local visual environment. *Nature,* 392(6676): 598–601.

Evans, Gareth, 1982. *The Varieties of Reference.* Oxford University Press.

Evans, Vyvyan and Green, Melanie, 2006. *Cognitive Linguistics: An Introduction.* Routledge.

Eysenck, Michael W. and Brysbaert, Marc, 2018. *Fundamentals of Cognition.* 3rd Edition. Routledge.

Farah, Martha J., 1995. Current issues in the neuropsychology of image generation. *Neuropsychologia*, 33(11): 1455–1471.

Fauconnier, Gilles, 1994. *Mental Spaces: Aspects of Meaning Construction in Natural Language*. Cambridge University Press.

Fellbaum, Christiane, 2010. WordNet. In: *Theory and Applications of Ontology: Computer Applications*. Springer, 231–243.

Fillmore, Charles J., 1967. The case for case. In: Bach, Emmon and Harms, R., eds. *Universals in Linguistic Theory*. Holt, Rinehart, and Winston.

——, 1975. An alternative to checklist theories of meaning. In: *Proceedings of the First Annual Meeting of the Berkeley Linguistics Society*. 123–131.

——, 1976. Frame semantics and the nature of language. *Annals of the New York Academy of Sciences: Conference on the Origin and Development of Language and Speech*, 280(1): 20–32.

——, 1982. Frame semantics. In: The Linguistic Society of Korea, ed. *Linguistics in the Morning Calm: Selected Papers from SICOL-1981*. Hanshin Publishing Company, 111–137.

——, 1985. Frames and the semantics of understanding. *Quaderni di Semantica*, 6(2): 222–254.

——, 1988. The mechanisms of "construction grammar". In: *Proceedings of the Annual Meeting of the Berkeley Linguistics Society*. 35–55.

——, 2013. Berkeley Construction Grammar. In: Hoffmann, Thomas and Trousdale, Graeme, eds. *The Oxford Handbook of Construction Grammar*. Oxford University Press, 111–132.

Fillmore, Charles J., Johnson, Christopher R. and Petruck, Miriam R. L., 2003. Background to FrameNet. *International Journal of Lexicography*, 16(3): 235–250.

Fillmore, Charles J., Kay, Paul and O'connor, M. C., 1988. Regularity and idiomaticity in grammatical constructions: The case of let alone. *Language*, 64(3): 501–538.

Fillmore, Charles J., Lee-Goldman, Russell and Rhodes, Russell, 2012. The FrameNet constructicon. In: Boas, H. C. and Sag, I. A., eds. *Sign-based Construction Grammar*. Center for the Study of Language and Information, 309–372.

Finegan-Dollak, Catherine, Kummerfeld, Jonathan K., Zhang, Li, Ramanathan, Karthik, Sadasivam, Sesh, Zhang, Rui and Radev, Dragomir, 2018. Improving Text-to-SQL evaluation methodology. In: *Proceedings of the 56th Annual Meeting of the Association for Computational Linguistics*. 351–360.

Finke, Ronald A., 1989. *Principles of Mental Imagery*. The MIT Press.

Flickinger, Dan, Zhang, Yi and Kordoni, Valia, 2012. DeepBank. A dynamically annotated treebank of the Wall Street Journal. In: *Proceedings of the 11th International Workshop on Treebanks and Linguistic Theories*. 85–96.

Frege, Gottlob, 1879. *Begriffsschrift, Eine der Arithmetischen Nachgebildete Formelsprache des Reinen Denkens*. Verlag von Louis Nebert.

Fried, Mirjam and Östman, Jan-Ola, 2004. Construction grammar: A thumbnail sketch. In: Fried, Mirjam and Östman, Jan-Ola, eds. *Construction Grammar in a Cross-Language Perspective*. 11–86.

Friedman, Alinda, 1979. Framing pictures: The role of knowledge in automatized encoding and memory for gist. *Journal of Experimental Psychology: General*, 108(3): 316–355.

Friedman, William J., 2005. Developmental and cognitive perspectives on humans' sense of the times of past and future events. *Learning and Motivation*, 36(2): 145–158.

Fromkin, Victoria A., 1971. The non-anomalous nature of anomalous utterances. *Language*, 47(1): 27–52.

Fuchs, Norbert E. and Schwitter, Rolf, 1995. Specifying logic programs in controlled natural language. In: *Proceedings of the Workshop on Computational Logic for Natural Language Processing*.

Gabbay, Dov and Woods, John, 2001. The new logic. *Logic Journal of the IGPL*, 9(2): 141–174.

Gabrilovich, Evgeniy and Markovitch, Shaul, 2007. Computing semantic relatedness using Wikipedia-based explicit semantic analysis. In: *Proceedings of the International Joint Conference on Artificial Intelligence*. 1606–1611.

Gabrilovich, Evgeniy, Ringgaard, Michael and Subramanya, Amarnag, 2013. FACC1: Freebase annotation of ClueWeb corpora, Version 1 (Release date 2013-06-26, Format version 1, Correction level 0). 2013-06.

Gamut, L. T. F., 1991. *Logic, Language, and Meaning, Volume 1: Introduction to Logic*. University of Chicago Press.

Garrett, Merrill F., 1975. The analysis of sentence production. In: *Psychology of Learning and Motivation*. Elsevier, 133–177.

Gazdar, Gerald, 1982. Phrase structure grammar. In: *The Nature of Syntactic Representation*. Springer, 131–186.

Gazdar, Gerald, Klein, Ewan, Pullum, Geoffrey K. and Sag, Ivan A., 1985. *Generalized Phrase Structure Grammar*. Harvard University Press.

Ge, Ruifang and Mooney, Raymond J., 2005. A statistical semantic parser that integrates syntax and semantics. In: *Proceedings of the Ninth Conference on Computational Natural Language Learning*. 9–16.

Giampiccolo, Danilo, Dang, Hoa Trang, Magnini, Bernardo, Dagan, Ido, Cabrio, Elena and Dolan, Bill, 2008. The fourth PASCAL recognizing textual entailment challenge. In: *Proceedings of the Text Analysis Conference*.

Giampiccolo, Danilo, Magnini, Bernardo, Dagan, Ido and Dolan, Bill, 2007. The third PASCAL recognizing textual entailment challenge. In: *Proceedings of the ACL-PASCAL Workshop on Textual Entailment and Paraphrasing*. 1–9.

Giordani, Alessandra and Moschitti, Alessandro, 2012. Translating questions to SQL queries with generative parsers discriminatively reranked. In: *Proceedings of COLING 2012: Posters*. 401–410.

Goldberg, Adele E., 1995. *Constructions: A Construction Grammar Approach to Argument Structure*. University of Chicago Press.

——, 2003. Constructions: A new theoretical approach to language. *Trends in Cognitive Sciences*, 7(5): 219–224.

——, 2013. Constructionist approaches. In: Hoffmann, Thomas and Trousdale, Graeme, eds. *The Oxford Handbook of Construction Grammar*. Oxford University Press, 15–31.

Goldman, Omer, Latcinnik, Veronica, Nave, Ehud, Globerson, Amir and Berant, Jonathan, 2018. Weakly supervised semantic parsing with abstract examples. In: *Proceedings of the 56th Annual Meeting of the Association for Computational Linguistics*. 1809–1819.

Goldrick, Matthew Andrew, Ferreira, Victor S. and Miozzo, Michele, 2014. *The Oxford handbook of Language Production*. Oxford Library of Psychology.

Goldwasser, Dan, Reichart, Roi, Clarke, James and Roth, Dan, 2011. Confidence driven un-supervised semantic parsing. In: *Proceedings of the 49th Annual Meeting of the Association for Computational Linguistics: Human Language Technologies*. 1486–1495.

Gordon, Andrew, 2016. Commonsense interpretation of triangle behavior. In: *Proceedings of the AAAI Conference on Artificial Intelligence*. 3719–3725.

Goryachev, Sergey, Sordo, Margarita, Zeng, Qing T. and Ngo, Long, 2006. *Implementation and Evaluation of Four Different Methods of Negation Detection* [techreport].

Goutte, Cyril and Gaussier, Eric, 2005. A probabilistic interpretation of precision, recall and F-score, with implication for evaluation. In: *Proceedings of the European Conference on Information Retrieval*. 345–359.

Grice, Herbert Paul, 1975. Logic and conversation. In: Cole, Peter and Morgan, Jerry L., eds. *Syntax and Semantics: Vol. 3: Speech Acts*. New York: Academic Press, 41–58.

Groschwitz, Jonas, Lindemann, Matthias, Fowlie, Meaghan, Johnson, Mark and Koller, Alexander, 2018. AMR dependency parsing with a typed semantic algebra. In: *Proceedings of the 56th Annual Meeting of the Association for Computational Linguistics*. 1831–1841.

Gruber, Jeffrey S., 1965. *Studies in Lexical Relations* [Phd thesis]. Philadelphia, PA, USA: Massachusetts Institute of Technology.

Grubinger, Michael, Clough, Paul, Müller, Henning and Deselaers, Thomas, 2006. The IAPR TC12 benchmark: A new evaluation resource for visual information systems. In: *Proceedings of the International Conference on Language Resources and Evaluation*. 13–23.

Guidotti, Riccardo, Monreale, Anna, Ruggieri, Salvatore, Turini, Franco, Giannotti, Fosca and Pedreschi, Dino, 2018. A survey of methods for explaining black box models. *ACM Computing Surveys*, 51(5): 1–42.

Guo, Daya, Sun, Yibo, Tang, Duyu, Duan, Nan, Yin, Jian, Chi, Hong, Cao, James, Chen, Peng and Zhou, Ming, 2018. Question generation from SQL queries improves neural se-mantic parsing. In: *Proceedings of the 2018 Conference on Empirical Methods in Natural Language Processing*. 1597–1607.

Gutiérrez-Basulto, Víctor, Ibáñez-García, Yazmín, Kontchakov, Roman and Kostylev, Egor V., 2015. Queries with negation and inequalities over lightweight ontologies. *Journal of Web Semantics*, 35: 184–202.

Gyawali, Bikash, Shimorina, Anastasia, Gardent, Claire, Cruz-Lara, Samuel and Mahfoudh, Mariem, 2017. Mapping natural language to description logic. In: *Proceedings of the European Semantic Web Conference*. 273–288.

Hajič, Jan, Ciaramita, Massimiliano, Johansson, Richard, Kawahara, Daisuke, Martí, Maria Antònia, Màrquez, Lluís, Meyers, Adam, Nivre, Joakim, Padó, Sebastian, Štěpánek, Jan et al., 2009. The CoNLL-2009 shared task: Syntactic and semantic dependencies in multiple languages. In: *Proceedings of the Thirteenth Conference on Computational Natural Language Learning: Shared Task*. 1–18.

Hajič, Jan, Hajicová, Eva, Panevová, Jarmila, Sgall, Petr, Bojar, Ondřej, Cinková, Silvie, Fucíková, Eva, Mikulová, Marie, Pajas, Petr, Popelka, Jan et al., 2012. Announcing prague Czech-English dependency treebank 2.0. In: *Proceedings of the Eighth International Conference on Language Resources and Evaluation*. 3153–3160.

Hampton, James A., 1979. Polymorphous concepts in semantic memory. *Journal of Verbal Learning and Verbal Behavior*, 18(4): 441–461.

Hayes-Roth, Barbara and Hayes-Roth, Frederick, 1977. Concept learning and the recognition and classification of exemplars. *Journal of Verbal Learning and Verbal Behavior*, 16(3): 321–338.

——, 1979. A cognitive model of planning. *Cognitive Science*, 3(4): 275–310.

Henderson, John M., 2005. Introduction to real-world scene perception. *Visual Cognition*, 12(6): 849–851.

Henderson, John M. and Hollingworth, Andrew, 1999. High-level scene perception. *Annual Review of Psychology*, 50(1): 243–271.

Hershcovich, Daniel, Aizenbud, Zohar, Choshen, Leshem, Sulem, Elior, Rappoport, Ari and Abend, Omri, 2019. SemEval-2019 task 1: Cross-lingual semantic parsing with UCCA. In: *Proceedings of the 13th International Workshop on Semantic Evaluation*. 1–10.

Herskovits, Annette, 1987. *Language and Spatial Cognition: An Interdisciplinary Study of the Prepositions in English*. Cambridge University Press.

Hickl, Andrew and Bensley, Jeremy, 2007. A discourse commitment-based framework for recognizing textual entailment. In: *Proceedings of the ACL-PASCAL Workshop on Textual Entailment and Paraphrasing*. 171–176.

Hoffmann, Jordan, Borgeaud, Sebastian, Mensch, Arthur, Buchatskaya, Elena, Cai, Trevor, Rutherford, Eliza, Casas, Diego de Las, Hendricks, Lisa Anne, Welbl, Johannes, Clark, Aidan et al., 2022. Training compute-optimal large language models. *arXiv preprint arXiv:2203.15556.*

Hoffmann, Thomas and Trousdale, Graeme, 2013. *The Oxford Handbook of Construction Grammar.* Oxford University Press.

Hofstadter, Douglas R., 1985. Waking up from the boolean dream, or, subcognition as computation. In: *Metamagical Themas: Questing for the Essence of Mind and Pattern.* Basic Books New York, 631–665.

Horn, Laurence, 1989. *A Natural History of Negation.* Chicago: University of Chicago Press.

Hovy, Eduard, Marcus, Mitch, Palmer, Martha, Ramshaw, Lance and Weischedel, Ralph, 2006. OntoNotes: The 90% solution. In: *Proceedings of the Human Language Technology Conference of the NAACL.* 57–60.

Huang, Yang and Lowe, Henry J., 2007. A novel hybrid approach to automated negation detection in clinical radiology reports. *Journal of the American Medical Informatics Association,* 14(3): 304–311.

Iftene, Adrian, 2008. UAIC participation at RTE4. In: *Proceedings of Text Analysis Conference (TAC).*

Irvine, Ann K., Haas, Stephanie W. and Sullivan, Tessa, 2008. TN-TIES: A system for extracting temporal information from emergency department triage notes. In: *Proceedings of the AMIA 2008 Annual Symposium.* 328–332.

Ishihara, Yasunori, Seki, Hiroyuki and Kasami, Tadao, 1993. A translation method from natural language specifications into formal specifications using contextual dependencies. In: *Proceedings of the IEEE International Symposium on Requirements Engineering.* 232–239.

Iyer, Srinivasan, Konstas, Ioannis, Cheung, Alvin, Krishnamurthy, Jayant and Zettlemoyer, Luke, 2017. Learning a neural semantic parser from user feedback. In: *Proceedings of the 55th Annual Meeting of the Association for Computational Linguistics.* 963–973.

Jackendoff, Ray, 1969. An interpretive theory of negation. *Foundations of Language,* 5(2): 218–241.

——, 1972. *Semantic Interpretation in Generative Grammar.* MIT Press.

Jackendoff, Ray, 1983. *Semantics and Cognition*. MIT Press.

Jia, Robin and Liang, Percy, 2016. Data recombination for neural semantic parsing. In: *Proceedings of the 54th Annual Meeting of the Association for Computational Linguistics*. 12–22.

Johnson, Mark, 1987. *The Body in the Mind: The Bodily Basis of Meaning, Imagination, and Reason*. University of Chicago Press.

Joshi, Aravind K., 1985. Tree adjoining grammars: How much context-sensitivity is required to provide reasonable structural descriptions? In: Dowty, David R., Karttunen, Lauri and Zwicky, Arnold M., eds. *Natural Language Parsing*. 206–250.

Jurafsky, Daniel and Martin, James H., 2000. *Speech and Language Processing*. Prentice Hall.

Kamath, Aishwarya and Das, Rajarshi, 2019. A survey on semantic parsing. In: *Proceedings of the 1st Conference on Automated Knowledge Base Construction*.

Kamp, Hans, 1984. A theory of truth and semantic representation. In: *Truth, Interpretation and Information*. Foris Publications, 1–41.

Kamp, Hans and Reyle, Uwe, 1993. *From Discourse to Logic: Introduction to Model-theoretic Semantics of Natural Language, Formal Logic and Discourse Representation Theory*. Springer Science & Business Media.

Kaplan, Ronald M. and Bresnan, Joan, 1982. Lexical-functional grammar: A formal system for grammatical representation. In: Bresnan, Joan, ed. *The Mental Representation of Grammatical Relations*. MIT Press, 173–281.

Kate, Rohit J. and Mooney, Raymond J., 2006. Using string-kernels for learning semantic parsers. In: *Proceedings of the 21st International Conference on Computational Linguistics and 44th Annual Meeting of the Association for Computational Linguistics*. 913–920.

Kate, Rohit J., Wong, Yuk Wah and Mooney, Raymond J., 2005. Learning to transform natural to formal languages. In: *Proceedings of the 20th National Conference on Artificial Intelligence*. 1062–1068.

Katz, Jerrold and Fodor, Jerry A., 1963. The structure of a semantic theory. *Language*, 39(2): 170–210.

Kay, Paul and Kempton, Willett, 1984. What is the Sapir-Whorf hypothesis? *American Anthropologist*, 86(1): 65–79.

Keenan, Edward, 1984. Review of automatic English-to-logic translation in a simplified model. A study in the logic of grammar by Herbert G. Bohnert and Paul D. Backer. *The Journal of Symbolic Logic*, 49(4): 1406–1407.

Kingsbury, Paul and Palmer, Martha, 2002. From TreeBank to PropBank. In: *Proceedings of the Third International Conference on Language Resources and Evaluation*. 1989–1993.

Kitaev, Nikita, Cao, Steven and Klein, Dan, 2019. Multilingual constituency parsing with self-attention and pre-training. In: *Proceedings of the 57th Annual Meeting of the Association for Computational Linguistics*. 3499–3505.

Knight, Will, 2016. *An AI with 30 Years' Worth of Knowledge Finally Goes to Work*. MIT Technology Review. `https://www.technologyreview.com/2016/03/14/108873/an-ai-with-30-years-worth-of-knowledge-finally-goes-to-work/`.

Kocijan, Vid, Lukasiewicz, Thomas, Davis, Ernest, Marcus, Gary and Morgenstern, Leora, 2020. A review of Winograd schema challenge datasets and approaches. *arXiv preprint arXiv:2004.13831*.

Koller, Alexander, Oepen, Stephan and Sun, Weiwei, 2019. Graph-based meaning representations: Design and processing. In: *Proceedings of the 57th Annual Meeting of the Association for Computational Linguistics: Tutorial Abstracts*. 6–11.

Kolomiyets, Oleksandr, Kordjamshidi, Parisa, Moens, Marie-Francine and Bethard, Steven, 2013. SemEval-2013 task 3: Spatial role labeling. In: *Proceedings of the Second Joint Conference on Lexical and Computational Semantics*. 255–262.

König, Peter, Kühnberger, Kai-Uwe and Kietzmann, Tim C., 2013. A unifying approach to high-and low-level cognition. In: Gähde, Ulrich, Hartmann, Stephan and Wolf, Jörn Henning, eds. *Models, Simulations, and the Reduction of Complexity*. Berlin, Boston: De Gruyter, 117–139.

Koomen, Peter, Punyakanok, Vasin, Roth, Dan and Yih, Wen-tau, 2005. Generalized inference with multiple semantic role labeling systems. In: *Proceedings of the Ninth Conference on Computational Natural Language Learning*. 181–184.

Kordjamshidi, Parisa, Bethard, Steven and Moens, Marie-Francine, 2012. SemEval-2012 task 3: Spatial role labeling. In: *Proceedings of the First Joint Conference on Lexical and Computational Semantics*. 365–373.

Kordjamshidi, Parisa, Otterlo, Martijn van and Moens, Marie-Francine, 2011. Spatial role labeling: Towards extraction of spatial relations from natural language. *ACM Transactions on Speech and Language Processing*, 8(3): 4:1–4:36.

Kordjamshidi, Parisa, Rahgooy, Taher, Moens, Marie-Francine, Pustejovsky, James, Manzoor, Umar and Roberts, Kirk, 2017. CLEF 2017: Multimodal spatial role labeling (mSpRL) task overview. In: *International Conference of the Cross-Language Evaluation Forum for European Languages*. 367–376.

Kosslyn, Stephen M., 2005. Mental images and the brain. *Cognitive Neuropsychology*, 22(3-4): 333–347.

Kosslyn, Stephen M., Holtzman, Jeffrey D., Farah, Martha J. and Gazzaniga, Michael S., 1985. A computational analysis of mental image generation: Evidence from functional dissociations in split-brain patients. *Journal of Experimental Psychology: General*, 114(3): 311–341.

Kowalski, Robert, 2014. *Logic for Problem Solving, Revisited*. Books on Demand.

Krishnamurthy, Jayant, Dasigi, Pradeep and Gardner, Matt, 2017. Neural semantic parsing with type constraints for semi-structured tables. In: *Proceedings of the 2017 Conference on Empirical Methods in Natural Language Processing*. 1516–1526.

Krishnamurthy, Jayant and Mitchell, Tom, 2012. Weakly supervised training of semantic parsers. In: *Proceedings of the 2012 Joint Conference on Empirical Methods in Natural Language Processing and Computational Natural Language Learning*. 754–765.

Kröger, Bernd J., 2013. Modeling speech production from the perspective of neuroscience. In: Mehnert, Dieter, Kordon, Ulrich and Wolff, Matthias, eds. *Systemtheorie, Signalverarbeitung und Sprachtechnologie: Rüdiger Hoffmann zum*. 218–225.

Kuhlmann, Gregory, Stone, Peter, Mooney, Raymond J. and Shavlik, Jude, 2004. Guiding a reinforcement learner with natural language advice: Initial results in RoboCup soccer. In: *Proceedings of the AAAI-04 Workshop on Supervisory Control of Learning and Adaptive Systems*. 30–35.

Kuhlmann, Marco and Oepen, Stephan, 2016. Towards a catalogue of linguistic graph banks. *Computational Linguistics*, 42(4): 819–827.

Kuhn, Tobias, 2014. A survey and classification of controlled natural languages. *Computational Linguistics*, 40(1): 121–170.

Kumar, Pawan and Bedathur, Srikanta, 2020. A survey on semantic parsing from the perspective of Compositionality. *arXiv preprint arXiv:2009.14116.*

Kuroda, S.-Y, 1965. *Generative Grammatical Studies in the Japanese Language.* [Phd thesis]. Massachusetts Institute of Technology.

Kwiatkowski, Tom, Choi, Eunsol, Artzi, Yoav and Zettlemoyer, Luke, 2013. Scaling semantic parsers with on-the-fly ontology matching. In: *Proceedings of the 2013 Conference on Empirical Methods in Natural Language Processing.* 1545–1556.

Kwiatkowski, Tom, Zettlemoyer, Luke, Goldwater, Sharon and Steedman, Mark, 2010. Inducing probabilistic CCG grammars from logical form with higher-order unification. In: *Proceedings of the 2010 Conference on Empirical Methods in Natural Language Processing.* 1223–1233.

——, 2011. Lexical generalization in CCG grammar induction for semantic parsing. In: *Proceedings of the 2011 Conference on Empirical Methods in Natural Language Processing.* 1512–1523.

Lakoff, George, 1987. *Women, Fire, and Dangerous Things: What Categories Reveal about the Mind.* University of Chicago Press.

——, 1990. The invariance hypothesis: Is abstract reason based on image-schemas? *Cognitive Linguistics,* 1(1): 39–74.

Lakoff, George and Johnson, Mark, 1980. *Metaphors We Live By.* University of Chicago Press.

Landau, Barbara and Jackendoff, Ray, 1993. "What" and "where" in spatial language and spatial cognition. *Behavioral and Brain Sciences,* 16(2): 217–238.

Landauer, Thomas K. and Dumais, Susan T., 1997. A solution to Plato's problem: The latent semantic analysis theory of acquisition, induction, and representation of knowledge. *Psychological Review,* 104(2): 211–240.

Landgrebe, Jobst and Smith, Barry, 2021. Making AI meaningful again. *Synthese,* 198(3): 2061–2081.

Langacker, Ronald W., 1987a. *Foundations of Cognitive Grammar, Volume I: Theoretical Prerequisites.* Stanford University Press.

——, 1987b. *Foundations of Cognitive Grammar, Volume II: Descriptive Application.* Stanford University Press.

LeCun, Yann, Bengio, Yoshua and Hinton, Geoffrey, 2015. Deep learning. *Nature*, 521(7553): 436–444.

Lee, Celine, Gottschlich, Justin and Roth, Dan, 2021. Toward code generation: A survey and lessons from semantic parsing. *arXiv preprint arXiv:2105.03317*.

Lehmann, Jens, Isele, Robert, Jakob, Max, Jentzsch, Anja, Kontokostas, Dimitris, Mendes, Pablo N., Hellmann, Sebastian, Morsey, Mohamed, Kleef, Patrick van, Auer, Sören et al., 2015. DBpedia–A large-scale, multilingual knowledge base extracted from wikipedia. *Semantic Web*, 6(2): 167–195.

Lenat, Douglas B., 1995. CYC: A large-scale investment in knowledge infrastructure. *Communications of the ACM*, 38(11): 33–38.

Lenat, Douglas B., Prakash, Mayank and Shepherd, Mary, 1985. CYC: Using common sense knowledge to overcome brittleness and knowledge acquisition bottlenecks. *AI Magazine*, 6(4): 65–85.

Levelt, Willem J. M., 1989. *Speaking: From Intention to Articulation*. MIT Press.

Levesque, Hector J., 2011. The Winograd schema challenge. In: *Proceedings of the AAAI 2011 Spring Symposium*.

——, 2017. *Common Sense, the Turing Test, and the Quest for Real AI*. MIT Press.

Levesque, Hector J., Davis, Ernest and Morgenstern, Leora, 2012. The Winograd schema challenge. In: *Proceedings of Thirteenth International Conference on the Principles of Knowledge Representation and Reasoning*. 552–561.

Levin, Beth, 1993. *English Verb Classes and Alternations: A Preliminary Investigation*. University of Chicago Press.

Levinson, Stephen C., 1997. From outer to inner space: Linguistic categories and non-linguistic thinking. In: Nuyts, Jan and Pederson, Eric, eds. *Language and Conceptualization*. 13–45.

Levison, Michael, Lessard, Greg, Thomas, Craig and Donald, Matthew, 2013. *The Semantic Representation of Natural Language*. Bloomsbury Academic.

Li, Hang, 2017. Deep learning for natural language processing: Advantages and challenges. *National Science Review*, 5(1): 24–26.

Li, Min and Patrick, Jon, 2012. Extracting temporal information from electronic patient records. In: *Proceedings of the AMIA Annual Symposium*. 542–551.

Li, Shiqi, Zhao, Tiejun and Li, Hanjing, 2009. Spatial semantic analysis based on a cognitive approach. In: *Computer and Information Science 2009*. Springer, 93–103.

Li, Yujia, Choi, David, Chung, Junyoung, Kushman, Nate, Schrittwieser, Julian, Leblond, Rémi, Eccles, Tom, Keeling, James, Gimeno, Felix, Lago, Agustin Dal et al., 2022. Competition-level code generation with Alphacode. *arXiv preprint arXiv:2203.07814*.

Li, Zhuang, Qu, Lizhen and Haffari, Gholamreza, 2020. Context dependent semantic parsing: A survey. In: *Proceedings of the 28th International Conference on Computational Linguistics*. 2509–2521.

Liang, Chen, Berant, Jonathan, Le, Quoc, Forbus, Kenneth and Lao, Ni, 2017. Neural symbolic machines: Learning semantic parsers on Freebase with weak supervision. In: *Proceedings of the 55th Annual Meeting of the Association for Computational Linguistics*. 23–33.

Liang, Percy, Jordan, Michael I. and Klein, Dan, 2013. Learning dependency-based compositional semantics. *Computational Linguistics*, 39(2): 389–446.

Liebowitz, Jay, 1997. *The Handbook of Applied Expert Systems*. CRC Press.

Lin, Dekang and Pantel, Patrick, 2001. DIRT-Discovery of inference rules from text. In: *Proceedings of the Seventh ACM SIGKDD International Conference on Knowledge Discovery and Data Mining*. 323–328.

Lindemann, Matthias, Groschwitz, Jonas and Koller, Alexander, 2019. Compositional semantic parsing across graphbanks. In: *Proceedings of the 57th Annual Meeting of the Association for Computational Linguistics*. 4576–4585.

Ling, Wang, Blunsom, Phil, Grefenstette, Edward, Hermann, Karl Moritz, Kočiský, Tomáš, Wang, Fumin and Senior, Andrew, 2016. Latent predictor networks for code generation. In: *Proceedings of the 54th Annual Meeting of the Association for Computational Linguistics*. 599–609.

Litkowski, Ken, 2004. Senseval-3 task: Automatic labeling of semantic roles. In: *Proceedings of the Third International Workshop on the Evaluation of Systems for the Semantic Analysis of Text*. 9–12.

Liu, Jiangming, Cohen, Shay B. and Lapata, Mirella, 2019. Discourse representation structure parsing with recurrent neural networks and the transformer model. In: *Proceedings of the IWCS Shared Task on Semantic Parsing*.

Liu, Pengfei, Yuan, Weizhe, Fu, Jinlan, Jiang, Zhengbao, Hayashi, Hiroaki and Neubig, Graham, 2021. Pre-train, prompt, and predict: A systematic survey of prompting methods in natural language processing. *arXiv preprint arXiv:2107.13586*.

Liu, Quan, Jiang, Hui, Ling, Zhen-Hua, Zhu, Xiaodan, Wei, Si and Hu, Yu, 2016. Commonsense knowledge enhanced embeddings for solving pronoun disambiguation problems in Winograd schema challenge. *arXiv preprint arXiv:1611.04146*.

Lu, Wei, Ng, Hwee Tou, Lee, Wee Sun and Zettlemoyer, Luke, 2008. A generative model for parsing natural language to meaning representations. In: *Proceedings of the 2008 Conference on Empirical Methods in Natural Language Processing*. 783–792.

Luo, Zhihui, Yetisgen-Yildiz, Meliha and Weng, Chunhua, 2011. Dynamic categorization of clinical research eligibility criteria by hierarchical clustering. *Journal of Biomedical Informatics*, 44(6): 927–935.

Luong, Minh-Thang, Pham, Hieu and Manning, Christopher D., 2015. Effective Approaches to Attention-based Neural Machine Translation. In: *Proceedings of the 2015 Conference on Empirical Methods in Natural Language Processing*. 1412–1421.

Maienborn, Claudia, 2011. Event semantics. In: Maienborn, C., Heusinger, K. von and Portner, P., eds. *An International Handbook of Natural Language Meaning (Vol. 1)*. 803–829.

Manning, Christopher D., Surdeanu, Mihai, Bauer, John, Finkel, Jenny, Bethard, Steven and McClosky, David, 2014. The Stanford CoreNLP natural language processing toolkit. In: *Proceedings of the 52nd Annual Meeting of the Association for Computational Linguistics: System Demonstrations*. 55–60.

Marcus, Mitch, Kim, Grace, Marcinkiewicz, Mary Ann, MacIntyre, Robert, Bies, Ann, Ferguson, Mark, Katz, Karen and Schasberger, Britta, 1994. The Penn treebank: Annotating predicate argument structure. In: *Proceedings of the Workshop on Human Language Technology*. 114–119.

Mark, D. M., 1999. Spatial representation: A cognitive view. *Geographical Information Systems: Principles and Applications*, 1: 81–89.

May, Jonathan, 2016. SemEval-2016 task 8: Meaning representation parsing. In: *Proceedings of the 10th International Workshop on Semantic Evaluation*. 1063–1073.

May, Jonathan and Priyadarshi, Jay, 2017. SemEval-2017 task 9: Abstract meaning representation parsing and generation. In: *Proceedings of the 11th International Workshop on Semantic Evaluation.* 536–545.

McCarthy, John, 1980. Circumscription–A form of non-monotonic reasoning. *Artificial Intelligence*, 13(1-2): 27–39.

McCord, Michael C., 1985. Modular logic grammars. In: *Proceedings of the 23rd Annual Meeting of the Association for Computational Linguistics.* 104–117.

——, 1989. Design of LMT: A Prolog-based machine translation system. *Computational Linguistics*, 15(1): 33–52.

McDermott, Drew, 1987. A critique of pure reason. *Computational Intelligence*, 3(1): 151–160.

McDermott, Drew and Doyle, Jon, 1980. Non-monotonic logic I. *Artificial Intelligence*, 13(1-2): 41–72.

Melle, William van, 1978. MYCIN: A knowledge-based consultation program for infectious disease diagnosis. *International Journal of Man-Machine Studies*, 10(3): 313–322.

Meyers, Adam, Reeves, Ruth, Macleod, Catherine, Szekely, Rachel, Zielinska, Veronika, Young, Brian and Grishman, Ralph, 2004. The NomBank project: An interim report. In: *Proceedings of the Workshop Frontiers in Corpus Annotation at HLT-NAACL 2004.* 24–31.

Michaelis, Laura A., 2013. Sign-based construction grammar. In: Hoffmann, Thomas and Trousdale, Graeme, eds. *The Oxford Handbook of Construction Grammar.* Oxford University Press, 133–152.

Mihaylov, Todor, Clark, Peter, Khot, Tushar and Sabharwal, Ashish, 2018. Can a suit of armor conduct electricity? A new dataset for open book question answering. In: *Proceedings of the 2018 Conference on Empirical Methods in Natural Language Processing.* 2381–2391.

Mikolov, Tomas, Chen, Kai, Corrado, Greg and Dean, Jeffrey, 2013. Efficient estimation of word representations in vector space. *arXiv preprint arXiv:1301.3781.*

Milian, Krystyna, Bucur, Anca and Ten Teije, Annette, 2012. Formalization of clinical trial eligibility criteria: Evaluation of a pattern-based approach. In: *Proceedings of the IEEE International Conference of Bioinformatics and Biomedicine.* 1–4.

Milian, Krystyna and Teije, Annette ten, 2013. Towards automatic patient eligibility assessment: From free-text criteria to queries. In: *Proceedings of the Conference on Artificial Intelligence in Medicine in Europe*. 78–83.

Miller, George A., 1995. WordNet: A lexical database for English. *Communications of the ACM*, 38(11): 39–41.

Minsky, Marvin, 1974. A framework for representing knowledge.

Mokos, Konstantinos and Katsaros, Panagiotis, 2020. A survey on the formalisation of system requirements and their validation. *Array*, 7: 100030.

Moldovan, Dan, Clark, Christine, Harabagiu, Sanda and Maiorano, Steve, 2003. COGEX: A logic prover for question answering. In: *Proceedings of the 2003 Conference of the North American Chapter of the Association for Computational Linguistics on Human Language Technology*. 87–93.

Moldovan, Dan and Rus, Vasile, 2001. Logic form transformation of wordnet and its applicability to question answering. In: *Proceedings of the 39th Annual Meeting of the Association for Computational Linguistics*. 402–409.

Montague, Richard, 1970. Universal grammar. *Theoria*, 36(3): 373–398.

——, 1973. The proper treatment of quantification in ordinary English. In: Hintikka, K. J. J., Moravcsik, J. M. E. and Suppes, P., eds. *Approaches to Natural Language: Proceedings of the 1970 Stanford Workshop on Grammar and Semantics*. Dordrecht: Springer Netherlands, 221–242.

——, 1974. English as a formal language. In: Thomason, Richmond H., ed. *Formal Philosophy: Selected Papers of Richard Montague*. Yale University Press, 188–221. Reprinted from: Bruno Visentini ed., Linguaggi nella societa e nella tecnica. Edizioni di Communita. 1970:189-223

Mueller, Erik T., 2014. *Commonsense Reasoning: An Event Calculus Based Approach*. Morgan Kaufmann.

Muggleton, Stephen, 1991. Inductive logic programming. *New Generation Computing*, 8(4): 295–318.

Muggleton, Stephen and De Raedt, Luc, 1994. Inductive logic programming: Theory and methods. *The Journal of Logic Programming*, 19: 629–679.

Murphy, Gregory, 2004. *The Big Book of Concepts*. MIT Press.

Nadeau, David and Sekine, Satoshi, 2007. A survey of named entity recognition and classi-fication. *Lingvisticae Investigationes*, 30(1): 3–26.

Nanay, Bence, 2018. Multimodal mental imagery. *Cortex*, 105: 125–134.

Navarro, Gonzalo, 2001. A guided tour to approximate string matching. *ACM Computing Surveys*, 33(1): 31–88.

Newell, Allen and Simon, Herbert, 1956. The logic theory machine–A complex information processing system. *IRE Transactions on Information Theory*, 2(3): 61–79.

Nivre, Joakim, De Marneffe, Marie-Catherine, Ginter, Filip, Goldberg, Yoav, Hajic, Jan, Manning, Christopher D., McDonald, Ryan, Petrov, Slav, Pyysalo, Sampo, Silveira, Na-talia et al., 2016. Universal dependencies v1: A multilingual treebank collection. In: *Proceedings of the Tenth International Conference on Language Resources and Evaluation*. 1659–1666.

Noord, Rik van, Toral, Antonio and Bos, Johan, 2020. Character-level representations im-prove DRS-based semantic parsing even in the age of BERT. In: *Proceedings of the 2020 Conference on Empirical Methods in Natural Language Processing*. 4587–4603.

Norton, David Fate and Norton, Mary J., 2007. *David Hume: A Treatise of Human Nature: Volume 1: Texts*. Oxford University Press.

Och, Franz Josef and Ney, Hermann, 2003. A systematic comparison of various statistical alignment models. *Computational Linguistics*, 29(1): 19–51.

Oda, Yusuke, Fudaba, Hiroyuki, Neubig, Graham, Hata, Hideaki, Sakti, Sakriani, Toda, Tomoki and Nakamura, Satoshi, 2015. Learning to generate pseudo-code from source code using statistical machine translation. In: *Proceedings of the 30th IEEE/ACM Inter-national Conference on Automated Software Engineering*. 574–584.

Oepen, Stephan, Abend, Omri, Abzianidze, Lasha, Bos, Johan, Hajič, Jan, Hershcovich, Daniel, Li, Bin, O'Gorman, Tim, Xue, Nianwen and Zeman, Daniel, 2020. MRP 2020: The second shared task on cross-framework and cross-lingual meaning representation parsing. In: *Proceedings of the CoNLL 2020 Shared Task: Cross-Framework Meaning Representation Parsing*. 1–22.

Oepen, Stephan, Abend, Omri, Hajič, Jan, Hershcovich, Daniel, Kuhlmann, Marco, O' Gorman, Tim, Xue, Nianwen, Chun, Jayeol, Straka, Milan and Uresova, Zdenka, 2019. MRP 2019: Cross-framework meaning representation parsing. In: *Proceedings of the*

Shared Task on Cross-Framework Meaning Representation Parsing at the 2019 Conference on Natural Language Learning. 1–27.

Oepen, Stephan, Kuhlmann, Marco, Miyao, Yusuke, Zeman, Daniel, Flickinger, Dan, Hajič, Jan, Ivanova, Angelina and Zhang, Yi, 2014. SemEval 2014 task 8: Broad-coverage semantic dependency parsing. In: *Proceedings of the 8th International Workshop on Semantic Evaluation*. 63–72.

Oepen, Stephan and Lønning, Jan Tore, 2006. Discriminant-based MRS banking. In: *Proceedings of the Fifth International Conference on Language Resources and Evaluation*. 1250–1255.

Ozaki, Hiroaki, Morio, Gaku, Koreeda, Yuta, Morishita, Terufumi and Miyoshi, Toshinori, 2020. Hitachi at MRP 2020: Text-to-graph-notation transducer. In: *Proceedings of the CoNLL 2020 Shared Task: Cross-Framework Meaning Representation Parsing*. 40–52.

Paivio, Allan, 1971. *Imagery and Verbal Processes*. New York: Holt, Rinehart, and Winston..

Palmer, Martha, Gildea, Daniel and Kingsbury, Paul, 2005. The proposition bank: An annotated corpus of semantic roles. *Computational Linguistics*, 31(1): 71–106.

Palmer, Martha, Gildea, Daniel and Xue, Nianwen, 2010. Semantic role labeling. *Synthesis Lectures on Human Language Technologies*, 3(1): 1–103.

Parsons, Terence, 1990. *Events in the Semantics of English: A Study in Subatomic Semantics*. MIT Press.

Pereira, Fernando C. N. and Warren, David H. D., 1980. Definite clause grammars for language analysis—A survey of the formalism and a comparison with augmented transition networks. *Artificial Intelligence*, 13(3): 231–278.

Perikos, Isidoros and Hatzilygeroudis, Ioannis, 2016. A case-based reasoning approach to convert natural language into first order logic. In: *Proceedings of the 2016 IEEE International Conference on Computational Science and Engineering and IEEE International Conference on Embedded and Ubiquitous Computing and 15th International Symposium on Distributed Computing and Applications for Business Engineering*. 480–483.

Pesetsky, David, 1995. *Zero Syntax: Experiencers and Cascades*. MIT Press.

Piaget, Jean, 2013. *Child's Conception of Space: Selected Works, Vol. 4*. Routledge.

Pickering, Martin J. and Garrod, Simon, 2013. An integrated theory of language production and comprehension. *Behavioral and Brain Sciences*, 36(4): 329–347.

Pollard, Carl and Sag, Ivan A., 1994. *Head-Driven Phrase Structure Grammar*. University of Chicago Press.

Poon, Hoifung, 2013. Grounded unsupervised semantic parsing. In: *Proceedings of the 51st Annual Meeting of the Association for Computational Linguistics*. 933–943.

Poon, Hoifung and Domingos, Pedro, 2009. Unsupervised semantic parsing. In: *Proceedings of the 2009 Conference on Empirical Methods in Natural Language Processing*. 1–10.

Popescu, Ana-Maria, Etzioni, Oren and Kautz, Henry, 2003. Towards a theory of natural language interfaces to databases. In: *Proceedings of the 8th International Conference on Intelligent User Interfaces*. 149–157.

Posner, Michael I. and Petersen, Steven E., 1990. The attention system of the human brain. *Annual Review of Neuroscience*, 13(1): 25–42.

Post, Emil L., 1943. Formal reductions of the general combinatorial decision problem. *American Journal of Mathematics*, 65(2): 197–215.

Pradhan, Sameer, Hacioglu, Kadri, Krugler, Valerie, Ward, Wayne, Martin, James H. and Jurafsky, Daniel, 2005. Support vector learning for semantic argument classification. *Machine Learning*, 60(1): 11–39.

Pradhan, Sameer, Hovy, Eduard, Marcus, Mitch, Palmer, Martha, Ramshaw, Lance and Weischedel, Ralph, 2007. Ontonotes: A unified relational semantic representation. *International Journal of Semantic Computing*, 1(4): 405–419.

Pradhan, Sameer, Moschitti, Alessandro, Xue, Nianwen, Uryupina, Olga and Zhang, Yuchen, 2012. CoNLL-2012 shared task: Modeling multilingual unrestricted coreference in OntoNotes. In: *Proceedings of the Joint Conference on EMNLP and CoNLL: Shared Task*. 1–40.

Preston, John and Bishop, Mark, 2002. *Views into the Chinese Room: New Essays on Searle and Artificial Intelligence*. Oxford University Press.

Price, P. J., 1990. Evaluation of spoken language systems: The ATIS domain. In: *Proceedings of the Workshop on Speech and Natural Language*. 91–95.

Pulvermüller, Friedemann, Cappelle, Bert and Shtyrov, Yury, 2013. Brain basis of meaning, words, constructions, and grammar. In: Hoffmann, Thomas and Trousdale, Graeme, eds. *The Oxford Handbook of Construction Grammar*. Oxford University Press, 133–152.

Pustejovsky, James, Castano, José M., Ingria, Robert, Sauri, Roser, Gaizauskas, Robert J., Setzer, Andrea, Katz, Graham and Radev, Dragomir R., 2003. TimeML: Robust specification of event and temporal expressions in text. *New Directions in Question Answering*, 3: 28–34.

Pustejovsky, James, Kordjamshidi, Parisa, Moens, Marie-Francine, Levine, Aaron, Dworman, Seth and Yocum, Zachary, 2015. SemEval-2015 task 8: SpaceEval. In: *Proceedings of the 9th International Workshop on Semantic Evaluation*. 884–894.

Pustejovsky, James, Moszkowicz, Jessica L. and Verhagen, M., 2011. Using ISO-Space for annotating spatial information. In: *Proceedings of the International Conference on Spatial Information Theory*.

Pylyshyn, Zenon W., 1973. What the mind's eye tells the mind's brain: A critique of mental imagery. *Psychological Bulletin*, 80(1): 1–24.

——, 2007. *Things and Places: How the Mind Connects with the World*. MIT Press.

Qi, Peng, Zhang, Yuhao, Zhang, Yuhui, Bolton, Jason and Manning, Christopher D., 2020. Stanza: A python natural language processing toolkit for many human languages. In: *Proceedings of the 58th Annual Meeting of the Association for Computational Linguistics: System Demonstrations*. 101–108.

Quirk, Chris, Mooney, Raymond J. and Galley, Michel, 2015. Language to code: Learning semantic parsers for if-this-then-that recipes. In: *Proceedings of the 53rd Annual Meeting of the Association for Computational Linguistics and the 7th International Joint Conference on Natural Language Processing*. 878–888.

Quirk, Randolph, Greenbaum, Sidney, Leech, Geoffrey and Svartvik, Jan, 2010. *A Comprehensive Grammar of the English Language*. Pearson Education India.

Radden, Günter and Dirven, René, 2007. *Cognitive English Grammar*. John Benjamins Publishing Company.

Radford, Alec, Wu, Jeffrey, Child, Rewon, Luan, David, Amodei, Dario and Sutskever, Ilya, 2019. Language models are unsupervised multitask learners. *OpenAI Blog*, 1(8).

Raffel, Colin, Shazeer, Noam, Roberts, Adam, Lee, Katherine, Narang, Sharan, Matena, Michael, Zhou, Yanqi, Li, Wei and Liu, Peter J., 2020. Exploring the limits of transfer learning with a unified text-to-text transformer. *Journal of Machine Learning Research*, 21: 1–67.

Rahman, Altaf and Ng, Vincent, 2012. Resolving complex cases of definite pronouns: The Winograd schema challenge. In: *Proceedings of the 2012 Joint Conference on Empirical Methods in Natural Language Processing and Computational Natural Language Learning.* 777–789.

Raina, Rajat, Ng, Andrew Y. and Manning, Christopher D., 2005. Robust textual inference via learning and abductive reasoning. In: *Proceedings of the Twentieth National Conference on Artificial Intelligence.* 1099–1105.

Rajpurkar, Pranav, Zhang, Jian, Lopyrev, Konstantin and Liang, Percy, 2016. SQuAD: 100,000+ questions for machine comprehension of text. In: *Proceedings of the 2016 Conference on Empirical Methods in Natural Language Processing.* 2383–2392.

Randell, David A., Cui, Zhan and Cohn, Anthony G., 1992. A spatial logic based on regions and connection. In: *Proceedings of the 3rd International Conference on Principles of Knowledge Representation and Reasoning.* 165–176.

Reddy, Siva, Chen, Danqi and Manning, Christopher D., 2019. CoQA: A conversational question answering challenge. *Transactions of the Association for Computational Linguistics,* 7: 249–266.

Reddy, Siva, Lapata, Mirella and Steedman, Mark, 2014. Large-scale semantic parsing without question-answer pairs. *Transactions of the Association for Computational Linguistics,* 2: 377–392.

Reiter, Raymond, 1980. A logic for default reasoning. *Artificial Intelligence,* 13(1-2): 81–132.

Rey, Georges, 2013. Introduction: What are mental images? In: Block, Ned, ed. *Readings in Philosophy of Psychology, Volume II.* Harvard University Press, 117–127.

Riazanov, Alexandre and Voronkov, Andrei, 2002. The design and implementation of VAMPIRE. *AI Communications,* 15(2-3): 91–110.

Robinson, John Alan, 1965. A machine-oriented logic based on the resolution principle. *Journal of the ACM,* 12(1): 23–41.

Roemmele, Melissa, Bejan, Cosmin Adrian and Gordon, Andrew S., 2011. Choice of plausible alternatives: An evaluation of commonsense causal reasoning. In: *Proceedings of the AAAI Spring Symposium: Logical Formalizations of Commonsense Reasoning.* 90–95.

Rofes, Adrià, Mandonnet, Emmanuel, Aguiar, Vânia de, Rapp, Brenda, Tsapkini, Kyrana and Miceli, Gabriele, 2018. Language processing from the perspective of electrical stimulation mapping. *Cognitive Neuropsychology*, 36(3-4): 117–139.

Rosch, Eleanor, 1971. "Focal" color areas and the development of color names. *Developmental Psychology*, 4(3): 447–455.

——, 1972. Universals in color naming and memory. *Journal of Experimental Psychology*, 93(1): 10–20.

——, 1973. On the internal structure of perceptual and semantic categories. In: *Cognitive Development and Acquisition of Language*. Elsevier, 111–144.

——, 1975. Cognitive representations of semantic categories. *Journal of Experimental Psychology: General*, 104(3): 192–233.

Rosch, Eleanor and Olivier, Donald C., 1972. The structure of the color space in naming and memory for two languages. *Cognitive Psychology*, 3(2): 337–354.

Roscher, Ribana, Bohn, Bastian, Duarte, Marco F. and Garcke, Jochen, 2020. Explainable machine learning for scientific insights and discoveries. *IEEE Access*, 8: 42200–42216.

Rott, Hans, 2008. A new psychologism in logic? Reflections from the point of view of belief revision. *Studia Logica*, 88(1): 113–136.

Roukos, Salim, 2008. Natural language understanding. In: Benesty, Jacob, Sondhi, M. Mohan and Huang, Yiteng, eds. *Springer Handbook of Speech Processing*. Springer, 617–626.

Royce, Josiah, 1917. Negation. In: Hastings, J., ed. *Encyclopedia of Religion and Ethics*. New York: Charles Scribner's Sons, 264–271.

Rumelhart, David E. and Ortony, Andrew, 2017. The representation of knowledge in memory. In: *Schooling and the Acquisition of Knowledge*. Routledge, 99–135.

Ruppenhofer, Josef, Ellsworth, Michael, Schwarzer-Petruck, Myriam R. L., Johnson, Christopher R., Baker, Collin F. and Scheffczyk, Jan, 2016. FrameNet II: Extended theory and practice.

Russell, Stuart J. and Norvig, Peter, 2021. *Artificial Intelligence: A Modern Approach*. 4th Edition. Pearson Education Limited.

Saba, Walid S., 2018. A simple machine learning method for commonsense reasoning? A short commentary on Trinh & Le (2018). *arXiv preprint arXiv:1810.00521*.

Sabri, Khair Eddin, 2015. Automated verification of role-based access control policies constraints using Prover9. *The International Journal of Security, Privacy and Trust Management*, 4(1): 1–10.

Sag, Ivan A., 2012. Sign-based construction grammar: An informal synopsis. In: Boas, H. C. and Sag, I. A., eds. *Sign-based Construction Grammar*. CSLI Publications, 69–202.

Sakaguchi, Keisuke, Le Bras, Ronan, Bhagavatula, Chandra and Choi, Yejin, 2020. Winogrande: An adversarial Winograd schema challenge at scale. In: *Proceedings of the AAAI Conference on Artificial Intelligence*. 8732–8740.

Samuel, David and Straka, Milan, 2020. ÚFAL at MRP 2020: Permutation-invariant semantic parsing in PERIN. In: *Proceedings of the CoNLL 2020 Shared Task: Cross-Framework Meaning Representation Parsing*. 53–64.

Saussure, Ferdinand de, 2011. *Course in General Linguistics*. Trans. by Baskin, Wade. Columbia University Press.

Schank, Roger C. and Abelson, Robert P., 1975. Scripts, plans, and knowledge. In: *Proceedings of the 4th International Joint Conference on Artificial Intelligence*. 151–157.

Schubert, Lenhart and Pelletier, Francis Jeffry, 1982. From English to logic: Context-free computation of 'conventional' logical translation. *American Journal of Computational Linguistics*, 8(1): 27–44.

Schuler, Karin Kipper, 2005. *Verbnet: A Broad-Coverage, Comprehensive Verb Lexicon* [Phd thesis]. University of Pennsylvania.

Schulz, Stephan, 2013. System description: E 1.8. In: *Proceedings of the International Conference on Logic for Programming Artificial Intelligence and Reasoning*. 735–743.

Schyns, Philippe G. and Oliva, Aude, 1994. From blobs to boundary edges: Evidence for time-and spatial-scale-dependent scene recognition. *Psychological Science*, 5(4): 195–200.

Searle, John R., 1980. Minds, brains, and programs. *Behavioral and Brain Sciences*, 3(3): 417–424.

Seki, Hiroyuki, Kasami, Tadao, Nabika, Eiji and Matsumura, Takashi, 1992. A method for translating natural language program specifications into algebraic specifications. *Systems and Computers in Japan*, 23(11): 1–16.

Sharma, Arpit, 2019. Using answer set programming for commonsense reasoning in the Winograd schema challenge. *Theory and Practice of Logic Programming*, 19(5-6): 1021–1037.

Sharma, Arpit, Vo, Nguyen H., Aditya, Somak and Baral, Chitta, 2015. Towards addressing the Winograd schema challenge—Building and using a semantic parser and a knowledge hunting module. In: *Proceedings of the 24th International Joint Conference on Artificial Intelligence*. 1319–1325.

Shortliffe, Edward H., 1974. *MYCIN: A Rule-Based Computer Program for Advising Physicians Regarding Antimicrobial Therapy Selection* [techreport].

——, 1977. MYCIN: A knowledge-based computer program applied to infectious diseases. In: *Proceedings of the Annual Symposium on Computer Application in Medical Care*. 66–69.

Siblini, Reda and Kosseim, Leila, 2008. Using ontology alignment for the TAC RTE challenge. In: *Proceedings of Text Analysis Conference*.

Simmons, Robert F., 1965. Answering English questions by computer: A survey. *Communications of the ACM*, 8(1): 53–70.

——, 1973. Semantic networks: Their computation and use for understanding English sentences. In: Schank, Roger C. and Colby, Kenneth Mark, eds. *Computer Models of Thought and Language*. W. H. Freeman, 63–113.

Slobin, Dan I., 2004. The many ways to search for a frog: Linguistic typology and the expression of motion events. In: Strömqvist, Sven and Verhoeven, Ludo, eds. *Relating Events in Narrative, Vol. 2: Typological and Contextual Perspectives*. 219–257.

Smith, Edward E. and Medin, Douglas L., 1981. *Categories and Concepts*. Cambridge, MA: Harvard University Press.

Smith, Shaden, Patwary, Mostofa, Norick, Brandon, LeGresley, Patrick, Rajbhandari, Samyam, Casper, Jared, Liu, Zhun, Prabhumoye, Shrimai, Zerveas, George, Korthikanti, Vijay et al., 2022. Using DeepSpeed and Megatron to train Megatron-Turing NLG 530B, a large-scale generative language model. *arXiv preprint arXiv:2201.11990*.

Smullyan, Raymond M., 1968. *First-order Logic*. Berlin: Springer-Verlag. Revised Edition, Dover Press, New York, 1994.

Sondheimer, Norman K., 1978. A semantic analysis of reference to spatial properties. *Linguistics and Philosophy*, 2(2): 235–280.

Speer, Robyn, Chin, Joshua and Havasi, Catherine, 2017. ConceptNet 5.5: An open multilingual graph of general knowledge. In: *Proceedings of the 31st AAAI Conference on Artificial Intelligence*. 4444–4451.

Srivastava, Aarohi, Rastogi, Abhinav, Rao, Abhishek, Shoeb, Abu Awal Md, Abid, Abubakar, Fisch, Adam et al., 2022. Beyond the imitation game: Quantifying and extrapolating the capabilities of language models. *arXiv preprint arXiv:2206.04615*.

Steedman, Mark, 1987. Combinatory grammars and parasitic gaps. *Natural Language & Linguistic Theory*, 5(3): 403–439.

——, 2000. *The Syntactic Process*. MIT Press.

Steedman, Mark and Baldridge, Jason, 2011. Combinatory categorial grammar. In: Borsley, Robert and Börjars, Kersti, eds. *Non-Transformational Syntax: Formal and Explicit Models of Grammar*. Wiley-Blackwell, 181–224.

Steels, Luc, 2011. *Design Patterns in Fluid Construction Grammar*. John Benjamins Publishing Company.

Storks, Shane, Gao, Qiaozi and Chai, Joyce Y., 2019. Commonsense reasoning for natural language understanding: A survey of benchmarks, resources, and approaches. *arXiv preprint arXiv:1904.01172*, 1–60.

Storlie, Timothy, 2015. *Person-Centered Communication with Older Adults: The Professional Provider's Guide*. Academic Press.

Su, Yu, Sun, Huan, Sadler, Brian, Srivatsa, Mudhakar, Gür, Izzeddin, Yan, Zenghui and Yan, Xifeng, 2016. On generating characteristic-rich question sets for qa evaluation. In: *Proceedings of the 2016 Conference on Empirical Methods in Natural Language Processing*. 562–572.

Su, Yu and Yan, Xifeng, 2017. Cross-domain semantic parsing via paraphrasing. In: *Proceedings of the 2017 Conference on Empirical Methods in Natural Language Processing*. 1235–1246.

Suchanek, Fabian M., Kasneci, Gjergji and Weikum, Gerhard, 2007. Yago: A core of semantic knowledge. In: *Proceedings of the 16th International Conference on World Wide Web*. 697–706.

Suhr, Alane, Lewis, Mike, Yeh, James and Artzi, Yoav, 2017. A corpus of natural language for visual reasoning. In: *Proceedings of the 55th Annual Meeting of the Association for Computational Linguistics*. 217–223.

Surdeanu, Mihai, Johansson, Richard, Meyers, Adam, Màrquez, Lluís and Nivre, Joakim, 2008. The CoNLL-2008 shared task on joint parsing of syntactic and semantic dependencies. In: *Proceedings of the Twelfth Conference on Computational Natural Language Learning*. 159–177.

Sutskever, Ilya, Vinyals, Oriol and Le, Quoc V., 2014. Sequence to sequence learning with neural networks. *Advances in Neural Information Processing Systems*, 27: 3104–3112.

Swayamdipta, Swabha, Thomson, Sam, Dyer, Chris and Smith, Noah A., 2017. Frame-semantic parsing with softmax-margin segmental RNNs and a syntactic scaffold. *arXiv preprint arXiv:1706.09528*.

Talmor, Alon, Herzig, Jonathan, Lourie, Nicholas and Berant, Jonathan, 2018. CommonsenseQA: A question answering challenge targeting commonsense knowledge. In: *Proceedings of the 17th Annual Conference of the North American Chapter of the Association for Computational Linguistics: Human Language Technologies*. 4149–4158.

Talmy, Leonard, 1983. How language structures space. In: Pick, H. L. and Acredolo, L. P., eds. *Spatial Orientation*. Springer, 225–282.

——, 2000a. *Toward a Cognitive Semantics: Concept Structuring Systems*. MIT Press.

——, 2000b. *Toward a Cognitive Semantics: Typology and Process in Conceptual Structuring*. MIT Press.

——, 2005. The fundamental system of spatial schemas in language. In: Hampe, B. and Grady, J. E., eds. *From Perception to Meaning: Image Schemas in Cognitive Linguistics*. Mouton de Gruyter, 199–234.

Tang, Lappoon R. and Mooney, Raymond J., 2000. Automated construction of database interfaces: Intergrating statistical and relational learning for semantic parsing. In: *Proceedings of Joint SIGDAT Conference on Empirical Methods in Natural Language Processing and Very Large Corpora*. 133–141.

——, 2001. Using multiple clause constructors in inductive logic programming for semantic parsing. In: *Proceedings of European Conference on Machine Learning*. 466–477.

Tatu, Marta and Moldovan, Dan, 2005. A semantic approach to recognizing textual entailment. In: *Proceedings of the Human Language Technology Conference and Conference on Empirical Methods in Natural Language Processing*. 371–378.

——, 2006. A logic-based semantic approach to recognizing textual entailment. In: *Proceedings of the COLING/ACL 2006 Main Conference Poster Sessions*. 819–826.

——, 2007. COGEX at RTE3. In: *Proceedings of the ACL-PASCAL Workshop on Textual Entailment and Paraphrasing*. 22–27.

Taylor, Ann, Marcus, Mitchell and Santorini, Beatrice, 2003. The Penn treebank: An overview. In: *Treebanks*. Springer, 5–22.

Thompson, Cynthia A., 1995. Acquisition of a lexicon from semantic representations of sentences. In: *Proceedings of the 33rd Annual Meeting of the Association for Computational Linguistics*. 335–337.

Thompson, Cynthia A. and Mooney, Raymond J., 2003. Acquiring word-meaning mappings for natural language interfaces. *Journal of Artificial Intelligence Research*, 18(1): 1–44.

Thoppilan, Romal, De Freitas, Daniel, Hall, Jamie, Shazeer, Noam, Kulshreshtha, Apoorv, Cheng, Heng-Tze, Jin, Alicia, Bos, Taylor, Baker, Leslie, Du, Yu et al., 2022. Lamda: Language models for dialog applications. *arXiv preprint arXiv:2201.08239*.

Tian, Yuanhe, Song, Yan and Xia, Fei, 2020. Supertagging combinatory categorial grammar with attentive graph convolutional networks. In: *Proceedings of the 2020 Conference on Empirical Methods in Natural Language Processing*. 6037–6044.

Tippett, Lynette J., 1992. The generation of visual images: A review of neuropsychological research and theory. *Psychological Bulletin*, 112(3): 415–432.

Tomlin, Russell S., 1997. Mapping conceptual representations into linguistic representations: The role of attention in grammar. In: Nuyts, Jan and Pederson, Eric, eds. *Language and Conceptualization*. Cambridge University Press, 162–189.

Trinh, Trieu H. and Le, Quoc V., 2018. A simple method for commonsense reasoning. *arXiv preprint arXiv:1806.02847*.

Tsarkov, Dmitry and Horrocks, Ian, 2006. FaCT++ description logic reasoner: System description. In: *Proceedings of the International Joint Conference on Automated Reasoning*. 292–297.

Tu, Samson W., Peleg, Mor, Carini, Simona, Bobak, Michael, Ross, Jessica, Rubin, Daniel and Sim, Ida, 2011. A practical method for transforming free-text eligibility criteria into computable criteria. *Journal of Biomedical Informatics*, 44(2): 239–250.

Turing, Alan M., 2009. Computing machinery and intelligence. In: Epstein, Robert, Roberts, Gary and Beber, Grace, eds. *Parsing the Turing Test*. Springer, 23–65.

Ungerer, Friedrich and Schmid, Hans-Jörg, 2013. *An Introduction to Cognitive Linguistics*. Routledge.

UzZaman, Naushad, Llorens, Hector, Derczynski, Leon, Allen, James, Verhagen, Marc and Pustejovsky, James, 2013. SemEval-2013 task 1: Tempeval-3: Evaluating time expressions, events, and temporal relations. In: *Proceedings of the Seventh International Workshop on Semantic Evaluation*. 1–9.

Verhagen, Marc, Gaizauskas, Robert, Schilder, Frank, Hepple, Mark, Katz, Graham and Pustejovsky, James, 2007. SemEval-2007 task 15: Tempeval temporal relation identification. In: *Proceedings of the Fourth International Workshop on Semantic Evaluations*. 75–80.

Verhagen, Marc, Gaizauskas, Robert, Schilder, Frank, Hepple, Mark, Moszkowicz, Jessica L. and Pustejovsky, James, 2009. The TempEval challenge: Identifying temporal relations in text. *Language Resources and Evaluation*, 43(2): 161–179.

Verhagen, Marc, Mani, Inderjeet, Sauri, Roser, Littman, Jessica, Knippen, Robert, Jang, Seok Bae, Rumshisky, Anna, Phillips, Jon and Pustejovsky, James, 2005. Automating temporal annotation with TARSQI. In: *Proceedings of the ACL Interactive Poster and Demonstration Sessions*. 81–84.

Verhagen, Marc, Sauri, Roser, Caselli, Tommaso and Pustejovsky, James, 2010. SemEval-2010 task 13: TempEval-2. In: *Proceedings of the 5th International Workshop on Semantic Evaluation*. 57–62.

Von Stechow, Arnim, 1995. Lexical decomposition in syntax. In: Egli, Urs, Pause, Peter E., Schwarze, Christoph, Stechow, Arnim von and Wienold, Götz, eds. *Lexical Knowledge in the Organization of Language*. John Benjamins Publishing Company, 81–117.

Wang, Hao, 1960. Toward mechanical mathematics. *IBM Journal of Research and Development*, 4(1): 2–22.

Wang, Shuohang, Zhang, Sheng, Shen, Yelong, Liu, Xiaodong, Liu, Jingjing, Gao, Jianfeng and Jiang, Jing, 2019. Unsupervised deep structured semantic models for commonsense reasoning. In: *Proceedings of the 2019 Conference of the North American Chapter of the Association for Computational Linguistics: Human Language Technologies*. 882–891.

Wang, Yushi, Berant, Jonathan and Liang, Percy, 2015. Building a semantic parser overnight. In: *Proceedings of the 53rd Annual Meeting of the Association for Computational Linguistics and the 7th International Joint Conference on Natural Language Processing*. 1332–1342.

Watson, John B., 1913. Image and affection in behavior. *The Journal of Philosophy, Psychology and Scientific Methods*, 10(16): 421–428.

Weng, Chunhua, Tu, Samson W., Sim, Ida and Richesson, Rachel, 2010. Formal representation of eligibility criteria: A literature review. *Journal of Biomedical Informatics*, 43(3): 451–467.

Weng, Chunhua, Wu, Xiaoying, Luo, Zhihui, Boland, Mary Regina, Theodoratos, Dimitri and Johnson, Stephen B., 2011. EliXR: An approach to eligibility criteria extraction and representation. *Journal of the American Medical Informatics Association*, 18: i116–i124.

Weston, Jason, Bordes, Antoine, Chopra, Sumit, Rush, Alexander M., Merriënboer, Bart van, Joulin, Armand and Mikolov, Tomas, 2016. Towards AI-complete question answering: A set of prerequisite toy tasks. In: *Proceedings of the 4th International Conference on Learning Representations*.

Wimmer, Marina C., Maras, Katie L., Robinson, Elizabeth J., Doherty, Martin J. and Pugeault, Nicolas, 2015. How visuo-spatial mental imagery develops: Image generation and maintenance. *Plos One*, 10(11): e0142566.

Winograd, Terry, 1972. *Understanding Natural Language*. Edinburgh University Press.

——, 1986. A procedural model of language understanding. In: Grosz, Barbara J., Sparck-Jones, Karen and Webber, Bonnie Lynn, eds. *Readings in Natural Language Processing*. 249–266.

Wittgenstein, Ludwig, 1953. *Philosophical Investigations*. Basil Blackwell.

Wong, Yuk Wah and Mooney, Raymond J., 2006. Learning for semantic parsing with statistical machine translation. In: *Proceedings of the Human Language Technology Conference of the NAACL*. 439–446.

Wong, Yuk Wah and Mooney, Raymond J., 2007. Learning synchronous grammars for semantic parsing with lambda calculus. In: *Proceedings of the 45th Annual Meeting of the Association of Computational Linguistics*. 960–967.

Woods, William A., 1973. Progress in natural language understanding: An application to lunar geology. In: *Proceedings of National Computer Conference and Exposition*. 441–450.

Wu, Yuhuai, Jiang, Albert Q., Li, Wenda, Rabe, Markus N., Staats, Charles, Jamnik, Mateja and Szegedy, Christian, 2022. Autoformalization with large language models. *arXiv preprint arXiv:2205.12615*.

Wunderlich, Dieter, 2012. Lexical decomposition in grammar. In: Werning, Markus, Hinzen, Wolfram and Machery, Edouard, eds. *The Oxford Handbook of Compositionality*. Oxford University Press.

Xu, Chao, Forkel, Walter, Borgwardt, Stefan, Baader, Franz and Zhou, Beihai, 2019. Automatic Translation of Clinical Trial Eligibility Criteria into Formal Queries. In: *Proceedings of the Joint Ontology Workshops JOWO-2019*.

Xu, Chao, Gromann, Dagmar, Saldanha, Emmanuelle-Anna Dietz and Zhou, Beihai, 2020. A cognitively motivated approach to spatial information extraction. In: *Proceedings of the Third International Workshop on Spatial Language Understanding*. 18–28.

Yih, Wen-tau, Richardson, Matthew, Meek, Christopher, Chang, Ming-Wei and Suh, Jina, 2016. The value of semantic parse labeling for knowledge base question answering. In: *Proceedings of the 54th Annual Meeting of the Association for Computational Linguistics*. 201–206.

Yin, Pengcheng and Neubig, Graham, 2017. A syntactic neural model for general-purpose code generation. In: *Proceedings of the 55th Annual Meeting of the Association for Computational Linguistics*. 440–450.

Young, Benjamin D., 2015. Formative non-conceptual content. *Journal of Consciousness Studies*, 22(5-6): 201–214.

Zablocki, Eloi, Bordes, Patrick, Soulier, Laure, Piwowarski, Benjamin and Gallinari, Patrick, 2017. LIP6@CLEF2017: Multi-modal spatial role labeling using word embeddings. In: *Working Notes of CLEF 2017 – Conference and Labs of the Evaluation Forum*.

Zelle, John M. and Mooney, Raymond J., 1996. Learning to parse database queries using inductive logic programming. In: *Proceedings of the National Conference on Artificial Intelligence*. 1050–1055.

Zettlemoyer, Luke and Collins, Michael, 2005. Learning to map sentences to logical form: Structured classification with probabilistic categorial grammars. In: *Proceedings of the 21st Conference on Uncertainty in Artificial Intelligence*.

——, 2007. Online learning of relaxed CCG grammars for parsing to logical form. In: *Proceedings of the 2007 Joint Conference on Empirical Methods in Natural Language Processing and Computational Natural Language Learning*. 678–687.

Zhang, Chunjun, Zhang, Xueying, Jiang, Wenming, Shen, Qijun and Zhang, Shanqi, 2009. Rule-based extraction of spatial relations in natural language text. In: *Proceedings of the 2009 International Conference on Computational Intelligence and Software Engineering*. 1–4.

Zhang, Meishan, 2020. A survey of syntactic-semantic parsing based on constituent and dependency structures. *Science China Technological Sciences*, 63(10): 1898–1920.

Zhang, Yu, Xia, Qingrong, Zhou, Shilin, Jiang, Yong, Li, Zhenghua, Fu, Guohong and Zhang, Min, 2021. Semantic role labeling as dependency parsing: Exploring latent tree structures inside arguments. *arXiv preprint arXiv:2110.06865*.

Zhao, Kai and Huang, Liang, 2015. Type-driven incremental semantic parsing with polymorphism. In: *Proceedings of the 2015 Conference of the North American Chapter of the Association for Computational Linguistics: Human Language Technologies*. 1416–1421.

Zheng, Kunhao, Han, Jesse Michael and Polu, Stanislas, 2022. miniF2F: A cross-system benchmark for formal Olympiad-level mathematics. In: *Proceedings of the International Conference on Learning Representations*.

Zhong, Victor, Xiong, Caiming and Socher, Richard, 2017. Seq2SQL: Generating structured queries from natural language using reinforcement learning. *arXiv preprint arXiv:1709.00103*.

Zhou, Jie and Xu, Wei, 2015. End-to-end learning of semantic role labeling using recurrent neural networks. In: *Proceedings of the 53rd Annual Meeting of the Association for Computational Linguistics and the 7th International Joint Conference on Natural Language Processing*. 1127–1137.

Zhou, Li, Melton, Genevieve B., Parsons, Simon and Hripcsak, George, 2006. A temporal constraint structure for extracting temporal information from clinical narrative. *Journal of Biomedical Informatics*, 39(4): 424–439.

Zhu, Qile, Ma, Xiyao and Li, Xiaolin, 2019. Statistical learning for semantic parsing: A survey. *Big Data Mining and Analytics*, 2(4): 217–239.

Zlatev, Jordan, 2007. Spatial semantics. In: Geeraerts, Dirk and Cuyckens, Hubert, eds. *The Oxford Handbook of Cognitive Linguistics*. Oxford University Press, 318–350.

Zlatev, Jordan and Yangklang, Peerapat, 2004. A third way to travel: The place of Thai in motion event typology. In: Strömqvist, Sven and Verhoeven, Ludo, eds. *Relating Events in Narrative, Vol. 2: Typological and Contextual perspectives*. Lawrence Erlbaum Associates, 159–190.

索 引

人名索引

人名主要指本书涉及的人物，而不包括不在正文出现但在参考文献出现的人物；所有中文姓名均在其前备注拼音，而个别外文姓名其后备注其中文姓名，是由于涉及到了其中文译著；中文姓名转成拼音后，与外文姓名一起按照字母序列的左字典序排列。

术语索引

所有术语均备注英文，而备注英文除专名外，均采用小写形式；所有术语主要按照中文拼音的左字典序排列。

Z

后 记

　　这是我写作的第一本书。此书是在我博士论文的基础上修改而成，内容涵盖了我读博期间以及到目前的主要研究工作。逻辑学研究天然就带有跨学科的属性，跟数学、哲学、语言学、计算机科学都有着紧密的联系。2016年开始读博的时候，我的研究方向是逻辑与人工智能方向，具体是使用逻辑方法解决人工智能领域的常识推理问题。此时的我对常识推理一无所知，对于人工智能也知之甚少。于是我盲人摸象般的探索历程就此开始。

　　要让机器模拟人的常识推理能力，机器需要有常识知识，于是去学习了各种各样的知识库和知识表示方法。具备了知识之后，机器还需要具备推理能力，于是去学习了各种各样的逻辑和逻辑推理机的相关知识。常识推理和常识知识表示使用的是自然语言，于是去学习自然语言处理的相关知识。自然语言理解领域主流的方法是机器学习方法，于是去学习机器学习的相关知识，以及在人工智能领域的应用。学习的过程中由于需要编程，于是自学了 Python 编程。后来意识到机器学习方法本质上并不能用于解决复杂的推理问题，于是去学习计算语言学的相关知识。计算语言学是以语言学理论为基础，于是去学习语言学的知识，最初接触的是 Chomsky 语言学，后续又学习了词汇语义学、认知语言学。经过两年的探索，我得出一个结论：基于当前的理论和技术手段，无法为常识推理问题提供一种真正的解决方案。当然，现在我依旧如此认为。

　　尽管结论悲观，但生活依旧要继续，我需要开题。我的目标也由解决常识推理问题，变为先找一个题目完成博士论文。我的开题报告题目是"面向

Winograd 模式问题的常识推理研究"，本书仍能看到这一题目的影子。开题之后，我受国家留学基金委的资助前往德国德累斯顿工业大学交流，在那里完成了本书第 6 章的工作，即开发一个系统能够自动地实现临床试验合格性标准的形式化。由此，也意识到自然语言的形式化是制约逻辑方法在人工智能领域应用的一个重要因素。因此，最终选择了以自然语言的自动形式化为主题完成博士论文。

本书的完成首先要感谢我的博导周北海先生，没有先生长久以来的指导、支持和鼓励，我不可能完成此书。刚开始读博的时候，先生期望我能研究如何构造一个类似人类概念系统的知识库，并且基于概念系统来探索人类的推理规律，用以解决常识推理问题。最开始的时候，我对此想法不能说极度排斥，只能说毫无兴趣。先生待我是极度宽容的，不仅没有强迫我听从他的想法，反而鼓励我按照自己的想法去探索。我的探索之旅并不顺畅，而且时常伴随着短暂的迷茫和求而不得的痛苦。在这一过程中，正是先生的指导和帮助才让我坚持下来。每每有所惑和有所得，我都会找先生请教和讨论，先生会耐心地帮我答疑解惑，梳理思路，指出不足。与先生的每次见面和通话都是轻松自在的，从来不用担心说错话，问无知的问题或者考虑不周。跨学科的研究由于涉及的知识和内容非常多，有时会对其他学科理论的理解出现偏差，甚至说一些外行话；由于没有成熟的研究和写作范式，多次由于不符合某一学科的研究和写作规范被拒稿。每遇此等事，都倍感气馁。先生一直耐心地鼓励我，肯定我的能力和工作，让我能够坚持下来。书中的主要工作都是在先生的指导下完成的，细心的读者会发现，本书底层的思想就来自先生最初给我的建议。在我生命的多个关键时刻，先生总会及时出现帮我指点迷津渡过难关，此生能以先生为师实乃三生有幸。

感谢我的外导 Franz Baader 教授，感谢 Baader 教授给我去德累斯顿工业大学交流的机会，并且能深入地参与到他的项目中，在德国交流期间对于我的学习和生活给予了诸多的指导和帮助。Baader 教授渊博的学识、对学术的执着与认真、对名利的淡泊都让我深受影响。感谢我的硕导王彦晶老师，王老师教我做研究的学术伦理规范、思考问题的方法、写论文的方法、做报告的方法，这些都让我受益终生。正是王老师硕士阶段对我的培养、支持和鼓励，我才选择走上学术道路。王老师全程参与了我的博士培养过程，在论文写作过程中提供了诸多的指导和帮助。

感谢本书部分内容的合作者 Walter Forkel 博士、Stefan Borgwardt 博士、Emmanuelle-Anna Dietz Saldanha 博士、Dagmar Gromann 博士，与他们的合作让我受益匪浅，同时也感谢他们对我生活上的帮助。除此之外，还要感谢在德国交流期间对我的生活提供诸多帮助的 Kerstin Achtruth 女士、Chiristian Al-Rabbaa 博士、Patrick Koopmann 博士以及组里的其他成员，正是他们的热情友好，让我在德国交流期间度过了一段美好时光。

感谢参与博士论文开题、中期考核、预答辩、审阅和答辩的老师们，他们是北大逻辑学教研室的刘壮虎老师、邢滔滔老师、陈波老师、钟盛阳老师以及西哲教研室的叶闯老师。感谢各位老师读博期间对我的学业和生活上的指导和帮助。感谢他们在论文开题、预答辩过程中对本文提出的宝贵意见和建议。感谢中文系的詹卫东老师、人工智能研究院的吴玺宏老师以及剑桥大学的孙薇薇老师对我论文写作方面的帮助，不仅指出了论文的错误、疏漏和不足之处，而且提出了诸多有思想有见地的建议和意见。感谢中文系的曹晓玉博士指出论文在术语翻译和文字表述方面的疏漏和不妥之处。

感谢博士论文的 5 位匿名评阅专家，感谢参与论文答辩的老师们，他们是中科院自动化所的王飞跃老师，北大的吴玺宏老师、詹卫东老师和王彦晶老师，中国科学院大学的张立英老师。感谢国家社科基金委的 4 名匿名评审专家。感谢他们所提出的宝贵意见和建议，这对于论文的改进和完善起到了重要作用。毫无疑问，论文的其他错漏之处，皆由我一人负责。

感谢母校北京大学，在这里我切实体会到了"思想自由，兼容并包"的真正内涵。感谢图书馆和"百讲"，图书馆是我的"第二寝室"，我经常在那里睡觉，百讲是我的精神乐园，我在那里看了至少两百场的电影和演出。特别怀念那时春夏之交从五四篮球场打完篮球走回宿舍的路上，我都会买一瓶冰镇的宝矿力，边喝边体会微风拂面的感觉，那大概就是我所认为的生而为人的极致体验。感谢工作单位山西大学和山东大学提供了良好的科研和教学平台，感谢同事们对我工作和生活上的支持和帮助，与他们的讨论交流让我获益良多。

特别感谢中国科学院大学哲学所的同窗李大柱博士，与大柱相识已近十载，期间让我深感友情之可贵，其勤奋踏实的科研作风以及对科研工作的执着非常值得我学习。特别感谢中国人民大学的赵晓玉师兄在本书 LaTeX 排版方面所提供的及时、有效、全面的指导和帮助。毫无疑问，书中有任何的排版问题皆由我一人负责。感谢家人一直以来对我的照顾、支持和鼓励，正是他们的默默付出让我能够安心学术，追求我理想中的生活。

感谢国家社科基金项目的资助，正因如此，本书才得以出版。最后要特别感谢中国社会科学出版社的编辑刘亚楠老师，她对全书内容进行了认真细致的审核校对，感谢刘老师的辛劳付出。

2022 年 11 月 30 日，也就是在此书即将完稿之时，OpenAI 公司发布了ChatGPT，一种基于 GPT-3.5 语言模型的聊天机器人。ChatGPT 在各种常识推理问题上展现出了令人惊艳的能力。自从读博开始，我一直在探寻常识推理问题的解决方案，但长久以来求而不得。尽管 OpenAI 发布的 GPT-3 语言模型已经展现出了强大的文本生成能力，但我认为其并不能真正地解决常识推理问题。然而，科技的发展总是超出人们的想象，当语言模型中引入人类反馈之后所展现的强大能力是我始料未及的。在我的脑海中曾多次设想过常识推理问题的解决方案应该达到什么样的水平，能够回答什么样的问题。无疑，ChatGPT 达到甚至超越了我对于完美解决方案的设想。

徐超

2022 年 12 月 15 日